普通高等教育"十一五"国家级规划教材
计算机科学与技术系列教材 信息技术方向

Java简明教程（第4版）

皮德常 张凤林 编著

清华大学出版社
北京

内 容 简 介

本书详细介绍了 Java 面向对象的核心编程思想和方法，特别注重程序设计的实用性，使读者具备运用面向对象的方法分析和解决实际问题的能力。

本书主要内容包括 Java 编程基础、面向对象编程原理、接口、包、泛型的基本概念、链表、栈、散列、字符串处理、异常处理、输入和输出、多线程、小程序、Swing 图形界面设计、事件处理、数据库增删改等操作方法，以及数据库编程综合举例等，非常适合 Java 初学者阅读。此外，本书还突出了 Java 与 C/C++ 的异同点，从而非常适合具备 C/C++ 编程经验，又想转向 Java 编程的读者阅读。

本书语言流畅、实例丰富，讲解了 Java 程序设计的核心内容。全部代码都在 JDK 7.0 环境下调试通过，并配有大量的习题，同时在指定网站提供了该书的电子教案和程序示例源码，特别适合高等院校用作讲授 Java 语言编程和面向对象程序设计的教材。

本书封面贴有清华大学出版社防伪标签，无标签者不得销售。

版权所有，侵权必究。举报: 010-62782989, beiqinquan@tup.tsinghua.edu.cn。

图书在版编目（CIP）数据

Java 简明教程/皮德常，张凤林编著. —4 版. —北京：清华大学出版社，2015（2023.8重印）
计算机科学与技术系列教材·信息技术方向
ISBN 978-7-302-38296-6

Ⅰ. ①J… Ⅱ. ①皮… ②张… Ⅲ. ①Java 语言－程序设计－教材 Ⅳ. ①TP312

中国版本图书馆 CIP 数据核字（2014）第 241279 号

责任编辑：张瑞庆
封面设计：常雪影
责任校对：梁　毅
责任印制：丛怀宇

出版发行：清华大学出版社
网　　址：http://www.tup.com.cn, http://www.wqbook.com
地　　址：北京清华大学学研大厦 A 座
邮　　编：100084
社 总 机：010-83470000
邮　　购：010-62786544
投稿与读者服务：010-62776969, c-service@tup.tsinghua.edu.cn
质量反馈：010-62772015, zhiliang@tup.tsinghua.edu.cn
课件下载：http://www.tup.com.cn, 010-62795954

印 装 者：三河市龙大印装有限公司
经　　销：全国新华书店
开　　本：185mm×260mm
印　　张：18.25
字　　数：453 千字
版　　次：2004 年 3 月第 1 版　　2015 年 1 月第 4 版
印　　次：2023 年 8 月第 8 次印刷
定　　价：45.90 元

产品编号：059668-03

计算机科学与技术系列教材 信息技术方向

编 委 会

主 任

陈道蓄

副主任

李晓明　陈 平

委 员

（按姓氏笔画为序）

马殿富　王志坚　王志英　卢先和

张　钢　张彦铎　张瑞庆　杨　波

陈　崚　周立柱　孟祥旭　徐宝文

袁晓洁　高茂庭　董　东　蒋宗礼

PREFACE

序　言

随着高等教育规模的扩大以及信息化在社会经济各个领域的迅速普及,计算机类专业在校学生数量已在理工科各专业中遥遥领先。但是,计算机和信息化行业是一个高度多样化的行业,计算机从业人员从事的工作性质范围甚广。为了使得计算机专业能更好地适应社会发展的需求,从2004年开始,教育部高等学校计算机科学与技术教学指导委员会组织专家对国内计算机专业教育改革进行了深入的研究与探索,提出了以"培养规格分类"为核心思想的专业发展思路,将计算机科学与技术专业分成计算机科学(CS)、软件工程(SE)、计算机工程(CE)和信息技术(IT)四个方向,并且自2008年开始进入试点阶段。

以信息化技术的广泛应用为动力,实现信息化与工业化的融合,这是我们面临的重大战略任务。这一目标的实现依赖于培养出一支新一代劳动大军。除了计算机和网络等硬件、软件的研制开发生产人员外,必须要有大量的专业人员从事信息化系统的建设并提供信息服务。

信息技术方向作为计算机科学与技术专业中分规格培养的一个方向,其目标就是培养在各类组织机构中承担信息化建设任务的专业人员。对他们的能力、素质与知识结构的要求尽管与计算机科学、软件工程、计算机工程等方向有交叉,但其特点也很清楚。信息技术方向培养能够熟练地应用各种软、硬件系统知识构建优化的信息系统,实施有效技术管理与维护。他们应该更了解各种计算机软、硬件系统的功能和性能,更善于系统的集成与配置,更有能力管理和维护复杂信息系统的运行。在信息技术应用广泛深入拓展的今天,这样的要求已远远超出了传统意义上人们对信息中心等机构技术人员组成和能力的理解。

信息技术在国外也是近年来才发展起来的新方向。其专业建设刚刚开始起步。本系列教材是国内第一套遵照教育部高等学校计算机科学与技术教学指导委员会编制的《高等学校计算机科学与技术专业发展战略研究报告暨专业规范(试行)》(以下简称专业规范),针对信息技术方向需要组织编写的教材,编委会成员主要是教育部高等学校计算机科学与技术教学指导委员会制定专业规范信息技术方向研究组的核心成员。本系列教材的着重点是信息技术方向特色课程,即与计算机专业其他方向差别明显的课程的教材建设,力图通过这些教材,全面准确地体现专业规范的要求,为当前的试点工作以及今后信息技术方向更好的发展奠定良好的基础。

参与本系列教材编写的作者均为多年从事计算机教育的专家,其中多数人直接参与了计算机专业教育改革研究与专业规范的起草,对于以分规格培养为核心的改革理念有着深刻的理解。

当然,信息技术方向是全新的方向,这套教材的实用性还需要在教学实践中检验。本系列教材编委和作者按照信息技术方向的规范在这一新方向的教材建设方面做了很好的尝试,特别是把重点放在与其他方向不同的地方,为教材的编写提出了很高的要求,也有很大的难度,但对这一新方向的建设具有重要的意义。我希望通过本系列教材的出版,使得有更多的教育界的同仁参与到信息技术方向的建设中,更好地促进计算机教育为国家社会经济发展服务。

中国科学院院士

前 言

Java 程序设计是高等学校计算机类和电子信息类学科各专业的核心专业基础课程,是培养学生面向对象程序设计能力的主干课程之一,在计算机学科的教学中非常重要。

1995 年 5 月 Sun Microsystems 公司推出的 Java 语言是一种令人振奋的新型语言,它具有面向对象、平台无关、可移植性强、安全、支持分布式等诸多特征,特别适合网络编程。目前,Java 语言已经成为高校学生学习面向对象程序设计的必选语言。

2004 年 9 月,Sun 公司发布了 J2SE 1.5,是 Java 语言发展史上的一个里程碑,同时将 J2SE 1.5 更名为 J2SE 5.0。2005 年 6 月,JavaOne 大会召开,Sun 公司将 Java 版本及其平台更名,取消了其中的数字"2",J2EE 更名为 Java EE,J2SE 更名为 Java SE,J2ME 更名为 Java ME,JDK 1.6 更名为 Java SE6。2009 年 4 月,世界一流的数据库软件商 Oracle 公司收购了 Sun 公司,我们在本书中称 Java 是 Oracle 公司的产品。

从程序设计语言的发展历史来看,Java 语言是在 C++ 语言之上推出的新一代语言,其语法与 C++ 语法相似,但剔除了 C++ 中易于出错的成分。Java 增加了诸如内存自动回收之类的新功能,删除了 C++ 中令人费解的、不常用的成分,如指针和运算符重载等。Java 从问世以来,很快流行于全世界,并获得了极大成功。目前,许多软件项目已选择 Java 语言作为其编程语言,特别是计算机网络方面的软件。

本书前三版受到了大量读者(高校教师、大学生、程序员等)的热烈欢迎,他们在使用的过程中,给作者提出了一些很好的意见和建议,在此,作者表示深深的感谢。

在本书再版的过程中,张凤林修订了本书的第 1~4 章,其余的由皮德常修订,全书由皮德常通稿。作者的研究生张伟、王延达等人为本书做了大量的资料收集和程序验证工作。

本书与前版相比的改进之处

(1) 在程序编排上,采用了"程序举例→程序运行结果→程序解析"统一风格,使读者能一目了然地找到关键点。

FOREWORD

(2) 增加了泛型程序设计。泛型程序设计意味着编写的代码可以被很多不同类型的对象重用，它使得Java程序具有更强的可移植性。

(3) 增加了针对数据库的编程以及综合应用设计，给出了一个针对Access数据库编程的综合举例。为读者采用Java语言进行课程设计和项目研发打下了坚实的基础。

(4) 将GUI布局管理器与事件处理进行了组合；增加了8.6节Java中的文件新特性、9.3节线程的基本操作，以及12.4节数据库操作中的常用接口和类，这些都是新版Java的内容。

(5) 依据最新版JDK 7.0，新版教材增删了部分内容。针对Java语言近几年的进展，新教材与时俱进，与前面的JDK 6.0相比，本书根据JDK 7.0的变化，增删改了许多细微的知识点，并采用醒目的标注方式给出了解释。

本书特点

1) 抓重要概念

Java编程属高等院校计算机相关专业的学生要学习的一门专业课，一般安排在C/C++课程之后学习，理论教学的学时往往比较少，本科教学大多是36学时，大专教学是48学时。在如此少的学时内，教师不可能讲授完Java的所有知识，只能抓住重点内容进行介绍。针对这种情况，本书突出了Java与C/C++的不同之处，对这些语言的共性点不作详细介绍，仅仅讲授Java的核心内容，这不但便于读者学习和掌握，同时也便于教师讲解。

2) 舍弃次要内容

考虑到Java课程的学时安排，以及Java与C/C++之间的关系，本书对Java开发工具的应用、基本数据类型、运算符、控制语句和类库，都没有作过多的讨论。例如，Java中的基本数据类型、运算符及控制语句等内容与C/C++类似，因而只是作了简单的介绍；另外，由于Java类库十分庞大，因此本书仅对常用的类库进行了介绍。

3) 力求培养学生的思考能力

本书就Java的一些实现技术进行了讨论和分析，并介绍了实现内幕。例如，作者结合自己的理解，分析了实例变量和方法的多态性问题(见4.9节)；结合String和StringBuffer类，分析了"+"号操作的实现内幕(见6.3.3节)。这些内容对培养学生的思考能力提供了一定的帮助，有助于培养他们勤于思考，勇于实践，敢于创新的能力。

4) 以最新的Java SE为标准

本书采用最新版本的JDK 7 U65(简称JDK 7)和非常优秀的NetBeans IDE 8.0作为Java程序设计的开发环境，读者均可从Oracle网站免费下载。

NetBeans IDE 是一个可用于 Windows、Mac、Linux 和 Solaris 平台上的集成开发环境，通过该环境读者可以使用Java平台以及JavaFX、JavaScript和C/C++等语言快速创建

Web、企业、桌面和 Mobile 应用程序。

5）突出与 C/C++ 的异同点

如前所述，Java 课程往往安排在 C/C++ 课程之后。为了便于读者对 Java 的理解和掌握，本书在内容编排上突出了 Java 与 C/C++ 的异同点，以免读者误解 Java 的知识点，做到快速掌握 Java 编程的核心思想。

6）力求通俗易懂

编写本书的目的是让读者通过自学或在教师的指导下，学会运用 Java 进行面向对象的程序设计。因此，本书围绕如何进行 Java 编程展开。为了便于读者学习，作者力求使本书的语言通俗易懂，将复杂的概念采用浅显的语言来讲述，便于读者理解和掌握。

本书的编排特点

（1）每章开始均点明本章要讲解的内容和学习要求。

（2）每章结束时，都进行了小结，给出了该章内容的概括性描述，并对该章的知识点进行了归纳。

（3）每章安排的习题都具有很强的操作性，读者可通过计算机进行练习。

（4）书中重要的内容采用黑体标记，特别重要的内容采用下面加点的方式标记。

（5）本书强调程序的可读性。书中的程序全部采用统一的程序设计风格。例如，类名、方法名和变量名的定义做到"见名知义"；左大括号和右大括号对应，并采用缩排格式组织程序代码；此外，对程序中的语句尽可能多地进行了注释。

（6）强调程序的可移植性，不以某个 Java 开发工具为标准，而是以最新 JDK 7.0 为标准。

（7）本书包含了大量的程序示例，并给出了运行结果。凡是程序开头带有程序编号的程序，都是完整的程序，可以直接在计算机上编译运行。

（8）本书采用了醒目的标记来显示知识点。这些标记包括"注意"和"思考"，它们穿插在全书中，能帮助读者尽快找到重要的信息。这些标记的含义如下：

【注意】 值得读者关注的地方，它们往往是容易混淆的知识点。

【思考】 提出问题，引导读者思考，培养思考能力。创新从"问号"开始。

教学支持

本书的电子教案是采用 PowerPoint 2003 制作的，可以在讲课时用多媒体投影演示，这部分可取代板书。教师不仅可以使用本教案，还可以方便地修改和重新组织其中的内容以适应自己的教学需要。使用本教案可以减少教师备课时编写教案的工作量，以及因板书所耗费的时间和精力，从而提高单位课时内的知识含量。

FOREWORD

　　我们向使用本教材的教师免费提供本书的电子教案和全部程序示例源码,需要本书习题参考答案的教师请在 www.tup.tsinghua.edu.cn 网站上获取《Java简明教程(第4版)》的参考答案。为了更好地为您服务,请在邮件中附上姓名、工作单位、地址、联系电话、主讲课程等信息。

　　感谢读者选择本书,欢迎提出批评和修改建议,作者将不胜感激。作者的联系地址如下:

　　电子邮件:dc.pi@nuaa.edu.cn

　　通信地址:南京市江宁区将军大道29号南京航空航天大学计算机学院

　　邮政编码:211106

作　者
2015年1月

目 录

第 1 章　Java 语言简介　　1
1.1　Java 语言的发展历程　　1
1.2　Java 语言的特点　　2
1.2.1　简单性　　2
1.2.2　面向对象　　3
1.2.3　分布性　　3
1.2.4　解释执行　　3
1.2.5　健壮性　　3
1.2.6　安全性　　4
1.2.7　结构中立　　4
1.2.8　可移植性　　4
1.2.9　高效性　　5
1.2.10　多线程　　5
1.2.11　动态性　　5
1.3　Java 类库的概念　　5
1.4　网络浏览器　　7
1.5　Java 开发工具　　7
1.6　Java 程序分类　　9
1.6.1　使用 NetBeans 运行 Java 应用程序　　9
1.6.2　使用 NetBeans 运行 Java Applet 小程序　　10
1.7　对 Java 程序的解释　　11
1.7.1　程序注释方法　　11
1.7.2　对 Java 应用程序的解释　　12
1.7.3　对 Java 小程序的解释　　13
1.7.4　对 HTML 文件的解释　　14
1.8　编写 Java 程序的风格要求　　14
本章小结　　15
思考和练习　　15

第 2 章　数据类型、运算符和表达式　　16
2.1　常量　　16
2.2　变量　　17
2.2.1　整型变量　　18

CONTENTS

    2.2.2　字符型变量　19
    2.2.3　浮点型变量　19
    2.2.4　布尔型变量　20
    2.2.5　对原子类型变量生存空间的讨论　21
  2.3　变量赋值问题　21
  2.4　数组　22
    2.4.1　一维数组　22
    2.4.2　二维数组　24
    2.4.3　数组初始化　25
  2.5　Java中的参数传递方式　26
  2.6　Java的运算符　28
    2.6.1　算术运算符　28
    2.6.2　关系运算符　28
    2.6.3　逻辑运算符　29
    2.6.4　位运算符　30
    2.6.5　三元条件运算符　31
    2.6.6　＋运算符　32
  本章小结　32
  思考和练习　33

第3章　控制语句　34
  3.1　分支语句　34
    3.1.1　if语句　34
    3.1.2　switch语句　36
  3.2　循环控制语句　40
    3.2.1　while语句　40
    3.2.2　do-while语句　40
    3.2.3　for语句　41
  3.3　break语句和continue语句　42
    3.3.1　不带标号的break语句和continue语句　42
    3.3.2　带标号的break语句和continue语句　43
  本章小结　45
  思考和练习　45

第 4 章　Java 的类　47

- 4.1　类与对象　47
  - 4.1.1　类与对象的区别　47
  - 4.1.2　Java 和 C 编程思想的区别　48
  - 4.1.3　如何定义类　48
  - 4.1.4　对象和引用　49
- 4.2　方法　50
- 4.3　实例变量和局部变量　51
- 4.4　构造函数　53
- 4.5　方法重载　55
- 4.6　关键字 this　56
  - 4.6.1　指代对象　57
  - 4.6.2　指代构造函数　59
- 4.7　继承　60
  - 4.7.1　继承的概念　60
  - 4.7.2　关键字 super　62
  - 4.7.3　再论构造函数　63
- 4.8　方法的覆盖　64
  - 4.8.1　覆盖与重载的区别　64
  - 4.8.2　方法的动态调用　66
- 4.9　多态性不适合继承链中的实例变量　68
- 4.10　finalize 与垃圾自动回收　70
- 4.11　static　72
  - 4.11.1　static 变量　72
  - 4.11.2　static 方法　74
- 4.12　关键字 final　75
  - 4.12.1　final 数据　75
  - 4.12.2　final 方法　76
  - 4.12.3　final 类　77
- 4.13　组合与继承　77
- 4.14　抽象类和抽象方法　79
- 4.15　对象的类型转换　81
  - 4.15.1　向上类型转换　81
  - 4.15.2　向下类型转换　82
- 4.16　访问权限限制　83
  - 4.16.1　默认修饰符　84

4.16.2 public 成员	84
4.16.3 private 成员	85
4.16.4 protected 成员	85
4.17 应用程序从键盘输入数据举例	87
本章小结	89
思考和练习	89

第 5 章 接口、包与泛型 90

5.1 接口	90
5.1.1 接口的定义和应用	90
5.1.2 接口和抽象类的异同点	96
5.2 包	96
5.2.1 package 语句	96
5.2.2 import 语句	97
5.2.3 包应用举例	98
5.3 泛型	100
5.3.1 泛型类的声明	101
5.3.2 泛型的一般应用	102
5.3.3 链表	103
5.3.4 栈	105
5.3.5 散列映射	107
本章小结	109
思考和练习	109

第 6 章 字符串处理 110

6.1 字符串的分类	110
6.2 String 类	110
6.2.1 字符串常量	111
6.2.2 创建 String 类对象	112
6.2.3 String 类的常用方法	115
6.2.4 Java 应用程序的命令行参数	121
6.3 StringBuffer 类	122
6.3.1 创建 StringBuffer 类对象	122
6.3.2 StringBuffer 类的常用方法	123
6.3.3 String 类中"+"操作的技术内幕	126

6.4 应用举例 127
本章小结 130
思考和练习 130

第 7 章 异常处理 132
7.1 异常的层次结构 132
7.2 异常处理语句 133
    7.2.1 try 和 catch 语句 134
    7.2.2 finally 语句 137
    7.2.3 throw 语句 138
    7.2.4 throws 语句 140
7.3 自定义异常类 142
7.4 异常处理常用调试方法 143
本章小结 145
思考和练习 145

第 8 章 输入与输出处理 146
8.1 流的层次结构 146
8.2 File 类 147
8.3 InputStream 类和 OutputStream 类 148
    8.3.1 InputStream 类的常用方法 148
    8.3.2 OutputStream 类的常用方法 149
    8.3.3 FileInputStream 类 149
    8.3.4 FileOutputStream 类 151
    8.3.5 DataInputStream 类和 DataOutputStream 类 152
8.4 RandomAccessFile 类 153
8.5 对象流和对象序列化 158
    8.5.1 对象流的概念 158
    8.5.2 对象序列化 159
8.6 Java 中的文件新特性 161
    8.6.1 文件路径操作 162
    8.6.2 遍历文件和目录 162
    8.6.3 获取文件属性 163
8.7 IOException 类 164
本章小结 164
思考和练习 164

CONTENTS

第 9 章　多线程 165
- 9.1 Java 中的多线程的基本概念 165
- 9.2 线程类 166
  - 9.2.1 多线程编程中常用的常量和方法 166
  - 9.2.2 线程的生命周期 167
  - 9.2.3 创建多线程的方法 168
- 9.3 线程的基本操作 171
  - 9.3.1 线程的启动 171
  - 9.3.2 线程的休眠 172
  - 9.3.3 线程的停止 173
- 9.4 资源的协调与同步 174
  - 9.4.1 线程调度模型 174
  - 9.4.2 资源冲突 175
  - 9.4.3 同步方法 176
- 9.5 线程间通信 178
- 本章小结 181
- 思考和练习 181

第 10 章　小程序 182
- 10.1 小程序的基本知识 182
  - 10.1.1 小程序与应用程序的区别 182
  - 10.1.2 小程序标签的语法格式 183
- 10.2 小程序的生命周期 184
- 10.3 小程序常用方法 188
  - 10.3.1 常用的输出方法 188
  - 10.3.2 输出中的颜色控制 189
- 10.4 常用组件 191
  - 10.4.1 组件和容器的关系 192
  - 10.4.2 按钮 193
  - 10.4.3 标签 194
  - 10.4.4 文本框 195
  - 10.4.5 文本域 196
  - 10.4.6 选择框 198
  - 10.4.7 下拉列表 200
  - 10.4.8 列表 201
- 本章小结 203
- 思考和练习 203

第 11 章　Swing 图形界面设计　　204
11.1　Swing 常用容器　　204
11.1.1　框架　　204
11.1.2　面板　　206
11.2　布局管理器　　207
11.2.1　FlowLayout 布局　　207
11.2.2　BorderLayout 布局　　209
11.2.3　GridLayout 布局　　212
11.2.4　CardLayout 布局　　213
11.3　委托事件处理模型　　217
11.4　组件事件处理　　217
11.4.1　JButton 事件处理　　218
11.4.2　JTextField 和 JPasswordField 事件处理　　219
11.4.3　JCheckBox 和 JRadioButton 事件处理　　222
11.4.4　JComboBox 事件处理　　225
11.4.5　JList 事件处理　　227
11.5　鼠标事件处理　　229
11.6　Adapter 类　　232
11.7　键盘事件处理　　233
11.8　事件处理应用举例　　235
11.8.1　舞动的字符　　235
11.8.2　播放声音剪辑　　238
11.8.3　网络浏览器　　240
本章小结　　242
思考和练习　　242

第 12 章　数据库程序设计　　243
12.1　数据库简介　　243
12.2　SQL 语句　　244
12.2.1　定义表　　244
12.2.2　查询　　244
12.2.3　插入　　244
12.2.4　删除　　245
12.2.5　修改　　245
12.3　数据库连接　　245

12.3.1	JDBC 简介	245
12.3.2	JDBC 驱动程序	246
12.3.3	创建数据源	246
12.4	常用的数据库接口和类	248
12.4.1	Connection	248
12.4.2	Statement	249
12.4.3	ResultSet	249
12.5	数据库编程中的基本操作	249
12.5.1	数据库编程的基本过程	249
12.5.2	数据库查询	250
12.5.3	插入记录	251
12.5.4	修改记录	252
12.5.5	删除记录	253
12.5.6	建立表	254
12.5.7	获取表中指定属性的名称和类型	255
12.6	数据库编程综合举例	257
本章小结		270
思考和练习		270

参考文献   271

第 1 章 Java 语言简介

Java 语言是由美国 Sun Microsystems 公司 1995 年开发的一种程序设计语言,目前已成为网络编程的主力开发语言。它采用面向对象技术,具有支持分布式、安全、结构中立、可移植性强和多线程等特点。

Java 是由 C++ 发展而来的,它与 C++ 类似,但比 C++ 简单。熟悉 C++ 的读者可以很容易地掌握 Java 的语法格式,但要注意二者的区别。

本章的学习目标:
◆ 了解 Java 语言的发展历程
◆ 掌握 Java 语言的特点
◆ 了解 Java 语言的开发工具
◆ 了解 Java 应用程序和小程序
◆ 掌握 Java 程序的注释方法
◆ 掌握 Java 程序的编写规范

1.1 Java 语言的发展历程

1991 年,Sun Microsystems 公司成立了一个名为 Green 的项目开发小组,负责人是 Jame Gosling,该小组主要开发面向家电的编程软件。1991 年 6 月,该小组开发了新的语言,当时命名为 Oak,后来改名为 Java。

Jame Gosling 在设计 Java 时采用了虚拟机代码(Virtual Machine Code),即.class 文件,它通过解释器运行。如果每一台计算机上都安装一个解释器,那么这种程序就能实现与计算机的操作系统平台无关。

1994 年,Internet 的发展如火如荼,Jame Gosling 意识到它需要一种不依赖于任何硬件和软件平台的中性浏览器。事实确实如其所想,网络浏览器确实是中性的。

随着 Internet 的发展,1995 年 5 月,Sun 公司对外正式发布 Java 1.0。2005 年 6 月,Sun 公司将 Java 版本及平台更名,取消了其中的数字 2,J2SE 更名为 Java SE,JDK 1.6 更名为 Java SE6。2009 年 4 月,世界一流的数据库软件商 Oracle 公司收购了 Sun 公司,这对 Java 的进一步发展起到推动作用。目前 Java 已经广泛地应用于各种应用系统开发,尤其是网络系统、嵌入式系统和移动系统。

目前按照应用范围,Java 可以分为 3 个版本,即 Java SE、Java EE 和 Java ME。Java SE 是 Java 的标准版,主要用于桌面应用程序的开发,是 Java 的基础,包含了 Java 语言基础、网络通信、多线程技术和 JDBC 等技术。Java EE 是 Java 企业版,用于开发企业级分布式网络程序,如企业资源规划(ERP)系统等,其核心是企业 Java 组件模型。Java ME 主要用于嵌入式系统开发,如手机、平板电脑等移动设备的应用开发。

从程序设计语言发展史来看，Java 语言是建立在 C++ 语言之上的。图 1-1 显示了程序设计语言的发展历程。

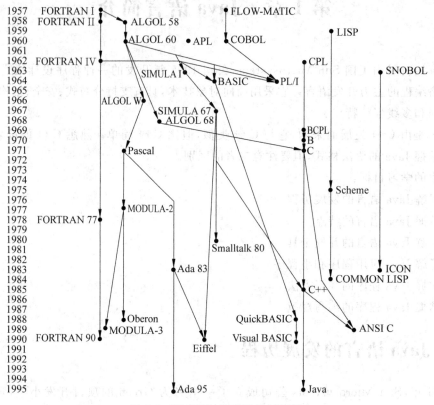

图 1-1　程序设计语言的发展历程

1.2　Java 语言的特点

根据早期 Sun 公司的定义，Java 语言是一种简单的、面向对象的、分布式的、解释执行的、健壮的、安全的、结构中立的、可移植的、高效的、多线程的、动态的语言。其具有许多突出的特点，下面分别给予介绍。

1.2.1　简单性

Java 语言的简单性体现在以下两个方面：

（1）Java 与 C/C++ 保持了一定的兼容性，与 C++ 类似，但比 C++ 简单。

（2）Java 取消了 C/C++ 中很少用的、难以理解的、容易混淆的特性。例如，Java 不支持 goto 语句，而采用带标号的 break 和 continue 语句以及异常处理；不支持头文件和预处理；取消了类型自动转换、运算符重载和多继承等；取消了结构体类型和指针类型；取消了内存空间的动态申请与释放，增加了内存空间的自动回收功能，以管理废弃的内存。

Java 的缔造者之一 Bill Joy 在一场关于 Java 的演讲中说："Java＝C++ －－"。意思就是：Java 是 "移除累赘和难于理解的部分之后的 C++"。因此 Java 是一个更为纯粹的、面向对象的程序设计语言。若学过 C++ 和 Java，可以发现 Java 确实要比 C++ 简单很多。

1.2.2 面向对象

Java 支持面向对象(Object-Oriented,OO)的程序设计,这与 C 语言不同,C 是一种面向函数(过程)的程序设计语言。Java 以类(class)的形式来组织程序,并且还硬性规定:所有类的根结点都是 Object 类,其余的类都是其子类。

既然 Java 采用面向对象的思想进行程序设计,显然它支持继承性,这保证了代码复用。Java 仅支持单继承,即一个类只能有一个父类,这一点不同于 C++;C++ 支持多继承,即一个类可以有多个父类。多继承虽然可以实现强大的功能,但不易理解,因此 Java 取消了多继承,但是 Java 提供了另一种功能:支持多接口(interface)(在第 5 章介绍)。

运算符重载是 C++ 的一个特点,Java 取消了该功能,但为了输出方便,保留了 + 符号的重载能力,用于连接各种类型的数据。

由于 Java 采用了面向对象的思想组织程序,因此支持 OO 的三个基本特性,即封装性、继承性和多态性,我们将在后面的章节逐步介绍这些知识点。

1.2.3 分布性

Java 语言的应用程序编程接口具有支持 HTTP 和 FTP 等 TCP/IP 协议的类库,这样,Java 应用程序可以通过 URL 地址直接访问网络上的对象,就和访问本地对象一样。

1.2.4 解释执行

Java 程序采用先编译后解释执行的方式,具体顺序如下:

(1) 采用编辑器编写代码并保存。例如,采用文本编辑器编写代码,并保存为 .java 文件。

(2) Java 编译器对 .java 源文件进行编译,生成一种称为 .class 的字节码(Byte Code)文件。

(3) Java 装载器将 .class 的字节码文件装入内存。

(4) Java 字节码检验器对字节码进行安全检验,若其不违背 Java 的安全性,将继续进行,否则停止执行。

(5) Java 解释器解释执行字节码。

在第(2)步生成的 .class 文件就是字节码文件,Java 将其称为虚拟机代码。Java 这种先编译后解释运行方式的优点是:字节码是一种与平台无关的文件格式,可以在不同的平台上传输和运行。其缺点也比较明显,尽管执行速度比典型的解释程序(如 BASIC)快,但比纯编译方式的程序(如 C/C++)要慢很多。

【注意】目前最新的 Java 版本是 7.0(即 JDK 1.7)。通过 NetBeans 这个集成环境可以很方便地编辑、编译、生成和运行 Java 程序。

1.2.5 健壮性

Java 语言的健壮性主要表现在两个方面,一方面是 Java 取消了指针;另一方面是 Java 引入了异常(Exception)处理机制。C/C++ 中的指针可以直接操作硬件地址端口,还可以修改指定内存中的内容,同时内存空间的申请和释放也必须由程序员负责。Java 取消了指针,程序只能访问有限的内存资源,并且具有严格的内存保护机制。此外,Java 还引入了动态的内存分配技术和垃圾回收功能(这是 C/C++ 所不具备的功能),从而减少了程序员的负担。

Java 还吸收了著名的 Ada 语言优秀的一面,引入了异常(Exception)处理机制,程序员可以编写相应的程序处理代码,不至于因几个错误而导致整个系统崩溃。

1.2.6 安全性

Java 语言的安全性主要表现为以下 4 个方面:

(1) 语言结构设计严谨,对象的方法和变量具有 public、protected、private 和默认修饰符(即什么修饰符都没有),这几种不同的保护机制,并且规定 final 类不能被其他类继承。

(2) C/C++ 中的指针是安全代码设计中的一大隐患,Java 取消了指针,从而提高了系统的安全性。

(3) 字节码文件(即.class 文件)附带有一些安全检验信息,字节码检验器按照此信息进行安全检验,从而可以尽早发现程序是否违背安全性原则。

(4) 浏览器在运行.class 文件时,也要对其进行安全检验。

通过层层严格把关,保证了 Java 程序的安全。

1.2.7 结构中立

在最初设计 Java 语言时,设计师们就考虑了多种不同的计算机平台,Java 要在不同的平台上都具有生命力,必须采取一种中性结构,这主要表现为以下两个方面:

(1) 字节码的中介方式,与运行平台无关。

(2) 与 C++ 相比,Java 语言定义严格。例如,在类中定义的两个数据成员:

```
class  myclass
{
    int  a;       //在 C++ 中,a 的值依赖于构造函数
    int  b=1;     //在 C/C++ 中,对数据成员直接赋值是非法的
                  //其他数据成员和方法略
}
```

在 Java 中,a 和 b 都是 4 个字节,a 的初值是 0,b 的初值是 1。与 C++ 比较,这样的定义比较严格,避免了与实现平台有关。

1.2.8 可移植性

与其他语言程序相比,用 Java 语言编写的程序可移植性比较高,这是由下列特性决定的:

(1) Java 语言定义严格,结构中立。

(2) Java 提供的类库,不论对哪一种操作系统,如 Windows NT、UNIX 或者 Macintosh 等都一样。

(3) 每种基本类型的变量所占的空间大小在 Java 中是确定不变的。它们的大小不会

像其他程序设计语言那样"随运行平台而定"。例如：int 类型的变量，不管是在何种类型的平台上，都占 4 个字节，而 C 语言的 int 类型变量，在 DOS 平台上占两个字节，但在 UNIX 平台上占 4 个字节。

上述特性保证了 Java 程序具有比较好的可移植性。当然，这一点也不是万能的，有时因编译器、解释器和计算机的差异，无法保证一个 Java 程序不做任何修改即可从一台计算机直接迁移到另一台计算机。

1.2.9 高效性

为了提高 Java 程序的执行效率，其编译器先将程序编译为与机器指令非常接近的字节码。这个特点具有一定的相对性，和完全解释执行的 BASIC 程序相比具有一定的优势，但和采用编译方式执行的 C/C++ 程序相比则不具有优势。

1.2.10 多线程

进程和线程是操作系统中两个重要的基本概念。进程（Process）在执行过程中有自己独立的内存空间和系统资源，各个进程的内存数据和状态彼此孤立，交换数据通过特定的通信机制完成，如管道。线程（Thread）是在进程中产生的一种轻负荷进程（Light Weight Process），线程在执行过程中共享一块内存空间和一组系统资源，因此线程之间可以直接进行数据交换。

Java 真正支持多线程，C/C++ 等语言都不支持多线程。有些读者可能采用 C++ 编写过多线程的程序，但 C++ 中的多线程能力，实际上是通过调用操作系统的多线程机制实现的。为了避免因资源冲突导致系统死锁，Java 引入了同步关键字 synchronized，用于指定某个方法或某个对象不能被并发执行。引入多线程显然提高了程序的工作效率。

1.2.11 动态性

Java 程序的基本构成单元是类，即 Java 程序必须写在类中，这就像 C/C++ 程序必须写在函数中一样。Java 的类是在运行时加载的，属动态加载，即程序需要某个类就加载该类，目前不需要的类就不加载。

【注意】 不要将这个特性与动态语言相混淆。动态语言又称为动态类型定义语言，是在运行期间才去做数据类型检查的语言。用动态类型的语言编程，不用给任何变量指定数据类型，该语言会在你第一次给变量赋值时，在内部将数据类型记录下来。例如，Python 和 Ruby 就是一种动态语言的典型代表。静态语言的数据类型在编译期间检查，即在写程序时要声明变量的数据类型，例如，C、C++、C#和 Java 都是静态类型的语言。

1.3 Java 类库的概念

Java 程序由类构成，一个 Java 程序可以写在若干个类中。用户在编写程序的过程中要充分利用系统提供的类和方法。学习 Java 语言实际上包括了两个方面：一是学习用 Java 语言编写自己所需的类；二是学习如何利用 Java 类库中的类和方法。这样做具有如下优点：

- 采用已有的类库编程，可以避免一些从头开始的编程工作。在软件工程中，使用现

- 利用类库编程可以提高程序运行的性能。类库中的类和方法都是经过严格检验的,无论是质量还是效率都比较高。
- 利用类库编程,可以提高程序的可移植性。因为这些类和方法包含在适合所有平台的 Java 版本中。

下面举例阐述 Java 和 C/C++ 的异同点。首先介绍 C 程序,对于一个 C 程序,其结构如下:

```c
#include "stdio.h"      /* 这是 C 中包含头文件的常用方法 */
void fun()              /* 一个 C 程序往往由若干个函数构成 */
{
    ...
}
void main()
{
    fun();
}
```

上述 C 程序由两个函数构成,fun 和 main 函数共同构成了一个程序整体。而一个 Java 程序是这样的:

```java
import java.awt.*;        //引用 Java 类库的方法

class myclass             //用户定义的第一个类
{
    public void fun()
    {
        System.out.println("Hello Java!");
    }
}

public class Class1       //用户定义的第二个类
{
    public static void main(String args[])
    {
        myclass obj;
        obj=new myclass();
        obj.fun();
    }
}
```

通过上述程序可以看到 Java 引用类库的方法,同时也可以看到,Java 程序必须写在类中,这不同于 C/C++ 程序,它们可以有孤立的函数存在。读者目前可能不了解该程序,随着学习的深入,将逐渐掌握这种编程方法。

1.4 网络浏览器

Java 程序在支持 Java 的网络浏览器上才能运行，支持 Java 的网络浏览器很多，如 HotJava、Netscape Navigator 和 Microsoft 公司的 Internet Explorer 等。目前市场上的计算机基本上都能保证这个条件。

1.5 Java 开发工具

JDK 是 Oracle 公司推出的 Java 开发工具包，包括 Java 的类库、编译器、解释器、运行时环境和命令行工具等。JDK 提供了 Java 程序的命令行编译和运行方式，但没有提供一个集成开发环境(Integrated Development Environment, IDE)。有很多公司提供的集成开发环境可供选择，如 JBuilder、JCreator、NetBeans 和 Eclipse 等，它们都是建立在 JDK 的基础之上。

NetBeans 是一个开源的、可扩展的集成开发环境，可以用于 Java、C/C++、PHP、Python、Ruby 等程序的开发。其本身也是一个开发平台，可以通过扩展插件来扩展功能。NetBeans 可以在多种操作系统平台上运行，如 Windows、Linux、Mac OS 以及 Solaris 等。本教材所有示例均通过目前最新的 Java 开发工具 NetBeans IDE 8.0 进行了实验。读者可从 http://www.oracle.com/technetwork/java/javase/downloads/jdk-7-netbeans-download-432126.html 免费下载一个将 JDK 7.0 和 NetBeans IDE 8.0 绑定在一起的软件版本，该软件特别适合初学者安装和学习，如图 1-2 所示。

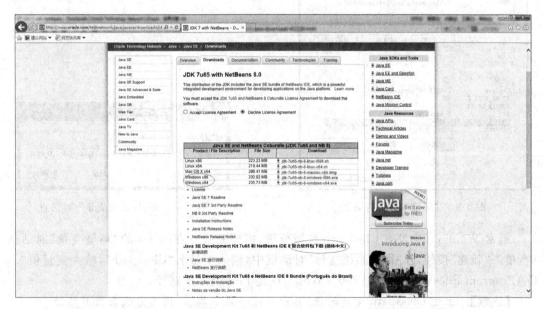

图 1-2　Oracle 公司的 JDK 7.0 和 NetBeans IDE 8.0 复合软件包下载

根据个人计算机的配置情况下载 Windows x86 或者 Windows x64 版本，下载后得到的是一个可执行文件 jdk-7u65-nb-8-windows-i586.exe 或 jdk-7u65-nb-8-windows-x64.exe。

安装过程比较简单,它们会自动安装。安装该软件以后(假设安装在 C 盘),在 C:\Program Files\Java\jdk1.7.0_65\bin 路径下就有 52 个开发工具,主要工具包括:

(1) jar.exe:多用途的存档及压缩工具,可将多个文件合并为单个 JAR 归档文件,与 Zip 压缩文件格式相同。

(2) java.exe:Java 程序执行工具。其接受字节码.class 文件,启动 Java 虚拟机执行。

(3) javac.exe:Java 编译器。将 java 源文件编译成字节码.class 文件。

(4) javadoc.exe:根据 Java 源代码及其说明语句生成 HTML 文档。

(5) appletviewer.exe:网页小程序 applet 的执行工具。

(6) jdb.exe:程序调试工具。可以逐行执行程序、设置断点和检查变量。

通过 NetBeans 集成环境可以方便地编辑、编译、生成和运行 Java 程序。

上述复合软件包安装后,它能自动设置好程序开发环境和执行环境的一般路径,为了便于命令行程序的执行,我们再手动设置环境变量。针对 Windows 7 系统,设置步骤如下:

右击"计算机",在弹出的菜单中选择"属性"命令,并选择左侧的"高级系统设置",然后在弹出的"系统属性"对话框中选择"高级"选项卡,单击"环境变量",弹出"环境变量"对话框,如图 1-3 所示。在"系统变量"列表框中选择"Path"变量,单击"编辑"按钮,弹出"编辑系统变量"对话框,如图 1-4 所示,将";C:\Program Files\Java\jdk1.7.0_65\bin"添加在"变量值"文本框的最后面。

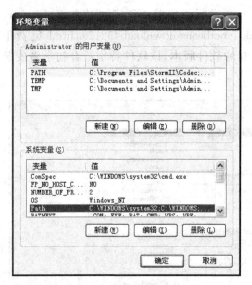

图 1-3 "环境变量"对话框

图 1-4 "编辑系统变量"对话框

通常 Windows 中没有 Classpath 环境变量,需要新建。在图 1-3 的"环境变量"对话框中,单击"新建"按钮,在"编辑系统变量"对话框中,输入变量名"Classpath",输入变量值".;C:\Program Files\Java\ jdk1.7.0_65\lib",这是 Java 类库的路径。

【注意】 上述 Classpath 变量的值,其中".;"一定不能少,因为它代表当前路径。

然后采用记事本编写一个简单的 Java 程序,来测试上述环境变量的设置是否成功。

```
public class test
{
```

```
    public static void main(String args[])
    {
        System.out.println("变量设置成功!");
    }
}
```

将上面这个程序保存在 C 盘根目录下,文件名为 test.java。打开命令提示符窗口,并进入 C 盘根目录,然后输入下面的命令:

```
javac  test.java
java   test
```

此时,如果看到"变量设置成功",如图 1-5 所示,就说明设置已经成功,否则还需要重新配置。

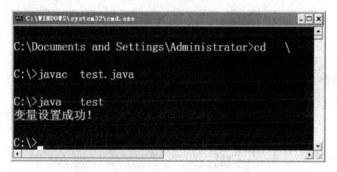

图 1-5　测试环境变量设置是否成功

【注意】　路径"C:\Program Files\Java\jdk 1.7.0_65"是 JDK 安装的默认路径,环境变量的值需要根据实际的安装路径进行设置。如果你的 JDK 安装的是其他文件夹,那么要注意修改。

1.6　Java 程序分类

Java 程序大体上分为两类:一类是控制台应用程序;另一类是基于浏览器运行的小程序 applet。小程序必须基于网络浏览器才能运行,下面分别举例说明。

1.6.1　使用 NetBeans 运行 Java 应用程序

首先,采用 NetBeans 提供的向导编写一个如下程序,文件名为 Hello.java。

【例 1-1】　基本的 Java 应用程序举例。

```
package chapter1;        //将当前文件中的类 Hello 放在 chapter1 文件夹中,也称为包

public class Hello
{
    public static void main(String[] args)
    {
        System.out.println("Hello Java! ");
    }
```

}
```

选择菜单"运行"中的选择"运行主项目",对 Hello.java 进行编译、运行,也可以直接按快捷键 F6。若上述程序输入无误,那么经过编译,将在当前路径中生成字节码文件 Hello.class,否则,必须修改错误后重新编译。最后,NetBeans 启动字节码解释器 java.exe 对 Hello.class 文件解释运行,在下面的输出窗口中显示运行结果,如图 1-6 所示。

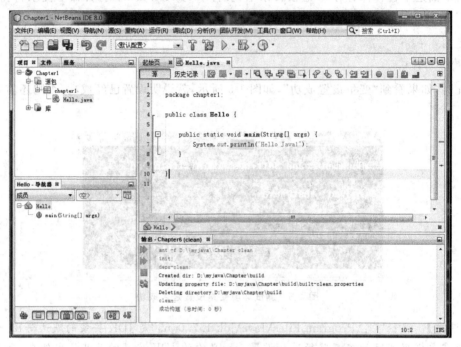

图 1-6 使用 NetBeans 集成开发环境运行应用程序

【注意】 上述程序执行后,请读者通过 Windows 资源管理器观察 chapter1 文件夹,有助于理解包的概念。

### 1.6.2 使用 NetBeans 运行 Java Applet 小程序

Applet 小程序与应用程序的区别是:小程序必须依赖一个 HTML(Hyper Text Marked Language)文件和支持 Java 的网络浏览器。首先采用 NetBeans 提供的 Java 类向导编写一个具有如下代码的小程序,文件名为 SayHello.java。

【例 1-2】 基本的 Java Applet 小程序举例。

```
package chapter1;   //将当前文件中的类 SayHello 放在 chapter1 包中
import java.awt.Graphics;   //指明要使用 Graphics 类
import java.applet.Applet;   //指明要使用 Applet 类

public class SayHello extends Applet
{
    public void paint(Graphics g)
    {
```
```

```
        g.drawString("Hello Java !",35,30);
    }
}
```

【程序解析】 运行此程序时,系统会自动生成一个 HTML 文件作为字节码 SayHello. class 的标签,它的基本内容如下:

```
<HTML>
<applet code="SayHello.class"
    height=100  width=200>
</applet>
</HTML>
```

NetBeans 启动小程序查看器 appletviewer. exe 解释运行 SayHello.html 文件,输出结果 如图 1-7 所示。

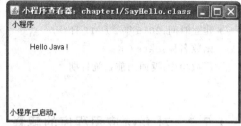

图 1-7 使用 NetBeans 运行小程序

【注意】 appletviewer 实际上是一个观察器,用于观察小程序的运行结果,它便于调试程序,真正运行时,要使用浏览器。

如果采用低版本的 JDK 编写小程序,步骤如下:
(1) 利用文本编辑器创建 Java 源程序文件。
(2) 使用 Java 编译器 javac.exe 对小程序进行编译。
(3) 创建一个 HTML 文件,使其中包含用来运行该小程序的语句。
(4) 用浏览器或 appletviewer.exe 装入 HTML 文件,然后运行小程序。

在集成开发环境,如 NetBeans 或 JBuilder 中,这 4 个步骤是由开始环境负责完成的,但用户要清楚这 4 个步骤。

1.7 对 Java 程序的解释

前面对 Java 应用程序和小程序的基本结构和运行环境进行了简单的分析。以上述程序为例,对这两种类型的程序作相关的解释。

1.7.1 程序注释方法

在编写程序时要在源文件里加一些注释,以解释程序执行的操作。注释不仅对其他程序员读自己的程序有帮助,而且对自己也有帮助。试想,隔几个月后重读自己以前编写的程序,如果没有注释,读起来就会很费劲。在 Java 中最常用的注释格式有 3 种。

第一种方法是从 C++ 引入的方法,即 // 方式。当 Java 解释器遇到双斜杠时,它就忽略该行双斜杠后面的文本,这种方法仅支持单行注释。例如:

```
int  x=100;                    //定义一个变量并给出初始值
```

第二种方法是从 C/C++ 中引入的老的注释方法,即 /* …… */,该方法支持多行注释,例如:

```
/* This ia a comment
```

```
    for java
*/
```

第三种方法是/ ** …… */,这与第二种方法相似,这种格式是为了便于 javadoc 程序自动生成文档。下面是 javadoc 程序自动生成的一个文档示例。

```
/**
 * 建立时间:2015 年 2 月 12 日
 * 函数名称:date()
 * 函数功能:返回当前系统日期
 */
```

1.7.2　对 Java 应用程序的解释

下面对 1.6.1 节提供的 Hello.java 程序进行解释。

```
package chapter1;        //将当前文件中的类 Hello 放在 chapter1 包中

public class Hello
{
    public static void main(String[] args)
    {
        System.out.println("Hello Java! ");
    }
}
```

【**程序解析**】　从上述程序可以发现,该程序具有如下特点:

(1) 文件的开头 package 语句指明将创建一个存放该文件的文件夹,Java 中称为包。本例将创建一个 chapter1 包,并且将 Hello.java 文件放在 src 文件夹下的 chapter1 包中;将字节码文件 Hello.class 放在 classes 文件夹下的 chapter1 包中。

(2) Java 程序代码必须写在一个或几个类中,上面的示例程序由一个 Hello 类构成。

(3) 程序的文件名和类名一致,都是 Hello。这是 Java 的要求,明显不同于 C/C++。

(4) Java 应用程序包含了一个 main()方法,解释器是从此方法开始解释执行的,并且对任何一个 Java 应用程序,无论其由多少个类构成,只能有一个 main()方法。该方法之前的 public 是一个关键字,表示这是一个对外界公开使用的方法,main()方法的参数是一个 String 对象数组,本程序未使用 args,但编译器要求一定要这么声明 main()方法,因为 args 是用于存储命令行参数的引用(见 6.2.4 节)。如果无此方法,程序将无法执行。

(5) Java 区分大小写字母,这和 BASIC 程序不同。例如,如果将 System 不小心写成了 system,那么将是错误的。

(6) println 是系统提供的一个方法,类似于 C/C++ 中的 puts(char *)输出函数。

(7) 程序的文件名必须与主类名(若一个程序由多个类构成,那么包含 main()方法的那个类就是主类)相同。例如,本例的主类名是 Hello,那么文件名就必须是 Hello.java,若不小心将文件取名为 hello.java,那么也是错误的。

(8) 此外,类中的函数都称为方法,当然对那些习惯称谓的地方,仍然称为函数。例如,构造函数是 C++ 中的一个习惯称谓,所以 Java 程序中也保留了这个习惯。

【注意】 从 JDK 5.0 开始,在应用程序输出上,Java 除了保留以往版本提供的 println() 和 print() 方法外,还为 C/C++ 程序员提供了方便,新增了 printf 输出方法,它的用法与 C/C++ 的 printf 类似。但没有提供类似 scanf 的方法。

【例 1-3】 输出格式举例。

```
package chapter1;        //将当前文件中的类 newPrint 也放在了 chapter1 包中
public class newPrint
{
    public static void main(String args[])
    {
        int     i=100;
        char    ch='A';
        double  d=9.8999;
        String  s="I love China";
        //下面是很熟悉的写法(^o^)
        System.out.printf("Result=%d  %c  %f  %s\n", i,ch, d, s);
    }
}
```

【程序解析】 将各个变量的值按照格式控制符指定的格式输出,程序运行结果如下:

Result=100 A 9.899900 I love China

1.7.3 对 Java 小程序的解释

下面以 1.6.2 节提供的 SayHello.java 程序为例进行解释。为了便于解释,给程序加上了行号,这在写程序时是不必要的,可以不加。

```
1    package chapter1;
2    import java.awt.Graphics;       //指明要应用 Graphics 类
3    import java.applet.Applet;      //指明要应用 Applet 类
4    public class SayHello extends Applet
5    {
6        public void paint(Graphics g)
7        {
8            g.drawString("Hello Java !",35,30);
9        }
10   }
```

【程序解析】 该程序具有如下特点:

(1) 程序第 1 行指明将类 SayHello 放在 chapter1 包中。

(2) 程序第 2~3 行的 import 语句是装载类库语句,将 Java 编译所需的类加载在程序中,这有点类似于 C/C++ 中的预处理指令 #include。程序第 2 行指明要从 java.awt 包 (package)中装载 Graphics 类。

(3) 第 4 行定义了一个 SayHello 类,这是写小程序的方法,Java 规定小程序一定要继承 Applet 类。extends 指明 SayHello 类是通过继承 Applet 类定义的。凡是从 Applet 类派生而来的类,肯定含有 public 修饰,并且是主类,文件名与该类名一致,所以本例的文件名是 SayHello.java。

(4) 第 6 行引进了程序中的另一个组成部分,即方法。Java 程序至少包含一个方法,用于完成程序执行时所需的功能。本例中的 paint()方法实际上是一个系统方法,在此进行了覆盖(4.8 节讲述)。

(5) 小程序是从主类开始执行的,而不是从 main()方法(它也没有 main()方法)执行。一个完整的 Java 程序,无论它是应用程序还是小程序,有且仅有一个 public 类。

(6) 第 8 行的 g.drawString("Hello Java!",35,30)是输出信息,后面的两个参数 35 和 30 用于指定输出信息的坐标位置,此处的坐标值以像素为单位,其中 35 是 X 坐标,30 是 Y 坐标。

(7) 小程序的 HTML 文件名无任何限制,只要后缀为 HTML 或 HTM 即可,并且文件名大小写也无所谓。不要将这一点和对.java 文件名的要求相混淆。

【注意】 对于 package 语句,如果程序没有特殊说明的地方,后面就不再给出解释。

1.7.4 对 HTML 文件的解释

下面以 1.6.2 节中的 SayHello.html 文件为例进行说明,该文件内容如下,为了便于解释,给程序加上了行号,这在写程序时是不必要的。

```
1    <HTML>
2    <applet  code="SayHello.class"
3         height=100  width=200>
4    </applet>
5    </HTML>
```

第 1 行和第 5 行是 HTML 文件的起始标记和结束标记,可以不写。第 2 行的 code 指明了要运行的字节码文件;第 3 行指明了小程序在运行时,以像素为单位显示的高度和宽度;第 4 行是小程序的结束标记。

【注意】 在 NetBeans 环境中,不需要编写 HTML 文件,可由系统自动生成。

1.8 编写 Java 程序的风格要求

对于复杂的程序,程序员要理解其中的语句可能会有困难,所以保持良好的程序风格对于编写程序特别重要。

提高程序可读性的措施有如下几点:
(1) 使用有意义的变量名。
(2) 使用合理的缩进和对齐,使程序显得层次分明。
(3) 使用空行分隔不相关的语句。
(4) 增加注释语句。例如,例 1-4 即是按这些原则编写的。

【例 1-4】 编程风格举例。

```
package chapter1;
import java.awt.Graphics;            //程序要应用 Graphics 类
import java.applet.Applet;           //程序要应用系统提供的 Applet 类
                                     //此处的空行是为了使程序显得条理分明
public  class  SayHello  extends  Applet
{
    public  void  paint(Graphics  g)
    {
        int   XPos=40,YPos=40;       //定义输出信息的 X 坐标和 Y 坐标
                                     //此处的空行是为了使程序显得条理分明
        g.drawString("Hello Java !",XPos,YPos);
    }
}
```

程序中的变量 XPos 和 YPos 的命名就比较有意义,命名变量时,最好做到"见名知义";在写程序时同一级别的语句要上下对齐,从而使程序显得层次分明;写程序时可以有空行,也可以没有,但对于不同段落的程序可以加空行隔开;从软件工程的角度讲,程序中的注释量应当占整个程序的 1/3。编写程序时所使用的风格很重要,应当养成一种自己喜欢的风格,建议模仿本书中的程序书写风格。

本章首先讲述了 Java 语言的发展历程和主要特点,这些特点包括面向对象、分布式、解释执行、健壮、安全、结构中立、可移植性好、高效、多线程和动态。然后讲述了 Java 的一些基本概念,主要包括 Java 应用程序、Java 小程序、Java 虚拟机(JVM),以及 Java 程序的运行环境 NetBeans,最后讲述了编写 Java 程序的风格和注释。

通过本章的学习,读者应当对 Java 语言的主要特点和基本原理有一个大致了解,为后续章节的学习奠定基础。

(1) 用 Java 语言编写的程序主要分成哪几类?它们有什么不同?
(2) Java 是怎样实现与操作平台无关的?
(3) Java 采用了哪些手段来实现其安全机制?
(4) Java 语言主要有哪些特点?
(5) 上机练习 Java 应用程序和小程序的运行方法。

第 2 章　数据类型、运算符和表达式

　　Java 是在 C++ 的基础上发展起来的,它与 C++ 具有许多相似的地方。本章主要讲述 Java 的基本成分,但读者要注意它们与 C/C++ 的区别。本章讲述的主要内容如下:常量和 C/C++ 相似,Java 中的变量分为基本类型、数组类型和类类型(严格地讲,数组类型也属于类类型,这不同于 C/C++),基本类型主要包括整型、字符型、浮点型和布尔型。

　　本章的学习目标:
- ◆ 掌握字面常量和符号表示的常量的概念和应用
- ◆ 掌握整型、浮点型、字符型和布尔型变量的概念和应用
- ◆ 掌握数组的概念
- ◆ 理解参数传递方式
- ◆ 学会逻辑运算符、算术运算符和位运算符的使用方法

2.1　常量

　　Java 程序中的常量主要分为下述几种。

1. 整型常量

　　Java 中整型常量可以采用八进制、十进制、十六进制表示,但不能采用二进制表示,这和 C/C++ 中的要求一样。八进制整型常量必须以数字 0 开头,后接 0～7 之间的数字,例如:017。十进制整型常量是最常用的一种数据表示方法,例如:12。十六进制整型常量必须以 0x 开头,后接 0～9 之间的数字和 a～f(大写字母也可以)之间的字母,例如:0xaB。

2. 浮点常量

　　浮点常量采用十进制或科学记数法表示。默认情况下,浮点数是 double 类型的,例如,3.14 就是 double 类型的常量,3.14d 也是 double 类型的常量,而 3.14f 是 float 类型的常量。

3. 布尔常量

　　Java 中布尔常量包括 true 和 false,分别代表真和假,但要和 C/C++ 中相应表示区别开,C 是采用 0 代表假,非 0 代表真,在 C++ 中虽然也有布尔常量 true 和 false,但其实质是 1 和 0。Java 中布尔常量 true 和 false 与 C/C++ 中的不同,它们不是数值,不能进行算术运算。

4. 字符常量

　　Java 中的字符常量表示方法与 C/C++ 中的类似,例如:'A'和'\114'都是字符常量。

5. 字符串常量

　　Java 中的字符串常量是一个对象,例如:"A"就是一个字符串对象,这不同于 C/C++ 中的表示,在 C/C++ 中采用以'\0'结束的字符数组表示一个字符串。Java 把一个字符串视作一个对象,它具有自己的属性和方法。

2.2 变量

所谓变量就是值可以改变的量。变量的命名原则是：以字母('a'~'z'和'A'~'Z')、下划线('_')和'$'符号开头，由字母、数字('0'~'9')、下划线和'$'构成的一个符号序列。例如 a、_a、NameOfStudent、$10 均是合法变量名，而—a 和 9a 是非法变量名。另外规定 Java 中的关键字不能用作变量名，如表 2-1 所示。

表 2-1 Java 中的关键字

关键字	含 义	关键字	含 义	关键字	含 义
abstract	抽象类或方法	float	单精度浮点类型	private	私有属性
assert	断言	for	for 循环	protected	保护特性
boolean	布尔类型	future	未用	public	公有特性
break	终止 switch 或循环	generic	未用	rest	未用
byte	8 位整数类型	goto	未用	return	从方法返回
case	对应于 switch 语句的一种情况	if	条件语句	short	16 位整数类型
catch	捕获异常的 try 子句	implements	定义某个类实现的接口	static	静态修饰符
char	Unicode 字符类型	import	装载一个包	super	超类对象或构造函数
class	定义一种类类型	inner	未用	switch	选择语句
const	未用	instanceof	检测对象是否属于某个类	synchronized	线程同步
continue	再循环	int	32 位整数类型	this	隐式参数，或该类的构造函数
default	switch 语句的默认子句	interface	定义接口类型	throw	抛出一个异常
do	构成 do/while 循环	long	64 位的长整数类型	throws	某方法可抛出的异常
double	双精度浮点类型	native	由主机系统实现的方法	transient	用于标识可变数据
else	if 语句的 else 子句	new	分配一个新对象或新数组	try	捕获异常的代码块
enum	枚举	null	空引用	var	未用
extends	指明要继承的父类	operator	未用	void	表示不返回值的方法
final	常量、不能被覆盖的类和方法	outer	未用	volatile	未用
finally	try 块的一部分	package	定义类的包	while	while 循环

表 2-1 中一些关键字在目前的 Java 版本中还未使用,这为后续版本的发展留有一定的扩充余地。从人们认知的角度讲,目前未用的关键字基本上都是 C++ 的,由于 Java 语言是从 C++ 发展来的,因此将这些标识符当作关键字保留,使得语言具有一定的上下继承性。

【注意】 Java 编译器对变量是区分大小写的,例如,name 和 Name 就是不同的变量,这和 VB 不同。

变量的作用域即是变量的有效范围,是包含它的最内层的大括号{、}。

变量的类型可以是基本类型、数组类型和类类型。基本类型的变量不需要显式地分配空间,这和 C/C++ 一样,而数组类型和类类型的变量必须要显式地分配空间。例如,

```
int  x, a[];
```

变量 x 就不需要进行分配空间,系统会自动分配一个存储单元,而数组 a 就必须显示地分配空间。Java 中基本类型的变量可以分为 4 种类型:整型、字符型、浮点型和布尔型。

2.2.1 整型变量

Java 语言中的整型变量有以下 4 种类型,它们分别是:

(1) 字节(byte)类型。这是 Java 语言特有的整型数据类型,占 8 位,能表示数的范围是 $-128\sim127$。

(2) 短整型(short)。短整型变量占 16 位,和 C/C++ 中的一样,能表示数的范围是 $-32\,768\sim32\,767$。

(3) 整型(int)。整型变量占 32 个位,能表示数的范围是 $-2\,147\,483\,648\sim2\,147\,483\,647$。

(4) 长整型(long int)。长整型变量占 64 个位,能表示数的范围是 $-9\,223\,372\,036\,854\,775\,808\sim9\,223\,372\,036\,854\,775\,807$。

为了便于记忆,这些整型数的最大值和最小值均由相应的符号表示。例如可以编写一个程序测试这些最大值和最小值。

【例 2-1】 测试整型变量的最值。

```java
public class Test_Int         //测试整型变量的最大值和最小值
{
    public static void main(String [] args)
    {
        System.out.println("byte  最大值="+Byte.MAX_VALUE);
        System.out.println("byte  最小值="+Byte.MIN_VALUE);
        System.out.println("short 最大值="+Short.MAX_VALUE);
        System.out.println("short 最小值="+Short.MIN_VALUE);
        System.out.println("int   最大值="+Integer.MAX_VALUE);
        System.out.println("int   最小值="+Integer.MIN_VALUE);
        System.out.println("long  最大值="+Long.MAX_VALUE);
        System.out.println("long  最小值="+Long.MIN_VALUE);
    }
}
```

【程序运行结果】

```
byte  最大值=127
byte  最小值=-128
short 最大值=32767
short 最小值=-32768
int   最大值=2147483647
int   最小值=-2147483648
long  最大值=9223372036854775807
long  最小值=-9223372036854775808
```

【注意】 Java 除了提供 byte、short、int、long 等原子类型外，还提供了与其对应的一种类类型，程序中的 Byte、Short、Integer 和 Long 分别是 4 种原子类型对应的类类型。

2.2.2 字符型变量

Java 字符型采用了 Unicode 编码，数据长度为 16 位，这和 C/C++ 中的不同（C/C++ 的字符型变量占 8 位）。Java 中的字符可以转换为 int、long、float 等类型的值，并加以运算。字符的表示范围：从'\u0000'到'\uffff'，即从 0 到 65 535。显然，Java 的字符数据表示支持转义字符，其范围已远远超出了 C/C++ 中的字符表示。

为了便于记忆，Java 语言中的字符能存放的最大值和最小值也有相应的符号表示。下面给出一个用于测试这些最大值和最小值的程序。

【例 2-2】 测试字符型变量的最值。

```java
public class Test_char        //测试字符型变量的最大值和最小值
{
    public static void main(String []args)
    {
        System.out.println("char  最大值="+(int)Character.MAX_VALUE);
        System.out.println("char  最小值="+(int)Character.MIN_VALUE);
    }
}
```

【程序运行结果】

```
char  最大值=65535
char  最小值=0
```

【注意】 Java 不但提供 char 类型的字符表示，还提供了与其对应的类类型 Character。上述程序执行了一个强制类型转换，这是因为 Character.MAX_VALUE 是一个字符，其 ASCII 码是 65 535，但它代表的符号是什么？目前还不存在 ASCII 码为 65 535 的字符。Java 采用 16 位表示一个字符，与 C/C++ 相比，显然具有广阔的可扩充余地。

2.2.3 浮点型变量

Java 中浮点型变量有两种，即 float 和 double，这和 C/C++ 一样。float 型变量占 32 位的存储空间，如 12.34567f 就是一个浮点型的常量。double 型变量占 64 位，例如

12.34567**d** 或者写成 12.34567 都表示一个 double 型的常量。例如：

```
float    f=3.14;        //错误,因为值 3.14 属 double 类型,其与变量 f 不相容
double   d=3.14;        //正确
float    f=3.14f;       //正确,值 3.14f 属 float 类型
```

为了便于记忆,Java 中的浮点型的最值也用相应的符号表示。下面给出一个用于测试这些最大值和最小值的程序。

【例 2-3】 测试浮点型变量的最大值和最小值。

```
public class Test_Float
{
    public static void main(String [] args)
    {
        System.out.println("float  最大值="+Float.MAX_VALUE);
        System.out.println("float  最小值="+Float.MIN_VALUE);
        System.out.println("float  正无限大="+Float.POSITIVE_INFINITY);
        System.out.println("float  负无限大="+Float.NEGATIVE_INFINITY);
        System.out.println("double 最大值="+Double.MAX_VALUE);
        System.out.println("double 最小值="+Double.MIN_VALUE);
        System.out.println("double 正无限大="+Double.POSITIVE_INFINITY);
        System.out.println("double 负无限大="+Double.NEGATIVE_INFINITY);
    }
}
```

【程序运行结果】

```
float   最大值=3.4028235E38
float   最小值=1.4E-45
float   正无限大=Infinity
float   负无限大=-Infinity
double  最大值=1.7976931348623157E308
double  最小值=4.9E-324
double  正无限大=Infinity
double  负无限大=-Infinity
```

【注意】 Float 和 Double 分别是浮点型的两个类。Float 和 Double 除了具有最值表示以外,还有无限大表示(注意:整型和字符型没有无限大表示),程序中的 Float.POSITIVE_INFINITY 和 Float.NEGATIVE_INFINITY 分别表示 float 类型的正无限大和负无限大。Double.POSITIVE_INFINITY 和 Double.NEGATIVE_INFINITY 分别表示 double 类型的正无限大和负无限大。不管是何种类型的无限大,都代表数据的溢出结果,不能参加算术运算和关系运算。

2.2.4 布尔型变量

Java 中的布尔型是 boolean,其变量取值仅有两个,即 true 和 false。true 和 false 不能转换成任何数值表示,Java 中的 true 不是 1,false 也不是 0,它们只能赋给 boolean 型的变

量,或者与布尔运算符一起在表达式中使用。boolean 型的变量不能参加算术运算,C++ 中的 true 和 false 分别是 1 和 0,C 中没有这种表示方法,C 是用非 0 表示真,0 表示假。

2.2.5 对原子类型变量生存空间的讨论

从程序设计语言原理的角度讲,任何类型的变量都有一个生存空间属性,这就规定了某个范围内变量的可见性和生存期。无论是 C/C++ 或者是 Java,一个变量的生存空间是由两个大括号决定的,例如:

```
{
    int   x=1;
    {
        char   c='a';
            //变量 x 和 c 均可使用
    }
            //变量 x 可用,而变量 c 不可用
}
```

在某个生存空间内定义的变量,只能用于该生存空间。下列写法在 C/C++ 中是正确的,但在 Java 中是错误的。

```
{
    int   x=1;
    {
        int   x=0;      //错误
    }
}
```

Java 编译器认为,变量 x 已经定义过,而 C/C++ 具有"小范围变量屏蔽大范围变量"的能力,但 Java 不提供这种功能。Java 认为,这样做容易导致对程序的误解和混淆。

2.3 变量赋值问题

Java 中变量赋初值和 C/C++ 中相同,例如:

```
int   a=3;              //这是 Java 中的一种赋初值方式,与 C/C++中相同
float   f;              //首先定义一个变量
f=(float)12.3456;       //通过赋值语句对变量赋值
```

【注意】 对于类中定义的原子类型变量,若未给出初值,那么它们将有默认值,例如,byte、short、int 和 long 类型变量的默认值都是 0;char、float、double 和 boolean 型变量的默认值分别是 '\u0'、0.0f、0.0d 和 false。但在方法内定义的局部变量,应当对其赋值,否则无法通过编译,这是一个与 C/C++ 变量赋值不同的地方。

【例 2-4】 类中定义的成员变量与方法中定义的局部变量的区别。

```
class   Test            //定义一个类
```

```
    {
        int   Value;                    //类中的变量未赋值,默认就是 0
    }
    public class   Test_Var
    {
        public static void main(String [] args)
        {
            int   x=100;                //此处的 x 必须赋值,否则无法通过编译
            Test obj=new  Test();       //为对象赋值,第 4 章将讲解其含义
            System.out.println("obj.Value="+obj.Value+"  x="+x);
        }
    }
```

【程序运行结果】

```
obj.Value=0   x=100
```

【程序解析】 在 Test 类中,对整型变量 Value 并未给出初始值,系统定义为 0,因为 Value 是类中的数据成员。main()方法中定义的变量 x,属于局部变量,必须对其赋值,否则无法通过编译,这和 C/C++ 明显不同。在 C/C++ 中,若对 x 不赋值,那么将有一个不确定的值。同样 obj 也是局部变量(严格地说属于局部对象),也必须对其赋值。

在赋值中经常遇到的一个问题是类型转换,除了 boolean 类型的表达式不可参与运算外,其他类型的表达式均可转换参与类型转换。在表达式中,除了由低精度向高精度不需要执行类型强制转换外,其余的必须执行人工转换,而在 C/C++ 中,不管何种类型原子变量,编译系统均可自动进行类型转换。例如:

```
int  x=2+3.14;
```

在 C/C++ 中这样写是合法的,而在 Java 中就是非法的,可以通过类型强制转换实现:

```
int   x=2+(int)3.14;                    //3.14 是 double 类型的值,必须进行类型强制转换
```

2.4 数组

Java 中的数组实际上属于系统定义的类 Array,其中定义了一些数据成员和方法。Java 数组和 C/C++ 有相似之处,例如,数组下标都是从 0 开始到元素个数减 1,并且所有的元素是同类型的。

2.4.1 一维数组

定义一个数组可以写成:

```
int   a[];                              //定义一个数组,但不能指定大小
```

也可以写成:

```
int[]  a;
```

【注意】 Java 不允许在定义数组时指定数组的大小,上例中的 a 仅仅是一个引用,它代表一个数组名,但没有对应的存储空间。

产生数组空间的方法有两种,第一种方法是在定义时直接赋值,例如:

```
int  a[]={1,2,3};
```

此时的数组 a 是一维数组,具有 3 个元素。产生数组空间的第二种方法是通过 new 运算符分配空间,例如:

```
int  a[]=new  int[10];
```

产生一个具有 10 个整型元素空间的一维数组 a。

Java 数组名是一个引用(又称别名,关于引用,参见 4.1.4 节),当将一个数组名赋值给另一个数组名时,实际上是名字的复制,例如:

【例 2-5】 数组名赋值。

```
public class Test_Array
{
    public static void main(String [] args)
    {
        int  a[]={1,2,3}, b[];
        b=a;         //请读者注意此行
        for(int i=0;i<3;i++)
            b[i]++;
        for(int i=0;i<3;i++)
            System.out.print(a[i]+"\t");
    }
}
```

【程序运行结果】

2   3   4

【程序解析】 程序将 b 数组元素的值分别加 1,从运行结果可以发现,数组 a 的元素值也发生了相应的改变,这就说明程序中的:

b=a;

实际上是给对象 a 另外起了一个别名 b,当通过 b 修改元素时,实际上就修改了 a。

为了获得数组中元素的个数,可以通过**数组名.length** 的方式获得长度,上例中的 a.length 就是 3,即数组 a 的元素个数。下面看一个通过 new 运算符对数组分配空间的示例。

【例 2-6】 数组名赋值。

```
public class Test_Array_len
{
```

```
    public static void main(String [] args)
    {
        int  a[]=new int[6];           //分配了6个元素的空间
        System.out.println("数组长度="+a.length);           //数组长度为6
        for(int i=0;i<a.length;i++)
            System.out.print(a[i]+"  ");
    }
}
```

【程序运行结果】

数组长度=6
0 0 0 0 0 0

【注意】 从上述运行结果可知,一个整型数组若仅仅采用new分配空间,而没有对其赋值,那么每个元素的值就是0,同理,其他类型的数组也遵循这个原则。

2.4.2 二维数组

Java中的二维数组(含多维数组)与C/C++中的二维数组有许多相似之处,例如,对元素的访问方式就相同,都是通过下标访问。

Java产生二维数组空间的方法有两种,第一种方法是在定义时直接赋值,例如:

int b[][]={{1,2} , {3,4}};

数组b是二维数组,它具有两个大元素,每个大元素中又由两个小元素构成。

产生数组空间的第二种方法是通过new运算符分配空间。Java的二维数组不一定是矩形,可以是任意形状。例如:

【例2-7】 二维数组赋值。

```
public class Test_Array2
{
    public static void main(String [] args)
    {
        int  a[][];              //定义一个引用a
        a=new int[2][];          //产生a[0]和a[1]两个引用
        a[0]=new int[2];         //给引用a[0]产生对象
        a[1]=new int[3];         //给引用a[1]产生对象
        System.out.println("a    的长度="+a.length);
        System.out.println("a[0] 的长度="+a[0].length);
        System.out.println("a[1] 的长度="+a[1].length);
    }
}
```

【程序运行结果】

a   的长度=2
a[0] 的长度=2

a[1]的长度=3

【程序解析】 从这个示例可以发现,二维数组实际上是由一维数组构成的一维数组。本例中的 a 通过语句:

a=new int[2][];

产生了两个一维数组类型的引用,即 a[0]和 a[1],然后 a[0]和 a[1]通过语句:

a[0]=new int[2];
a[1]=new int[3];

分别产生了长度为 2 和 3 的两个一维数组。因此本例中的二维数组 a 不再是一个矩形,如图 2-1 所示。

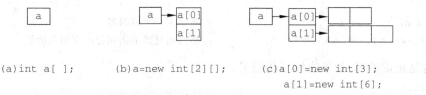

(a)int a[ ];　　　(b)a=new int[2][];　　　(c)a[0]=new int[3];
　　　　　　　　　　　　　　　　　　　　　　　a[1]=new int[6];

图 2-1　二维数组

【注意】 Java 的主要目标之一是安全性。许多在 C/C++ 中困扰人们的问题,Java 都不再重蹈覆辙。Java 保证数组一定会被初始化,并对数组提供了下标越界检查机制,即所有下标必须大于等于 0 且小于等于数组长度减 1。若越界使用元素,将产生异常信息:ArrayIndexOut OfBoundsException。说到底,Java 中的数组实际上是对象。

例如:

a[0][3]=100;

将产生越界异常信息。从这一点上讲,Java 要比 C/C++ 严格。

2.4.3　数组初始化

所谓初始化,就是在为数组的元素分配内存空间的同时,为每个数组元素赋初始值。Java 数组必须先初始化,然后才能使用。有静态初始化和动态初始化两种方式:

1. 静态初始化

由程序员显式地指定每个数组元素的初值,由系统决定数组的大小。使用静态初始化,初始化数组时只指定数组元素的初始值,不指定数组长度。

int a[]=new int[]{10, 20, 30 ,40};

也可以使用简化的静态初始化方法,我们在上一节就使用了此种方式:

int[] a={10, 20 , 30, 40};

2. 动态初始化

程序员仅指定数组长度,由系统为数组元素分配初始值。

int[] a=new int[5];　　　//数组 a 中的 5 个值都是 0

系统按如下规则指定初值:
(1) 整数类型(byte、short、int 和 long)数组元素的值为 0。
(2) 浮点类型(float、double)数组元素的值是 0.0。
(3) 字符类型 char 的数组元素值是'\u0000'。
(4) 布尔类型 boolean 数组元素的值是 false。
(5) 类、接口和数组属对象类型,其数组元素的值是 null。

【注意】 不要静态初始化和动态初始化同时使用,也就是说不要在进行数组初始化时,既指定数组的长度,也为每个数组元素分配初始值。

```
int a[]=new int[3]{10, 20, 30};         //错误
```

另外,一个容易混淆的问题是数组赋值,这不是初始化,例如:

```
int a[];                                //先定义一个数组名
a=new int[]{10, 20, 30, 40 };           //然后通过赋值语句分配空间并赋值
```

这是正确的,但如果这样写就错了:

```
int a[];                                //先定义一个数组名
a=new int[4]{10, 20, 30, 40 };          //错误:不能指定空间大小
```

二维数组实际上是一维数组的一维数组,与上面类似,在此就不再介绍其初始化方法。数组初始化完成后,就可以使用数组了,包括为数组元素赋值、访问数组元素、获得数组长度等。

2.5 Java 中的参数传递方式

C++中参数的传递有两种形式,一种是传值;另一种是传引用,编程人员可以随意选择。若按值传递,将在每一个调用函数中都会产生参数值的一个副本,这种方法比较安全;若按引用传递,则只会产生一个数据副本,但削弱了安全性。

Java 语言继承了 C++的许多特性,其参数传递的形式有两种,但不允许编程人员选择究竟是采用按值传递还是按引用传递。而在 C++中,程序员可以自由选择参数的传递方式。

【注意】 Java 规定基本类型按值传递,对象类型按引用传递。当通过 return 语句从一方法中返回时,基本类型的数据总是以值的方式返回,而对象总是以引用方式返回。

【例 2-8】 Java 中参数的传递。

```
class   test
{
    int   x;
}
public class Test_Paras
{
    static test fun(test o,int y)       //对象按引用传递,原子类型变量按值传递
```

```java
    {
        o.x=20;        //修改了对象的数据成员
        y=1;           //修改了 y 的值
        return  o;
    }
    public static void main(String [] args)
    {
        test   obj1 , obj2;
        int    Val=3;
        obj1=new test();        //产生一个对象
        obj1.x=100;             //将对象 x 的值设置为 100
        obj2=fun(obj1,Val);
        System.out.println("obj1.x="+obj1.x);
        System.out.println("obj2.x="+obj2.x);
        System.out.println("Val="+Val);
    }
}
```

【程序运行结果】

```
obj1.x=20
obj2.x=20
Val=3
```

【程序解析】 对象 obj1 的 x 成员的初始值是 100，当将对象 obj1 传递给方法 fun 的形式参数 o 时，是按引用传递，也就是说是将对象 obj1 传递过去。在方法 fun() 中对 o.x 进行了修改，实际上所改动的是对象 obj1 的 x 值。

当将 Val 传递给 fun() 方法的 y 参数时，由于 Val 是基本类型的变量，所以采用按值传递，即把 Val 的值复制给了参数 y，所以在 fun() 方法中，对 y 的改动，并不影响 main() 方法中的 Val。

在 main() 方法中将 fun() 方法的返回值送给了引用 obj2，由于 fun() 方法是按引用返回，实际是将修改后的对象 obj1 返回了，所以说，最后的 obj1 和 obj2 实际上是同一个对象，故输出的 obj1.x 和 obj2.x 相同。

Java 有一个关键字 null，它代表一个没有分配空间的引用。例如：

```
int  a[];
```

a 是一个引用，但无空间，此时 a 的值就是 null，类的对象也如此。C/C++ 中的 NULL 是一个宏定义，是 0，它和此处的 null 不是一回事。例如，下列代码是错误的：

```
int  a[];
System.out.println(a.length);
```

输出语句无法通过编译，因为引用 a 没有初始化，此时它仅仅是一个名字，并没有和一个具体的数组对象相关联，就不能代表一个对象，只有对象才具有长度。

2.6 Java 的运算符

Java 语言和其他程序设计语言一样,也有一些运算符,其中许多和 C/C++ 的运算符类似。主要包括算术运算符、关系运算符、逻辑运算符、位运算符和三元条件运算符。

2.6.1 算术运算符

Java 中的算术运算符有＋、－、＊、/、％、＋＋和－－等,这些符号和 C/C++ 基本相同。只有％运算符与 C/C++ 区别比较大,Java 中的％运算符不但可以对整型数据运算,而且可以对浮点型数据运算。例如,3.14％2.5 表达式的值是 0.64,而这在 C/C++ 中是不允许的,例如:

```
int   i_One, i_Two;
double  d_One, d_Two;
i_One=2;
i_Two=i_One++;
d_One=6.3;
d_Two=d_One％2;          //浮点数据取模运算
```

上述程序段执行后,i_One、i_Two 和 d_Two 的值分别是 3、2 和 0.2999999999999998。

因为 d_One 的值是 6.3,取 2 的模,实际上就是减去 2 的若干整数倍后,所余下的值,本例应该是 0.3,但由于浮点数在计算机中的存储不是精确的(二进制存储的原因),所以本例的值是 0.2999999999999998,是一个接近于 0.3 的数。C/C++ 中的取模％运算,要求％的两边的操作数都是整数,读者要注意,这和 Java 不同。

对于程序中的＋＋运算符,由于＋＋符号在变量 i_One 的后面,因此先将 i_One 的值赋给 i_Two,然后将 i_One 增加 1。算术运算符＋、－、＊、/和％,还可以和赋值符号＝合并使用,例如,x＋＝10 就等价于 x＝x＋10,这些与 C/C++ 中的含义完全一样。

2.6.2 关系运算符

Java 关系运算符有＞、＞＝、＜、＜＝、＝＝和!＝,其运算结果是一个 boolean 类型的值,要么是 true,要么是 false,它不能同其他类型的变量一同参与运算,例如:

```
int   a, b=1, c=1;
a=b==c;
```

那么最后的赋值语句是错误的,因为＝＝是一个关系运算符,其运算结果为 true,不能将一个布尔值赋给一个整型变量。

关系运算符不但可以用于原子类型的变量,而且还可以用于对象类型。例如:

【例 2-9】 Java 关系运算符举例。

```
class number
{
    int x;
}
public  class relationalOperator
```

```
    {
        public static void main(String args[])
        {
            number n1,n2;
            n1=new number();              //生成对象 n1
            n2=new number();              //生成对象 n2
            n1.x=1;
            n2.x=1;
            if(n1.x==n2.x)                //关系运算符用于原子类型变量
                System.out.println("对象的数据成员 x 相等!");
            if(n1==n2)                    //关系运算符也能用于对象
                System.out.println("n1 和 n2 是一个对象!");
            else
                System.out.println("n1 和 n2 不是一个对象!");
        }
    }
```

【程序运行结果】

对象的数据成员 x 相等!
n1 和 n2 不是一个对象!

【注意】 在将关系运算符==用于对象时,是判别两个引用是否代表同一个对象,即对象的内存地址是否相同。上例中的 n1 和 n2 分别代表通过 new 运算符生成的两个不同的对象,所以 n1==n2 的值是 false。

2.6.3 逻辑运算符

Java 逻辑运算符有 &&、|| 和 !,它们分别是逻辑与、或和非。逻辑运算的结果是 boolean 类型的值：true 或 false。逻辑运算符用法,具体见表 2-2 和表 2-3。

表 2-2 逻辑运算符的含义、用法和结合方向

运算符	含义	用法	结合方向
&&	逻辑与	par1 && par2	从左到右
||	逻辑或	par1 || par2	从左到右
!	逻辑非	! par	从右到左

表 2-3 逻辑运算符的运算规则

参数1	参数2	参数1&&参数2	参数1||参数2	!参数1
true	true	true	true	false
true	false	false	true	false
false	false	false	false	true
false	true	false	true	true

Java 中的逻辑运算有求值"短路"现象,即当整个表达式的值可以确切判断出真假时,

表达式的求值动作就会结束。这样，逻辑表达式中的某些部分就有可能不会被计算。

【例 2-10】 Java 逻辑运算符。

```java
public class shortCut
{
    static boolean testOne(int x)
    {
        System.out.println(x+"<"+1+" "+(x<1));        //注意此表达式
        return   x<1;
    }
    static boolean testTwo(int x)
    {
        System.out.println(x+"<"+1+" "+(x<2));
        return   x<2;
    }
    public static void main(String [] args)
    {
        if(testOne(6) && testTwo(1))
            System.out.println("表达式为真");
        else
            System.out.println("表达式为假");
    }
}
```

【程序运行结果】

```
6<1  false
表达式为假
```

【程序解析】 当执行 main() 方法中的 if(testOne(6) && testTwo(1)) 表达式时，首先求 testOne(6) 的值，由于 6<1 为假，所以逻辑与符号 && 后面的 testTwo(1) 就不再执行了。

在 testOne() 中有一个表达式：System.out.println(x+"<"+1+" "+(x<1))，其中 (x<1) 要带圆括号，因为此处的 + 是一个字符串连接符号，若不带括号，相当于将一个串与整数 1 进行比较大小，那么这是错误的。

2.6.4 位运算符

Java 位运算主要是面向基本类型的数据，包括 byte、short、int、long 和 char。其中 &、|、^、~、<<、>> 分别称为位与、或、异或、非、左移、右移，这和 C/C++ 的位运算符一样。当所操作的对象是 char、byte、short 类型时，在发生位移之前，其值会首先变成 int 类型，整个运算结果也是 int 类型。若所操作的是 long 类型，那么运算结果就是 long 类型。

【注意】 Java 引入了一个专门的逻辑右移运算符 >>>，采用了所谓的零扩展技术，不论原值是正或负，一律在高位补 0。这是一种 C/C++ 所不存在的移位运算符。

位运算符 &、|、^、~、<<、>>、>>> 还可以和赋值符号 = 合并使用，例如，x &= 10 就等价于 x = x & 10。下面的示例说明了运算符 >>> 和 >>。

【例 2-11】 Java 逻辑右移运算符 >>>。

```
public    class bitsOperator
{
    public static void main(String args[])
    {
        int   a=-2, b;
        char ch='b' , c;
        b=a>>>30;
        c=(char)(ch>>1);        //必须执行类型强制转换
        System.out.println("a="+b+"   c="+c);
    }
}
```

【程序运行结果】

a=3 c=1

【程序解析】 变量 a 是整型,其值是-2,由于数值在计算机中是以二进制补码形式表示的,所以它的补码是 1111,1111,1111,1111,1111,1111,1111,1110。变量 b 的值是将 a 逻辑右移 30 位后的结果,那么 b 的值就是 0000,0000,0000,0000,0000,0000,0000,0011,所以 b 的值是 3。

对表达式 c=(char)(ch>>1),由于 ch 的值是字符'b',其 ASCII 是 98,右移后表达式 ch>>1 的值是 49,是一个整数,当将一个整数赋值给 char 型变量 c 时,必须进行类型强制转换,49 对应的字符是'1',所以变量 c 的值是'1'。

【注意】 程序中的移位运算 a>>>30 和 ch>>1,都是临时的,对变量 a 和 ch 都没有影响,a 的值还是-2,ch 的值还是'b'。读者可以输出 a 和 ch 的值,观察是否有所变化。

2.6.5 三元条件运算符

Java 中的三元条件运算符(exp)?(exp1):(exp2)等价于一个 if-else 语句。例如:

```
static int test(int   val)
{
    if(val>10)
        return   val;
    else
        return   0;
}
```

等价于:

```
static int test(int val)
{
    return   (val>10)?val:0;
}
```

显然采用三元条件运算符要比 if-else 语句简洁。从 JDK 6.0 开始,Java 中的三元条件运算符与 C/C++ 中的该运算符已经相同,即(exp1)与(exp2)类型可以不同。

【例 2-12】 三元条件运算符。

```
public class  testcomm
{
    public static void main(String args[])
    {
        int   val=-2;
        System.out.println(val>0 ? 1 : "NO");       //完全正确
    }
}
```

2.6.6　+运算符

运算符重载是 C++ 的一个重要功能,这既是一个优点,同时也是一个缺点。例如,对程序员而言运算符重载就是一个沉重的负担。Java 不允许程序员实现自定义的运算符重载,但其提供了一个可以将任何类型的对象(包含原子类型的变量)自动转化为 String 类型(见第 6 章)的方法。例如:

```
int  x=1;
char ch='A';
double   d=9.8;
System.out.println("Result: "+x+ch+9.8);
```

编译器会将 x、ch 和 d 自动转化为各自的 String 临时表示,而不是将它们加在一起。因此运行结果是:

```
Result: 1A9.8。
```

若要实现对 x、ch 和 d 的求和操作,可以将这三项括起来:

```
System.out.println("Result: "+(x+ch+9.8));
```

结果是:

```
Result: 75.8
```

【注意】 编译器将 x、ch 和 d 转化相应的 String 临时对象,然后再连接在一起,构成一个长串,这个操作对 x、ch 和 d 的值没有影响。

本章主要讨论了 Java 语言的基本成分,包括各种类型的常量,如数字表示的常量和符号表示的常量。Java 的变量尽管与 C/C++ 比较类似,但也有自己的特点,例如,boolean 型就是 C/C++ 所不具备的一种类型。此外,Java 的数组与 C++ 的数组也不相同,Java 的数组属于对象类型,而 C/C++ 的数组属于一种简单的构造类型。除了整型、字符型、布尔型和浮点型以外,Java 中的其他类型均是对象类型。Java 的运算符与 C/C++ 的类似,但 Java 增加了一个逻辑右移位运算符>>>。

Java 语言属于强类型的语言,它对变量和常量的类型检验比较严格。但在一定范围内也允许进行混合运算。

(1) Java语言提供有哪些基本数据类型?当一个表达式中存在几种不同类型的操作对象时,进行类型转换的原则是什么?

(2) Java应用程序在结构上有什么特点?它和C/C++程序有什么不同?

(3) Java源程序的注释有哪几种类型?

(4) 角谷猜想:任何一个正整数n,如果它是偶数则除以2,如果是奇数则乘以3再加上1,这样得到一个新的整数,如此继续进行上述处理,则最后得到的数一定是1。编写应用程序和小程序分别证明:在3~10 000之间的所有正整数都符合上述规则。

(5) 编写一个小程序(Applet),要求输入两个整数,在状态条显示较大的数,紧跟着显示"is larger"。若二者相等,显示"the two numbers are equal!"。

(6) 编写一个模拟同时掷两个骰子的程序。要用Math.random()模拟产生第一个骰子,然后再产生第二个骰子,将两个结果相加,相加的和等于7的可能性最大,等于2和12的可能性最小。图2-2表示了出现36种情况的组合。程序模拟掷3600次骰子,判断求和结果是否合理,共有6种情况的和是7,故在3600次掷骰子的结果中应当有1/6的可能性是7。

	1	2	3	4	5	6
1	2	3	4	5	6	7
2	3	4	5	6	7	8
3	4	5	6	7	8	9
4	5	6	7	8	9	10
5	6	7	8	9	10	11
6	7	8	9	10	11	12

图2-2 掷骰子的各种情况

第 3 章 控制语句

Java 的流程控制有 3 种，即顺序、选择和循环，其中选择又称分支。熟悉 C/C++ 的读者可以发现，本章所介绍的控制语句的语法格式与 C/C++ 的类似。熟悉 C/C++ 的读者可以粗略地浏览 3.1 节和 3.2 节，直接学习 3.3 节带标号的 break 和 continue 语句。

本章的学习目标：
◆ 学会使用 Java 的分支语句
◆ 学会使用循环控制语句
◆ 学会使用 break 和 continue 语句
◆ 学会使用带标号的 break 和 continue 语句

3.1 分支语句

Java 中的分支语句有两个，一个是 if-else 语句；另一个是 switch-case 语句。

3.1.1 if 语句

if 语句的语法格式如下：

```
if(Expression)
    Statement
[else
    Statement]
```

【注意】 if 语句的条件表达式 Expression 与 C/C++ 不同，Java 要求该条件表达式必须是布尔类型，否则无法通过编译。在 C/C++ 中条件表达式可以是一个数值，用非 0 代表真，0 代表假，而 Java 不允许这样。

例如，下面的写法在 C/C++ 中是合法的：

```
int  i=10;
    ⋮
if(i)
    ⋮
```

但在 Java 中却是错误的。必须将条件表达式转换为一个 boolean 值。例如，将 if(i) 语句修改为 if(i!=0)。

if 语句中含有 else 时，要注意 else 与 if 的匹配关系，例如这样写代码：

```
if(x<100)
    if(y==60)
    {
```

```
            System.out.println(x+y);
            y--;
        }
    else
        y++;
```

从程序缩排格式上,可以推断出这段程序含义,但由于 Java 规定:else 与最靠近自己的、上面的一个 if 语句匹配,因此 else 与第二个 if 匹配,若要与第一个 if 匹配,需要加括号改变匹配关系:

```
if(x<100)
{
    if(y==60)
    {
        System.out.println(x+y);
        y--;
    }
}else                                  //此时 else 匹配第一个 if
    y++;
```

因此,写程序时不但要注意缩排格式,而且还要注意 if-else 之间的匹配关系。

【例 3-1】 采用 Java Applet 小程序从文本框中获取数据,然后显示比较结果。

```
package chapter3;                          //第 3 章的例子程序,都放在 chapter3 包中
import java.awt.*;
import java.applet.*;

public class compareNumbers extends Applet
{
    Label    lab1, lab2;
    TextField  input1, input2;
    int    num1, num2;

    public void init()
    {
        lab1=new Label("输入第 1 个整数");      //产生第 1 个标签对象
        input1=new TextField(10);              //产生第 1 个文本框对象
        lab2=new Label("输入第 2 个整数");
        input2=new TextField(10);

        add(lab1);                             //将标签 lab1 对象放到网页上
        add(input1);                           //将文本框 input1 对象放到网页上
        add(lab2);
        add(input2);
    }

    public boolean action(Event e , Object o)
    {
```

```
            if(e.target==input1||e.target==input2)
            {
                num1=Integer.parseInt(input1.getText());        //获取文本框中的数值
                num2=Integer.parseInt(input2.getText());
                if(num1<num2)
                    showStatus(num1+"<"+num2);
                else  if(num1>num2)
                    showStatus(num1+">"+num2);
                else  showStatus(num1+"=="+num2);
            }
            return   true;
    }
}
```

【程序运行结果】 假设输入 123 和 432 两个数,程序运行结果如图 3-1 所示。

【程序解析】 程序中的 init()和 action()均是系统规定的方法名,在此进行了覆盖(见第 4 章)。程序运行时,先执行 init()方法,若用户在文本框中按了 Enter 键,将调用 action()方法。主类中定义的 lab1 和 lab2 均是标签类型的引用,input1 和 input2 是文本框类型的引用。在 init()方法中,产生了 4 个对象,并将它们放置到屏幕上。

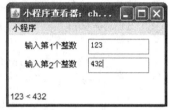

图 3-1 采用小程序输出比较结果

在 action()方法中,if(e.target==input1 || e.target==input2)语句用于确定是否在 input1 或 input2 中按了 Enter 键。input1.getText()是获得文本框 input1 中的文本信息,然后采用系统提供的 Integer.parseInt()方法将这个文本转换为一个整数,并传递给变量 num1。

程序中的 if-else 语句用于比较 num1 和 num2 的大小,showStatus()方法是将其括号中的参数在状态栏输出。若 num1 的值是 123,num2 的值是 432,num1+"<"+num2 就是将 num1 的值后面跟上一个字符串"<",然后再跟上 num2 的值,共同构成了一个字符串,此处的＋是一个 String 连接符,而不是一个算术运算符。

3.1.2 switch 语句

Java 的 switch 语句的语法结构如下:

```
switch(integral-expression)
{
    case   integral-value1:
                        statement;
                        break;
        ...
    case   integral-valuen:
                        statement;
                        break;
    default:
                        statement;
                        break;
}
```

switch 语句中的 integral-expression 表达式必须是 int、byte、char 和 short 这几种类型之一。integral-value 表达式的值必须是对应类型的常量，并且常量不能重复。switch 把 integral-expression 的值和每个 integral-value 逐一比较，若找到相同者，就执行相应的 statement，若找不到相同者，就执行 default 中的 statement。每个 case 语句后面都有一个 break 语句，若缺少了该语句，便会继续执行其后的 case 语句。虽然 default 语句的 break 是多余的，不过考虑到编程风格问题，带上也无妨。下面看一个 switch 语句的举例。

【例 3-2】 switch 语句应用举例。

```java
package   chapter3;
public class justVowels                //判断一个字母是否为元音
{
    public static void main(String args[])
    {
        char c;
        for(int i=0;i<100;i++)         //随机产生100个字母,进行判断
        {
            c=(char)(Math.random() * 26+'a');
            System.out.print(c);
            switch(c){
                case 'a':
                case 'e':
                case 'i':
                case 'o':
                case 'u':
                    System.out.println("是元音");
                    break;
                case 'y':
                case 'w':
                    System.out.println("有时是元音");
                    break;
                default:
                    System.out.println("不是元音");
                    break;
            }
        }
    }
}
```

【程序运行结果】 由于是随机生成 100 个字母，故编译运行后，一个可能的结果是：

i 是元音
w 有时是元音
k 不是元音
w 有时是元音
v 不是元音

n 不是元音
b 不是元音
d 不是元音
k 不是元音
w 有时是元音

【程序解析】 程序中的变量 i 定义在 for 循环中,其作用域为该循环语句,当循环结束时,变量 i 就消失。Math.random()产生的是一个[0,1)之间的随机值,将该值乘以 26 加上 'a',然后取整,就是 26 个小写字母的 ASCII 码。需要说明的是,类型强制转换是临时的,并且不会进行四舍五入运算,而是截断,例如(char)(97.89),结果就是 97,即'a'的 ASCII,而不是 98。程序最后利用 switch-case 语句判断是否为元音字母。

【例 3-3】 采用 Java Applet 小程序实现将学生的百分制成绩转换为优秀、良好、中等、及格和不通过 5 个等级。

```
package   chapter3;
import java.awt.*;
import java.applet.*;

public class scoreConvert extends Applet
{
    Label   prompt;
    TextField  input;
    int   Excellent, Good, Middle, Pass, Failure;

    public void init()
    {
        prompt=new Label("输入成绩");
        input=new TextField(2);
        add(prompt);
        add(input);
    }

    public void paint(Graphics g)
    {
        g.drawString("各等级的人数:",25,40);
        g.drawString("优秀   : "+Excellent,25,55);
        g.drawString("良好   : "+Good,25,70);
        g.drawString("中等   : "+Middle,25,85);
        g.drawString("及格   : "+Pass,25,100);
        g.drawString("不通过: "+Failure,25,115);
    }
    public boolean action(Event e , Object o)
    {
            //从当前引发事件的对象 input 获取一个整数
        int   score=Integer.parseInt(input.getText());
        showStatus("");
```

```
            input.setText("");
            switch(score/10)
            {
                case 10:
                case  9:
                        Excellent++;
                        break;
                case  8:
                        Good++;
                        break;
                case  7:
                        Middle++;
                        break;
                case  6:
                        Pass++;
                        break;
                case  5:
                case  4:
                case  3:
                case  2:
                case  1:
                case  0:
                        Failure++;
                        break;
                default:
                        showStatus("输入有误,请重新输入!");         //显示错误信息
            }
            repaint();        //注意:容易忘记的地方
            return  true;
        }
    }
```

【程序运行结果】 如图3-2所示。

【程序解析】 在主类scoreConvert中定义的Excellent、Good、Middle、Pass和Failure分别用于统计各个等级的人数,由于它们是类内的成员变量,并且是整型,因此初始值默认为0。程序首先执行init()方法,然后调用paint()方法,所以程序的开始界面显示这5个变量的值是0。

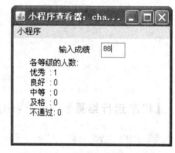

图3-2 采用小程序对百分制成绩转换为五分制进行统计

当用户在文本框中输入一个整型数据并且按了Enter键后,自动调用action()方法。在action()方法中,调用input.getText()方法从文本框对象获取对应的字符串,Integer.parseInt()方法将该字符串转换为一个整数,因此score的值就是用户在文本框中所输入的值。showStatus("")是将状态栏显示的信息清空,input.setText("")是将文本框对象显示的内容清空。若用户在文本框中输入有误,例如输入了567,或者是-12等,都会在状态栏显示错误信息。

【注意】 repaint()方法是一个系统方法,它自动调用paint()方法(后续章节将分析其

具体调用),从而实现了对网页的刷新。若漏写了这一行,就看不到正确结果。此外,由于 action()方法是 boolean 类型,所以该方法最后要返回一个布尔值。

3.2 循环控制语句

Java 中的循环控制语句有 3 种,分别是 while、do-while 和 for 语句。循环体内的语句会反复执行,直到用于控制循环的布尔表达式的值变为 false 为止。

3.2.1 while 语句

while 语句的循环形式是:

```
while(Boolean-Expression)
    statements;
```

循环控制条件 Boolean-Expression 会在循环开始时判断一次,在循环体执行结束以后,再次判断 Boolean-Expression,以确定是否还执行循环体。

【例 3-4】 产生 10 个 60～100 之间的随机整数。

```
package   chapter3;
public class GenerateNumbers
{
    public static void main(String   args[])
    {
        int   i=0, Int_val=0;
        while(i<10)
        {
            Int_val=(int)(Math.random() * (100-60)+60);
            System.out.printf("%5d",Int_val);
            i++;
        }
    }
}
```

【程序运行结果】 由于采用了随机数,故一次可能的运行结果如下:

```
  66   99   95   68   78   75   87   69   66   91
```

【程序解析】 程序通过循环控制变量 i,保证循环执行 10 次,每次产生一个整数,输出时的域宽为 5。

3.2.2 do-while 语句

do-while 语句的语法格式如下:

```
do{
    statement;
}while(Boolean-Expression);
```

【注意】 do-while 语句和 while 语句类似,它们的区别是 while 语句是先判断后执行,若 Boolean-Expression 为假,整个循环体一次也不执行;而 do-while 语句是先执行后判断,所以循环体至少要执行一次。

【例 3-5】 直到产生一个大于 0.9 的随机数为止。

```
package chapter3;
public class GenerateDoubleNumbers
{
    public static void main(String args[])
    {
        double d;
        do{
            d=Math.random();
            System.out.println(d);
        }while(d<0.9);
    }
}
```

【程序运行结果】 某次运行结果如下:

0.418710　　　0.524779　　　0.038600　　　0.936135

【程序解析】 由于要求产生一个大于 0.9 的随机数,因此程序先产生一个随机数,而后判断是否满足条件,若满足条件就停止循环,否则继续产生下一个随机数。

3.2.3　for 语句

for 语句的语法格式如下:

```
for(ForInitopt; Boolean-Expression; ForUpdateopt)
    Statement;
```

在第一次循环前,先执行初始化语句 ForInitopt;再进行条件测试,若 Boolean-Expression 为真,就执行循环体;然后执行 ForUpdateopt 部分,转入条件测试;若 Boolean-Expression 为假,整个循环结束。

【注意】 for 语句中的 ForInitopt、Boolean-Expression 和 ForUpdateopt 都可以为空。

【例 3-6】 编写一个 applet,输出一个倒三角形图案。

```
package chapter3;
import java.awt.*;
import java.applet.Applet;
public class printGraphics extends Applet
{
    public void paint(Graphics g)
    {
        int xpos,ypos=80;
```

```
            for(int row=6;row>=1;row--)
            {
                xpos=25;
                ypos+=10;
                for(int column=1;column<=row;column++)
                {
                    g.drawString(" * ",xpos,ypos);
                    xpos+=7;
                }
            }
        }
```

图 3-3　采用小程序输出
　　　　一个倒三角形

【程序运行结果】　如图 3-3 所示。

【程序解析】　程序中的 g.drawString(" * ",xpos,ypos)是在指定的 xpos 和 ypos 位置输出一个 *。ypos＋＝10 是对输出 * 的 Y 轴坐标增量,即行距设定为 10 个像素;xpos＋＝7 是对 X 轴坐标增量,即字符 * 之间的距离设定为 7 个像素。

【思考】　如果将程序中的"ypos＋＝10"改为"ypos－＝10",你还知道结果吗?

3.3　break 语句和 continue 语句

将 Java 中的 break 语句和 continue 语句分为两类讨论,一类是不带标号的语句;另一类是带标号的语句。

3.3.1　不带标号的 break 语句和 continue 语句

采用 break 语句可以控制循环的流程,break 语句可以跳出包含它的最内层的循环,不再执行剩余的语句,continue 语句会停止执行当前的循环,回到循环处,开始执行下一轮的循环。这些特性和 C/C++ 中的 break 语句和 continue 语句的功能一样。

【例 3-7】　基本的 break 语句和 continue 语句。

```
package    chapter3;
public   class breakANDcontinue
{
    public static void main(String args[])
    {
        for(int i=1;i<20;i++)
        {
            if(i%9==0)
                break;
            if(i%3==1)
                continue;
            System.out.printf("%5d",i);
```

            }
        }
}

【程序运行结果】 输出如下：

2   3   5   6   8

【程序解析】 当 i 的值等于 9 时，break 语句就终止了当前的循环，所以输出的值是到 8 为止。在 1~8 之间，若满足条件 i%3==1，将转入下一次循环，其后面的语句也不再执行，所以 i 的值等于 1、4、7 时，均未输出。

3.3.2 带标号的 break 语句和 continue 语句

Java 不但保留了与 C/C++ 相似的 break 语句和 continue 语句特性，而且还引入了带标号的 break 语句和 continue 语句。当在循环体中执行带标号的 break 语句时，可以立即退出任意多个嵌套循环。从程序设计语言原理的角度讲，这种带标号的语句是 goto 语句的一种变形，它使程序具有一定的灵活性。

带标号的 break 语句的语法格式如下：

```
break Identifier;
```

带标号的 continue 语句与 break 语句类似：

```
continue Identifier;
```

其中 Identifier 是一个标识符。这种带标号的语句类似于 C/C++ 中的 goto 语句，尽管 goto 是 Java 的保留字，但 Java 并未使用它。

【例 3-8】 带标号的 break 语句和 continue 语句。

```
package chapter3;
public class hello
{
    public static void main(String args[])
    {
        int i,j=0;
outer:
        for(i=0;i<3;i++)
            for(j=0;j<5;j++)
            {
                System.out.println(i+"  "+j);
                if(j==1)
                    break  outer;                    //注意该语句
            }
        System.out.println("最终值："+i+"  "+j);      //注意该语句的位置
    }
}
```

【程序运行结果】

0 0
0 1
最终值：0 1

【程序解析】 程序中 outer 标号的位置在外循环开始处,当变量 i 和 j 的值都是 0 时,输出结果的第一行,即 0 0,内循环变量 j 增 1 后,再次进入循环体,输出了 0 1,由于 j 的值为 1,执行 break outer,结束内外层的所有循环。所以循环结束后,i 和 j 的值分别为 0 和 1。

如果将上述程序中的 break outer 修改为 continue outer,输出结果为：

0 0
0 1
1 0
1 1
2 0
2 1
最终值：3 1

当 i 的值等于 0,j 的值等于 1 时,执行 continue outer 语句,流程就转到 outer 所在的外循环,而不是像 break outer 语句那样结束整个循环。变量 i 的值加 1 以后,重新进入内循环,j 的初值再次被赋为 0,所以程序输出 1 0。当变量 i 的值变为 2,j 的值变为 1 时,流程转到外循环,变量 i 的值加 1,变成 3,由于不满足条件 i＜3,所以内外循环全部结束,变量 i 和 j 的最终值就是 3 和 1。

这两个带标号语句的**共同点**是：
(1) 都必须用在循环中,用于流程控制。
(2) 执行这两个语句时,若后面还有其他语句,将不再继续执行。
这两个带标号语句除了功能不同,在用法上也有**区别**：
(1) continue 语句的标号必须位于封闭的循环语句的前面。如下用法就是错误的：

```
outer:{             //对于带标号的 continue 语句,这种用法是错误的
     i=0;           //这个赋值语句和下面的循环共同构成了一个复合语句
     for(i=0;i<3;i++)
        for(j=0;j<3;j++)
        {
            System.out.println(i+"  "+j);
            if(j==1)
        }    continue  outer;
}
```

尽管标号 outer 位于封闭的语句之前,但该语句仅仅是一个复合语句,而不是一个循环语句,故这种用法是错误的。

(2) break 语句的标号也必须位于封闭语句的前面,但不一定是循环语句。

```
outer:{             //对于 continue 语句是错误的,但对 break 是正确的
     i=0;
```

```
        for(i=0;i<3;i++)
            for(j=0;j<3;j++)
            {
                System.out.println(i+"  "+j);
                if(j==1)
            }       break  outer;
}
```

上述写法对 continue outer 语句是错误的,对 break outer 语句是正确的,其原因也比较明显,因为 break outer 语句是结束整个封闭的语句。

本章讨论了 Java 语言中 3 种基本结构以及相应的控制语句。其中带标号的 break 和 continue 语句与 C/C++ 的对应语句不同,Java 的这两个语句具有中断能力,读者要注意这一特点。

通过前 3 章的学习,已经可以编写功能比较完整的程序了,但 Java 是一个面向对象的语言,只有掌握面向对象的程序设计方法和 Java 语言的面向对象特性,才算真正掌握了 Java 语言。我们在第 4 章将讲述面向对象的程序设计核心——类。

(1) 编程:编写一个 applet,要求输入一个任意长度的整数(long 类型变量所允许的范围内),将这个数分成独立的数字,并分开显示。例如输入 32439 则显示 3 2 4 3 9。

(2) 编程:计算 0~10 之间各个整数的平方值和立方值,并以如下格式显示:

整数	平方	立方
0	0	0
1	1	1
2	4	8
3	9	27
......	......	......
10	100	1000

(3) 采用循环语句打印如下图形。

```
*                    *
**                  **
***                ***
****              ****
*****            *****
```

(4) 编程:编写一个 applet,读取一个矩形的边长,然后输出一个空心矩形。例如读入边长 5,应当输出:

```
* * * * *
*       *
*       *
*       *
* * * * *
```

(5) 编程：编写一个 applet，输入一个数，判断输入的这个数是否为回文数。所谓回文数就是从左向右看和从右向左看都一样。例如，121、13431 都是回文数，而 12345 不是回文数。

(6) 编写一个 applet，采用下列公式计算 e^x 的值：$e^x = 1 + x^1/1! + x^2/2! + \cdots + x^n/n!$。从键盘输入 x 和 n，编程计算 e^x 的值。

(7) 编程：产生 20 个 int 类型的随机数，针对每个数使用 if-then-else 判断它是大于、小于或等于下一个数（注意：最后一个数不参与比较）。

第 4 章 Java 的类

我们在前面 3 章已经编写了多个功能完整的程序,但这些程序实际上都是利用基本数据类型和结构化程序设计方法所编写的,并没有体现出 Java 语言的面向对象特点和优越性。前面已经讲过,Java 语言除了几种基本的数据类型(整型、字符型、浮点型和布尔型)以外,其他全部是对象类型。

本章的学习目标:
◆ 掌握类的定义和使用
◆ 掌握方法的定义和使用
◆ 理解实例变量和局部变量
◆ 掌握构造函数的定义和使用
◆ 掌握方法的覆盖和重载
◆ 掌握关键字 this 的用法
◆ 理解继承的概念和应用
◆ 理解组合与继承
◆ 理解抽象方法和抽象类
◆ 掌握对象类型转换
◆ 掌握访问权限限制符:public、private、protected

4.1 类与对象

Java 是在 C++ 的基础上发展起来的,与 C++ 相比,它是更为"纯粹"的面向对象编程(Object Oriented Programming)语言。在 Java 程序中,除基本类型的变量以外都是对象,连 Java 程序本身也不例外。

类(class)是面向对象程序设计的基础,OO 始终是围绕对象的封装性、继承性和多态性展开讨论的。学习 Java 编程,首先要掌握关于对象的基本概念。

4.1.1 类与对象的区别

假设你的名字叫张三,显然你是一个人,而我也是一个人,那么你和我都是人类中的实例(instance),也称为对象(object)。类描述了一组对象的公共特性,人类就具有姓名、身高、体重、性别、需要学习、需要吃饭等属性。

对象是类中的一个特例,它具有自己确定的属性。例如,张三是一个对象,是人类中的一个实例,他的属性为:姓名是张三,具有 1.8m 的身高,70kg 的体重,男,每天要看 8 个小时的书,每天还要吃 3 顿饭,这些特性就是张三这个对象的确定属性。要把对象的确定属性和类的属性区别开。

【注意】 类与对象不同。类是一个抽象的概念,对象是一个具体的概念。类是在一组对象的基础上，通过抽象和概括所获得的一个概念。例如，"人类"就是一个抽象的概念，而"张三"就是一个具体的对象。

对象是由数据和方法紧密结合的一个封装体，它具有信息隐藏的能力。例如，若一个人不告诉你他的姓名和身高，你（另一个对象）就不可能知道他的这些属性。此外，对象可以通过方法（函数）与其他对象进行通信，但并不知道这些方法的具体实现细节。例如，张三和李四是人类中的两个对象，他们可以通过方法（口和耳朵等）进行交流，但并不清楚方法（也不需要清楚）是如何进行交流的。

4.1.2 Java 和 C 编程思想的区别

结构化程序设计和面向对象的程序设计是两种截然不同的编程思想。Pascal 语言的设计者 Niklaus Wirth 曾经写过一本《算法＋数据结构＝程序》的书，它是结构化编程的名著。从书名可以看出结构化编程的思想：对待一个要解决的问题，首先是如何设计算法，然后建立什么样的数据结构才能使操作更为简便。面向对象编程与此相反，即先建立数据结构，然后再考虑如何操作这些数据。

C 和 Java 分别是结构化编程语言和面向对象的编程语言，其编程思想截然不同。C 是以函数为编程单元，C 程序员把注意力集中在编写函数上。而 Java 是面向对象的编程语言：以类为编程单元，程序员的精力集中在对类的设计上。

进行 Java 编程时，应当尽可能地继承系统提供的类，不要一切从头开始。因为这些类都是经过测试的高质量的类。采用 OO 编程使得系统易于维护。对象将实例变量（instance variable）和对数据的操作（即方法）约束在一起，类似于一个独立的程序，易于扩充，易于维护，代码可复用。

4.1.3 如何定义类

类是对象的模板，它定义了对象的结构和操作数据的功能接口，即方法。Java 类的定义格式如下：

```
class className extends superClassName
{
    type   instance-variable1;
    ...
    type   instance-variableN;
    return-type   methodName1(parameter-list)
    {
        method-body;
    }
    return-type   methodNameN(parameter-list)
    {
        method-body;
    }
}
```

这里的 className 和 superClassName 都是合法的用户标识符。关键字 extends 是继承的意思,表示 className 是 superClassName 的子类。Java 提供了一个系统类 Object,它是整个类层次结构中的根。

【注意】 如果要定义 Object 的子类,可以不指明 extends Object,因为在默认情况下一个类就是 Object 的子类。

类内定义的变量称为实例变量。例如:

```
class  point                    //没有显示指明父类,point 类是 Object 类的子类
{
    int  x, y;                  //x 和 y 是实例变量
    void  init(int a, int b)    //init 是方法
    {
        x=a;   y=b;
    }
}
```

由于没有指明 point 类的父类,则其父类就是 Object 类。

熟悉 C++ 的读者知道,C++ 可以将类的定义与类的实现分开存放。但 Java 是将类的定义和类的实现放在一起的。Java 这样做保证了一个类必须完整地定义在一个源文件中,从而使系统维护更为便利,不需要到一个文件中找方法 A,再到第二个文件中找方法 B,从而提高了程序的执行效率。

4.1.4 对象和引用

对象是客观存在的一个变量,对象的引用就是对象的名字,例如:

```
point  p1, p2;
```

定义了对象变量 p1 和 p2。这两个变量都可以指代 point 类的对象,但现在它们都不能代表对象,认识到这一点很重要。此时,还不能使用方法。

```
p1.init(10,20);      //现在还不能进行方法调用
```

p1 和 p2 现在称为 point 类的对象引用,它们的值都是 null,代表没有值(注意:null 不是 0)。例如,假设一个小孩还未出世,就已经起好了名字"张三"。此时还不能说张三是一个人(对象),因为它还不存在,此时的"张三"仅仅是一个引用(可以代表一个人)。

创建对象要采用 new 运算符:

```
p1=new  point();     //创建了 point 类的一个实例
```

现在就可以对 p1 调用 init()方法。

一个对象可以有多个别名,就像一个人可以有多个名字一样。例如:

```
p2=p1;
```

就是说 p1 所代表的那个对象,现在具有两个名字,一个名字是 p1;另一个名字是 p2。通过引用 p2 修改对象,同样影响 p1 所指的对象。假设你的大名叫张三,小名叫李四,也就是说,你这个对象具有两个名字。

可以将一个变量设置为 null,表明该变量不代表任何对象。

p1=null;

p1 前面表示的那个对象已经变成了垃圾,由系统提供的垃圾回收器在方便的时候回收,从而释放该对象占用的内存空间。关于垃圾回收见 4.10 节。

【注意】 每个对象都有自己的实例变量,改变一个对象的实例变量并不影响另外一个对象的实例变量,请参考例 4-1。

在一定的范围内,调用实例变量的语法格式如下:

objectReference . variableName

例如,创建两个 point 类对象,输出其实例变量:

【例 4-1】 理解对象的实例变量。

```
class  point
{
    int   x , y;
    void   init(int a, int b)         //init 是方法
      {
          x=a;    y=b;
      }
}
public   class twoPoint
{
    public static void main(String   []args)
      {
          point   p1=new point();
          point   p2=new point();         //生成了 p1 和 p2 两个对象
          p1.x=10;      p1.y=20;          //对象 p1 的 x 和 y
          p2.x=30;      p2.y=40;          //对象 p2 的 x 和 y
          System.out.println("x="+p1.x+"   y="+p1.y);
          System.out.println("x="+p2.x+"   y="+p2.y);
      }
}
```

【程序运行结果】

x=10   y=20
x=30   y=40

【程序解析】 p1 和 p2 两个对象分别具有自己的实例变量 x 和 y,它们相分离,故输出结果不同。

4.2 方法

Java 的方法相当于 C 的函数,是一个功能模块。方法与函数完全不同:函数是实现特定功能的模块,是 C/C++ 的产物,而方法必须属于一个类,它不能单独存在,严格地说,Java

中没有函数,只有方法。有些书中将 Java 的方法称为函数,那纯粹是为了保留 C/C++ 的习惯称谓。

方法和实例变量具有相同的层次,都必须定义在类内,方法是类的功能接口,对象之间进行信息交流就是通过方法实现的。

在定义方法时,有一个原则:每一个方法应当只执行单一的、定义良好的任务,并且方法名应当有效地表达该任务,也就是说,任何一个方法名应当能表达一个主题,如果一个名字不能有效地表示该方法,就说明该方法要完成的功能模块太多,需要将其分解为多个子模块,这样做可以提高软件的重用性。

方法的定义与 C/C++ 中函数的定义类似,语法格式如下:

```
return-type  methodName(parameter-list)
{
    method-body;
}
```

return-type 是方法的返回值类型,如果没有返回值,就要定义为 void 类型。methodName 是方法名,它是一个合法的用户自定义标识符,parameter-list 是形参表,如果方法不带参数,可以略去参数,但圆括号要保留。

【注意】 将方法的返回值类型、方法名和参数表共同称为方法的特征(signature),有些文献称为方法的签名。

【注意】 在 C/C++ 中,不带参数的函数可以定义成 methodName(**void**),而在 Java 中这样写是错误的。

对象通过点运算符调用方法,调用方法的语法格式如下:

```
objectReference.methodName(parameter lists);
```

现在通过 init()方法对 point 类中的实例变量 x 和 y 进行初始化:

```
point  p1=new point(),p2=new point();
p1.init(10,20);
```

对象通过调用 init()方法完成对实例变量的初始化。

【注意】 执行 p.init(10,20),虽然调用了 init()方法,但实际上仅仅对 p1 对象的实例变量 x 和 y 进行赋值,对 p2 对象的 x 和 y 没有影响。进一步讲,哪个对象调用 init()方法,那么该方法就影响哪个对象。上例是 p1 对象调用了 init()方法,所以仅仅影响到 p1 对象,对 p2 对象无影响。

4.3 实例变量和局部变量

Java 中的变量分为两种,一种是在类内定义的实例变量,也称为成员变量;另一种是方法中定义的局部变量。例如,前面 point 类内的变量 x 和 y 就属于实例变量。

局部变量在 Java 中表现为两个方面,一种情况是指在方法体内定义的变量;另一种情况是指方法中的形参。

在同一个作用域内,Java 不允许定义两个同名的局部变量。例如,这样写就是错误的:

```
class point
{
    int x=1,y=1;                    //实例变量 x 和 y
    void draw()
    {
        int y=0;                    //局部变量
        for(int y=10;y<100;y++)     //错误:循环体内的 y 和局部变量同名
            ;
    }
}
```

在循环体内定义的变量 y 和在方法内定义的局部变量 y 同名,它们位于同一个作用域内,这是错误的。

局部变量可以和实例变量同名,也就是说,局部变量可以屏蔽实例变量。例如,将 point 类修改如下:

```
class point
{
    int x, y;                       //实例变量
    void init(int x, int y)         //形参和实例变量同名
    {
        x=x;   y=y;                 //此处错误,注意赋值形式
    }
}
```

此时 init()方法体内的赋值语句,就不能将参数 x 的值赋给实例变量 x。在这种局部变量和实例变量同名的情况下,局部变量就屏蔽了实例变量。解决这个问题有两种方法,一种方法是按照前面定义 init 的格式,不要将参数与实例变量同名;另一种方法可参考 4.6 节的 this 用法。实例变量与局部变量容易混淆。

【例 4-2】 对象的实例变量和方法中的局部变量同名问题。

```
package chapter4;
class loc
{
    int x=1;                        //实例变量
    void printLocVar()
    {
        int x=25;                   //局部变量
        System.out.println("x in printLocVar is: "+x);
        ++x;
        System.out.println("x in printLocVar is: "+x);
    }

    void printInstanceVar()
```

```java
    {
        System.out.println("instance variable x is : "+x);
        x * =10;                                  //实例变量 x
        System.out.println(" instance variable x is : "+x);
    }
}

public class testInstanceVar               //程序的主类
{
    public static void main(String args[])
    {
        loc   obj=new loc();
        int x=5;                                  //局部变量 x
        System.out.println(" x in main is : "+x);
        obj.printLocVar();
        obj.printInstanceVar();
        System.out.println(" x in main is : "+x);
    }
}
```

【程序运行结果】

x in main is :5
x in printLocVar is :25
x in printLocVar is :26
instance variable x is :1
instance variable x is :10
x in main is :5

【程序解析】 loc 类内值为 1 的 x 是一实例变量，printLocVar()方法内值为 25 的 x 是该方法的局部变量，由于该变量与实例变量同名，因此导致在该方法内无法访问实例变量。由于 printInstanceVar()方法内没有定义 x，因此其使用的 x 是实例变量。main()方法内定义的变量 x，也是一个局部变量。

【注意】 实例变量属于对象，它描述了对象的属性，随着对象的存在而存在，而局部变量是随着方法的调用而存在的，一旦对方法调用结束，局部变量也就消亡了。

4.4 构造函数

如果每创建一个对象，都要对实例变量进行初始化，就显得很不方便。Java 提供了一个特殊的方法，叫构造函数（在有些书中称之为构造方法），其功能是在创建对象时初始化对象的实例变量。构造函数与类具有相同的名字，除了构造函数，在类中不能有其他方法与类同名。一旦定义了构造函数，在对象定义后和 new 操作完成之前，系统将自动调用构造函数。构造函数具有如下两个特点：

（1）构造函数没有返回值，也不能在其前面加上 void 修饰符。例如，修改 point 类，利用构造函数实现对象的初始化。

【例 4-3】 构造函数初始化对象举例。

```java
package   chapter4;
class   point
{
    int x, y;
    point(int a, int b)        //构造函数与类同名
    {
        x=a;     y=b;              //对实例变量赋值
    }
}
public class createPoint
{
    public static void main(String args[])
    {
        point p=new point(10,20);          //给对象 p 分配空间的同时,自动调用构造函数
        System.out.println(" x="+p.x+"    y="+p.y);
    }
}
```

【程序运行结果】

x=10   y=20

【程序解析】 构造函数是在对象定义之后,new 操作完成前被调用的。main()方法中的 p=new point(10,20);语句,将把实参 10 和 20 分别传递给构造函数的形参 a 和 b。在 NetBeans 8.0 环境下,读者通过 F7 和 F8 键,可单步运行程序,观察各变量,加深对构造函数的理解。

(2) 如果类中没有定义构造函数,编译器会自动创建一个不带参数的构造函数,称为系统默认构造函数。系统默认构造函数通过调用父类的构造函数初始化从父类继承来的实例变量,而对本类的实例变量初始化规则为:将基本数据类型(整型、字符类和浮点型)的变量初始化为 0,boolean 类型变量初始化为 false,对象初始化为 null。

【例 4-4】 系统默认构造函数的调用。

```java
package   chapter4;
class   point          //Java 规定:如果不指明父类,那么 point 类的父类就是 Object
{                      //类中没有定义任何构造函数
    int x, y;
}
public class createPoint
{
    public static void main(String args[])
    {
        point p=new point();          //将调用系统默认的构造函数
        System.out.println(" x="+p.x+"    y="+p.y);
```

    }
}

【程序运行结果】

x=0 y=0

【程序解析】 由于 point 类没有定义构造函数,所以将调用父类(即 Object 类)的构造函数。系统默认构造函数不带参数,因而不能在 p=new point()语句的括号中加参数。本例中的实例变量是 int 类型,所以 x 和 y 的值输出均为 0。

4.5 方法重载

方法重载就是在一个类中定义两个或多个同名的方法,但方法的参数个数或类型不完全相同。方法重载是 Java 多态性的体现之一,即 Java 可以根据实参的个数或类型来确定应当调用的方法。方法重载可以使程序易于理解。构造函数也是方法,属特殊方法。

【例 4-5】 构造函数重载举例。

```
package  chapter4;
class point
{
    int x, y;
    point(int a, int b)         //带参数的构造函数
    {
        x=a;    y=b;
    }
    point()                     //不带参数的构造函数
    {
        x=-1;   y=-1;
    }
}
public class testPoint
{
    public static void main(String args[])
    {
        point p1=new point(10,20);
        point p2=new point();
        System.out.println(" x="+p1.x+"   y="+p1.y);
        System.out.println(" x="+p2.x+"   y="+p2.y);
    }
}
```

【程序运行结果】

x=10 y=20
x=-1 y=-1

【程序解析】 point 类中定义了两个构造函数，一个是有参的；另一个是无参的，这实现了对构造函数的重载。在 main()方法中，对象 p1 由带参数的构造函数进行初始化，而对象 p2 由无参构造函数进行初始化，所以 p2 对象的变量 x 和 y 的值都是 −1。

【注意】 一旦在类中定义了构造函数，Java 就不能再调用系统默认的构造函数了。以上例解释：若将 point 类修改如下，去掉无参构造函数，那么 main()方法中的对象 p2 将无法进行初始化，该程序也不能通过编译。

程序代码如下：

```
class point
{
    int x, y;
    point(int a, int b)        //该类仅仅提供一个带参数的构造函数
    {
        x=a;    y=b;
    }
}
```

【注意】 方法重载的一个误区是靠返回值来区别重载，即定义多个方法，它们的名称和形参类型完全相同，但返回值不同，这是错误的。

```
class point
{
    int draw()                 //方法类型为 int
    {
        return 1;
    }
    void draw()                //方法类型为 void
    {
    }
}
```

point 类中定义了两个 draw 方法，它们的返回值不同，那么对象 p 在进行调用时将无法确定该调用哪个方法：

```
p.draw();                      //不能确定调用哪个 draw()方法
```

【思考】 如果上述定义正确，那么对象 p 该调用哪个 draw()方法？显然无法确定。在程序中不能存在二义性的语句，否则计算机无法确定到底该调用哪个方法，所以靠返回值来区别重载是错误的。

4.6 关键字 this

C++ 中的 this 是一个指针，它指向调用当前函数的那个对象，而 Java 中的 this 是一个特殊的引用，它的作用表现为如下两个方面。

4.6.1 指代对象

this 指代调用方法的当前对象,这是最常见的一个用法。

【例 4-6】 this 指代形式之一,代表调用方法的当前对象。

```
package   chapter4;
class IntVector
{
    int v[];
    boolean equals(IntVector other)
    {
        if(this==other)        //this 代表调用 equals()方法的那个对象
            return   true;
        return   false;
    }
}
public class testIntVector
{
    public static void main(String args[])
    {
        IntVector   t1=new IntVector(),         //产生一个对象
                    t3=new IntVector(),
                    t2=t1;                       //t2 和 t1 代表同一个对象
        System.out.println(t1.equals(t2));       //t1 调用 equals 方法
        System.out.println(t3.equals(t2));       //t3 调用 equals 方法
    }
}
```

【程序运行结果】

```
true
false
```

【程序解析】 从 main()方法的定义中可见:t1 和 t3 显然不代表同一个对象,而 t2 和 t1 代表同一个对象。首先分析 main()方法中的 t1.equals(t2)。从该语句可见,对象 t1 调用了方法 equals(),所以 equals()方法中的 this 指代的是 t1;另一方面,对象作为参数是按引用传递,也就是说传递对象自身。在该语句中,将对象 t2 传递给了方法的形参 other,因此,other 和 t2 代表同一个对象,由前提 t1 和 t2 代表同一个对象,所以在 equals()方法中,this 和 other 是同一个对象,表达式 this==other 的值为 true。

再分析 main()方法中的 t3.equals(t2)。按照前面的原则传递对象以后,在方法 equals() 中,this 指代 t3,而 other 指代 t2,由于 t3 和 t2 不是同一个对象,因此表达式 this==other 的值为 false。

【注意】 this 指代对象可以用于解决实例变量被局部变量屏蔽的问题。

在 4.3 节曾经介绍过实例变量被局部变量屏蔽的问题,将 point 类中的 init()方法作如下修改即可解决屏蔽问题:

```java
class point
{
    int  x , y;              //实例变量
    void  init(int x, int y)      //形参和实例变量同名
    {
        this.x=x;        //this.x 就代表了具体对象的实例变量
        this.y=y;        //如果没有 this,就意味着将形参变量的值赋给自身
    }
}
```

假设一个对象 p 调用了 init()方法：p.init(10,20),那么在 init()方法中,this.x 是对象 p 的实例变量 x,同样 this.y 就是对象 p 的实例变量 y。

【注意】 Java 中存在着一种级联调用,其本质仍然是 this 指代当前对象。

【例 4-7】 this 在级联调用中的作用。

```java
package chapter4;
import java.awt.*;
import java.applet.*;
class time
{
    private int hour, min, sec;
    time()
    {
        setHour(0);
        setMin(0);
        setSec(0);
    }
    time  setHour(int h)       //注意该方法的返回值类型
    {
        hour=((h>=0 && h<24)? h: 0);
        return  this;          //将当前对象返回
    }
    time  setMin(int m)
    {
        min=((m>=0 && m<60)? m: 0);
        return this;
    }
    time  setSec(int s)
    {
        sec=((s>=0 && s<60)? s: 0);
        return this;
    }
    String  tostring(){    return  hour+":"+min+":"+sec;   }
}
public class timeToString extends Applet        //程序的主类
{
```

```
    time  t;
    public void init()
    {
        t=new time();
    }
    public void paint(Graphics g)
    {
        t.setHour(18).setMin(30).setSec(20);         //典型的级联调用
        g.drawString(" time:"+t.tostring(),25,45);
    }
}
```

【程序运行结果】

```
time: 18:30:20
```

【程序解析】 首先分析 setHour()方法,从其返回值类型知道,该方法的返回值是 time 类型的对象,方法体内的 return this 语句是将调用这个方法的当前对象返回。在 paint()方法中,t.setHour(18).setMin(30).setSec(20)语句的对象 t 调用了方法 setHour(),因此 t.setHour(18)的返回值就是对象 t,然后执行 t.setMin(30),返回值还是对象 t,后面以此类推。对于这种级联调用,要从左向右分析,不能反过来分析,否则就分析不通。

4.6.2 指代构造函数

在类的内部,一个构造函数可以调用另外一个构造函数,这是一种好的程序设计风格,因为这使类的创建更具有合理性,在一定程度上实现了代码重用。在构造函数内部使用 this,它用于指代另外一个构造函数,这是 C++所不具备的一个特性。例如:

```
class  point
{
    int x, y;
    point()
    {
        this(-1,-1);        //指代两个整型参数的构造函数,并且是构造函数内的第一条语句
        System.out.println("调用默认构造函数");
    }
    point(int a, int b)
    {
        x=a;    y=b;
    }
}
```

point 类中的第一个构造函数通过 this 调用了第二个构造函数,完成对象的初始化。在此情况下,this 只能用于指代构造函数,而不能用于指代其他函数。例如,下面这样写是错误的:

```
class point
```

```
{
    int x, y;
    point(){    this(-1,-1);    }
    point(int a, int b){  x=a;    y=b;  }
    int distance(int x, int y)       //第一个 distance 方法
    {
        int dx=this.x - x;
        int dy=this.y - y;
        return  Math.sqrt(dx * d x+dy * dy);         //计算平方根
    }
    int distance(point p)            //第二个 distance 方法
    {
        return  this(p.x,p.y);    //这样调用是错误的,this 不能指代非构造函数
    }
}
```

该示例中的 distance()方法用于返回两个 point 对象之间的距离,第一个 distance()方法是正确的,而在第二个 distance()方法中,通过 this 调用上面的那个 distance()方法是错误的,可以修改这个语句为:

```
return  distance (p.x, p.y);
```

【注意】 this 用于指代构造函数时,只能出现在构造函数中,不能出现在其他函数中。如果构造函数中出现了这种调用,那么 this 必须是构造函数中的第一个语句。

4.7 继承

4.7.1 继承的概念

面向对象有 3 个基本特性,第一是封装性,第二是继承性,第三是多态性。封装性主要体现于类,继承性是本节要阐述的内容。

继承性是软件重用的一种形式,软件重用可减少开发软件的时间,重用那些已经被证实和经过调试的高质量软件,可以提高系统的性能,减少系统在使用过程中出现的问题。继承是将相关类组成层次结构,允许新类从已存在的类中派生,通过保留它们的属性(即实例变量)和方法,并根据自己的要求添加新的属性和方法。派生出的新类称为子类,子类的直接祖先称为父类,也称为基类,而间接祖先称为超类。

若一个子类只有一个父类,称为单继承;反之,称为多继承。Java 不支持多继承,但为了部分实现 C++多继承的功能,而引入了称为"接口"的一种数据类型,Java 支持多接口(见第 5 章)。

用户在定义子类时,要在子类中加入新的实例变量和方法,所以子类是对父类的扩充。但从对象范围的角度讲,它代表了范围更小的一组对象。例如,张三是一名男学生,那么可以讲张三是一名学生。从这句话可知:"男学生"是一个类,张三是该类的一个对象,而"男学生"类是"学生"类的一个子类,所以"男学生"类的对象张三也是"学生"类的一个对象。此

外,"男学生"类要比"学生"类所代表的对象范围小。若反过来考虑,"学生"类的一个对象叫小丫,该对象一定属于"男学生"类吗？显然不一定。这就简单证明了：子类的对象也是其超类的对象,反之未必成立。

子类的方法可能需要访问超类的某些实例变量和方法,Java 规定子类不能访问超类的 private 成员,因为这将违背信息隐藏的原则。子类可以访问超类中 public、protected 和默认类型的成员。若子类对象非要访问超类的 private 成员,那么只能通过调用超类的 public、protected 和默认类型的方法,再通过这些方法访问那些 private 成员。

Java 继承的语法格式为：

```
class className extends superClassName
{
    //各实例变量和方法的定义
}
```

其中 extends 是关键字,例如：

```
class point
{
    int x, y;
    point(int x, int y){ this.x=x; this.y=y; }
    point(){ this.x=0;    this.y=0; }
}
class circle extends point              //从 point 类派生出子类 circle
{
    int radius;
    circle(int r, int x, int y)
    {
        radius=r;
        this.x=x;                       //this.x 是当前对象的 x,从父类继承所得
        this.y=y;
    }
}
```

extends 关键字表明要从 point 类创建一个子类。从 circle 类的构造函数中看到,x 和 y 并没有在 circle 类中定义,它们是从父类继承而来的,子类中的 this.x 仍然是当前对象的 x。

【注意】 继承具有传递性,例如,如果 A 是 B 的子类,B 是 C 的子类,那么 A 也是 C 的子类。

Java 规定 Object 类是所有其他类的祖先,该类定义在 java.lang 包中,如果一个类没有显式地指明其父类,那么它的父类就是 Object。例如,上面 point 类的父类就是 Object。

Object 类定义了对象的基本状态和行为,它没有成员变量,其部分方法如下：

```
public Object()                         //构造函数
public boolean equals(Object obj)       //比较两对象是否相等
public String toString()                //返回该对象的字符串表示
```

```
protected void finalize() throws Throwable          //析构函数
```

4.7.2 关键字 super

构造函数是一种特殊的方法,子类不能继承超类的构造函数,但子类构造函数可以通过 super 调用超类的构造函数。super 的功能和 C++ 中构造函数的初始化列表有些类似。当创建一个子类对象时,首先执行超类构造函数,然后执行子类的构造函数。

【例 4-8】 构造函数在继承中的调用。

```java
package    chapter4;
class point
{
    int x, y;
    point(int x, int y)                      //point 类构造函数
    {
        this.x=x;
        this.y=y;
        System.out.println("父类构造函数被调用!");
    }
}
class circle extends point
{
    int radius;
    circle(int r, int x, int y)              //子类构造函数
    {
        super(x, y);                         //super 必须写在构造函数的第一行
        radius=r;
        System.out.println("子类构造函数被调用!");
    }
}
public class testInherence
{
    public static void main(String args[])
    {
        circle c1;
        c1=new circle(1,1,1);
    }
}
```

【程序运行结果】

父类构造函数被调用!
子类构造函数被调用!

【程序解析】 在同一个类中,this 可以用于指代同一个类中的其他构造函数(见 4.6.2 节)。若发生在具有继承关系的类之间,super 可用于指代父类中的构造函数。由于

piont 类中有一个带参数的构造函数,那么子类 circle 的构造函数就必须要调用它,super 提供了一种调用父类构造函数的方法。

【注意】 super 和 this 出现在构造函数中,都必须是构造函数中的第一个语句。

4.7.3 再论构造函数

构造函数用于实现对对象的初始化,其调用方式是先执行父类的构造函数,然后再执行子类的构造函数,要根据这个原则设计子类的构造函数。下面分三种情况讨论。

(1) 若父类中没有定义构造函数,那么对父类对象的初始化将采用系统默认的构造函数,也就是说,一般基本类型的实例变量值为 0,boolean 类型的变量值为 false,对象为 null。此时,可根据自己的需要随意设置子类中的构造函数。例如:

```
class point            //没有定义构造函数,将采用系统默认的构造函数
{
    int x, y;
}
class circle extends point
{
    int radius;
    circle(int r, int x, int y)
    {
        this.x=x;
        this.y=y;
        radius=r;
    }
}
```

由于 point 类采用了系统默认的构造函数,那么在生成子类对象时,仍然是先调用系统默认的父类构造函数,然后再调用子类的构造函数。

(2) 若父类定义了默认构造函数,那么子类可根据需要设置自己的构造函数。例如:

```
class point
{
    int x, y;
    point(){   this(0,0);     }           //父类定义了默认构造函数
    point(int x, int y){ this.x=x; this.y=y; }
}
class circle extends point
{
    int radius;
    circle(int r, int x, int y)           //该构造函数将自动调用父类默认的构造函数
    {
        radius=r;
    }
}
```

虽然子类构造函数没有对父类构造函数显式地进行调用,实际上调用的是父类默认的构造函数。有的读者可能会提出一个问题:那怎样才能调用父类的有参构造函数?答:可以采用 super。例如,将 circle 构造函数修改如下:

```
circle(int r, int x, int y)
{
    super(x, y);          //调用父类具有两个整型参数的构造函数
    radius=r;
}
```

(3) 若父类中定义的构造函数都是带有参数的,那么子类构造函数必须通过 super 调用父类构造函数,否则无法通过编译。例如:

```
class point
{
    private int x, y;      //private 表明 x 和 y 只能由 point 类内的方法调用
    point(int x, int y)    //父类没有定义无参构造函数
    {
        this.x=x;   this.y=y;
    }
}
class circle extends point
{
    int radius;
    circle(int r, int x, int y)
    {
        super(x, y);       //必须调用父类的有参构造函数,因为父类没有提供默认构造函数
        radius=r;
    }
}
```

在此情况下,子类必须通过 super 调用父类的构造函数。试想:若子类没有通过 super 调用父类构造函数,那么子类从父类继承来的实例变量 x 和 y 该由哪个方法进行初始化呢?因此,必须在子类构造函数中通过 super 调用父类的构造函数。

4.8 方法的覆盖

方法的覆盖一定发生在父类和子类之间,若子类中定义的某个方法的特征,与父类中定义的某个方法的特征完全一样,那么就说子类中的这个方法覆盖了父类中相对应的那个方法(特征的含义参见 4.2 节)。

4.8.1 覆盖与重载的区别

方法重载与覆盖不同,请看如下示例。

【例 4-9】 方法重载和覆盖不同举例。

```
package   chapter4;
class point
{
    int x, y;
    point(){  this(0,0);  }
    point(int x, int y){    this.x=x;      this.y=y;       }
    double area(){ return 0; }         //point 类定义了求面积的方法 area
}
class circle extends point          //定义子类 circle
{
    int radius;
    circle(int r, int x, int y){   super(x, y);      radius=r;    }
        //子类中定义的方法 area 与父类的 area 特征一样,即覆盖了父类的 area()
    double  area()
    {
        return   Math.PI * radius * radius;         //Math.PI 是一个 double 常量
    }
}
public class testOverWrite
{
    public static void main(String args[])
    {
        circle c1;
        c1=new circle(1,1,1);
        System.out.println(c1.area());
    }
}
```

【程序运行结果】

3.141592653589793

【程序解析】　程序中的 Math.PI 是一个 double 类型的常量,即无限不循环数 π。子类中的方法 area() 的特征与父类中的方法 area() 特征完全一样,这就是方法覆盖。当执行 c1.area() 时,将调用 c1 对象的方法,即子类中定义的 area()。

【思考】　子类中定义的方法能否重载在父类中定义的方法?

答:完全可以。重载可以出现在一个类中,也可以出现在父类与子类中。例 4-9 point 类中的构造函数重载就发生在同一个类中。

【例 4-10】　覆盖的误区,基于例 4-9 改写。

```
package   chapter4;
class point
{
    int x, y;
    point(){   this(0,0);   }
```

```
        point(int x, int y){  this.x=x;    this.y=y;   }
        double area(){   return 0;   }       //注意父类中的这个方法
    }
    class circle extends point
    {
        int radius;
        circle(int r, int x, int y){  super(x, y);   radius=r;   }
            //下面方法的特征与父类中的不同
        double area(double pi)
        {
            return    pi * radius * radius;
        }
    }
    public class testOverWrite
    {
        public static void main(String args[])
        {
            circle c1;
            c1=new circle(1,1,1);
            System.out.println(c1.area());
        }
    }
```

【程序运行结果】

0.0

【程序解析】 由于子类中定义的方法 area() 与父类中的方法 area() 特征不一样,这就是重载。执行 c1.area() 时,将调用无参的 area,即父类中的方法,所以程序的输出结果为 0.0。

对重载和覆盖的总结:

(1) 方法的覆盖出现在父类与子类之间,并且方法的特征要完全相同。

(2) 方法的重载可以出现在一个类中,也可以分别出现在父类与子类中,方法的特征一定不完全相同。

4.8.2 方法的动态调用

当运行程序时,Java 记录了所有对象的运行时类型标识(Run-Time Type Identification, RTTI),该标识记录了每个对象所属于的类。Java 用此标识在运行时选择正确的方法。用户也可以访问这些标识信息,例如由 getClass() 方法返回定义对象的类,由 getName() 方法返回类名,由 getSuperclass() 方法返回该类的父类。

当通过对象调用方法时,Java 首先是在编译时检查对象的类型,以确保该方法在类中定义过;在运行时,根据当前对象来决定到底是调用父类中的方法还是子类中的方法。

【例 4-11】 方法的动态调用。

```
package   chapter4;
class point         //默认情况下 point 类的父类是 Object 类
```

```
{
    int x, y;
    point(){  this(0,0);  }
    point(int x, int y){  this.x=x;   this.y=y;  }
    double area(){  return 0;  }       //point 类定义了 area 方法
}
class circle extends point         //circle 类的父类是 point 类
{
    int radius;
    circle(int r, int x, int y){  super(x, y);    radius=r; }
    double area()                //子类覆盖了父类的 area 方法
    {
        return  Math.PI * radius * radius;
    }
}
public class dynamicalCall
{
    public static void main(String args[])
    {
        point p[]={ new point(2,2),  new circle(1,1,1) };     //注意这一行
        for(int i=0;i<p.length;i++)
            System.out.println("类名："+p[i].getClass().getName()+"\t"+
                                "父类："+p[i].getClass().getSuperclass()+"\t"+
                                "面积："+p[i].area());
    }
}
```

【程序运行结果】

类名：point　　　　父类：class java.lang.Object　　　面积：0.0
类名：circle　　　　父类：class point　　　　　面积：3.141592653589793

【程序解析】 main()方法中的定义语句 point p[]＝{new point(2,2)，new circle(1,1,1)}是产生一个对象数组 p，其中 p[0]对象是 point 类型的，而 p[1]是 circle 类型的。p.length 用于获得数组的长度，本例中的 p.length 是 2。p[i].getClass()是获得 p[i]对象的类，而 p[i].getClass().getName()是获得 p[i]对象的类名。p[i].getClass().getSuperclass()是获得 p[i]对象类的父类。

由于 p[0]对象是 point 类型的，因此其父类是 Object 类，输出结果的 java.lang 指明了 Object 类的路径。p[1]比较特殊，由于知道 p[1]实际上是一个引用，其类型是 point，而其代表的对象是 circle 类型的，这符合继承性，因为一个子类对象属于父类类型。当程序在执行时，p[1].getClass().getName()就获取了当前对象的类名。同理，p[1].getClass().getSuperclass()获得的是 point 类，p[1].area()调用子类中的 area()方法，这种调用是动态的，属多态调用。

【思考】 在子类中，怎么才能调用父类中被覆盖的那个方法呢？
这可以采用前面介绍过的 super 关键字。例如，将 circle 类的 area()方法修改如下：

```
double area()
{
    return super.area();
}
```

关键字 super 不能去掉,否则就变成了递归调用。

【注意】 在继承的类层次中,通过子类对象调用方法时,将发生如下操作:

(1) 子类检查是否具有同名和同参数类型的方法,若有就调用该方法。
(2) 到父类中寻找同名和同参数类型的方法,若有就调用该方法。

由于 Java 支持继承性,所以可以查找父类,直到继承链停止或找到相匹配的方法,若找不到,将产生编译错误。

对象决定到底该调用哪个方法,取决于该对象在继承链中的位置,这也是对象多态性的体现。多态性是指消息相同时,对象的响应不同,它适用于由超类派生的所有方法。

支持多态性的关键是滞后联编(late binding),即在编译时不产生调用方法的代码,而在运行时根据对象的类型信息计算要调用的方法,该过程称为滞后联编。普通方法的调用是静态联编,因为要执行的操作在编译时就已经确定。发生在继承层次中的这种多态性叫做真实多态性,以区别功能有限的方法重载。在程序设计语言原理中,人们将支持多态性的语言称为面向对象的语言,而将仅仅支持重载功能的语言称为对象式语言。

4.9 多态性不适合继承链中的实例变量

前面已经介绍了类的继承性和方法的覆盖问题,并且知道方法的覆盖是多态性的体现。若父类和子类中存在同名的实例变量,那么该怎么处理呢? 先看一个程序,理解其输出结果。

【例 4-12】 成员变量在继承链中不具有多态性。

```
package chapter4;
class Base                        //父类
{
    int x=1;                      //实例变量 x
    void print()                  //定义了 print()方法,输出当前对象的类名和变量 x
    {
        System.out.println("当前类为 "+this.getClass().getName());
        System.out.println("对象的 x="+this.x);
    }
}
class Derived extends Base        //子类
{
    int x=2;                      //实例变量 x
    void print()                  //覆盖了父类的 print()方法,输出当前对象的类名和变量 x
    {
        System.out.println("当前类为 "+this.getClass().getName());
```

```
            System.out.println("对象的 x="+this.x);
        }
        void out()                    //子类新增加的方法
        {
            System.out.println(" Ok!");
        }
    }
    public class confusions
    {
        public static void main(String [] args)
        {
            Base   obj=new   Derived();
            obj.print();
            System.out.println("对象的 x="+obj.x);
        }
    }
```

【**程序运行结果**】 看上去有些奇怪：

当前类为 chapter4.Derived
对象的 x=2
对象的 x=1

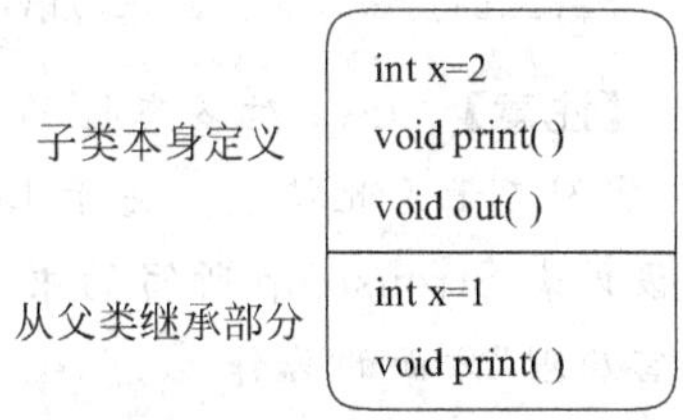

子类本身定义	int x=2 void print( ) void out( )
从父类继承部分	int x=1 void print( )

图 4-1 Derived 类的构造示意图

程序中两次输出实例变量 x 的值，为什么一次输出的是 1,另一次输出的是 2? 先看 Derived 类的构造示意图，如图 4-1 所示。

我们知道,父类 Base 中 x 的值为 1,子类 Derived 中 x 的值为 2。按照继承性,父类中的实例变量 x 和方法 print()将被继承到子类中,故子类中有两个 x 和两个 print()方法。main()方法中 obj.print()语句表明：子类对象 obj 调用了自己的 print()方法,所以在 print()方法中 this 就是对象 obj,this.getClass().getName()的结果就是 Derived 类,this.x 就是子类中的 x,故为 2,这些都符合多态性。但在 main()方法中,直接输出对象的 x,结果值是 1,它是父类中的 x,而不是子类中的 x,这是什么原因呢？

因为对象 obj 的类型是父类类型,其对象实际上是一个子类对象,对象.方法是根据多态性执行调用,对象.实例变量是根据对象的类型执行调用。多态性仅仅适用于方法的调用,而不适合实例变量(作者认为：多态性不仅要适合方法,而且要适合实例变量,并且程序设计语言理论也是这样定义多态性的[见参考文献 14],也许随着程序设计语言理论的发展,未来能解决实例变量与方法多态性不一致的问题)。

此外,读者可以将 Derived 类中的 print()方法去掉,基于继承来分析运行结果,看看与上例有什么不同。

多态是面向对象中十分重要的一个概念,比较难以理解,为了便于读者掌握,下面将 Java 的多态性给予一个小结。

Java 的多态分为编译时多态和运行时多态两种,其中前者也称为静态的多态。

1. 编译时多态

这又分为两种情况：

（1）方法重载。在编译阶段，具体调用哪个被重载的方法，编译器会根据参数的不同来静态确定调用相应的方法。

（2）方法覆盖的表现之一，就是编译时多态，以例 4-12 中的类为例：

```
Derived  o1=new  Derived();
o1.print();            //编译时多态,在编译时就确定了要执行 Derived 类中的 print() 方法
```

2. 运行时多态

```
Base  o2=new  Derived();
o2.print();            //运行时多态
```

Java 的运行多态，意味着 o2.print() 实际上调用了 Derived 类中的 print() 方法，这是在运行时确定的。此外，父类对象只能调用那些在父类中声明、被子类覆盖了的方法，如 print()，不能调用子类增加的方法。例如，如果通过 o2 对象调用 out() 方法，将产生编译错误：

```
o2.out();              //语法错,Base 类中没有定义该方法
```

【注意】 Java 对多态性的处理和 C++ 一样（C++ 引入了虚函数），都是方法具有多态性，实例变量无此特点。关于 Java/C++ 语言对多态性的实现技术，读者可以参考 C++ 语言的设计者 Stroustrup 所写的书 *The C++ Programming Language*，也可以参考"程序设计语言原理"方面的著作。

4.10　finalize 与垃圾自动回收

Java 具有垃圾自动回收的能力，因此程序员不必直接释放被分配的内存空间。而 C 是用 free 函数完成这项工作的，C++ 则是用 delete 运算符实现空间回收。在 Java 中，在对象被回收之前，有时需要执行一些特殊的操作，例如保存文件、清除屏幕等，这时就要用到 Java 的垃圾收集器。

正常情况下，垃圾收集器周期性地检查内存中不再被使用的对象，然后将它们回收，释放它们占用的空间，在正式回收之前要调用 finalize() 方法。运用 finalize() 方法很简单，只要在类中增加一个名为 finalize 的方法即可，但要注意的是，该方法是系统中定义的一个 public() 方法，在类中增加这个方法时，实际上是覆盖原方法。

【注意】 垃圾回收器是一个优先级比较低的线程，一般在系统空闲时运行。当内存用尽或用户在程序中使用 System.gc() 调用时，垃圾收集器就与用户线程同步运行。

【例 4-13】 垃圾回收问题。

```
package chapter4;
class point
{
    int x, y;
    point(int a, int b)
```

```
        {
            x=a;
            y=b;
            System.out.println("point constructor:"+getString());
        }
        public void finalize()        //增加的方法
        {
            System.out.println("point finalizer:"+getString());
        }
        String getString(){    return "x="+x+"   y="+y;       }
}
class circle extends point
{
    int radius;
    circle(int r, int a, int b)
    {
        super(a,b);
        radius=r;
        System.out.println("circle constructor:"+getString());
    }
    public void finalize()        //增加的方法
    {
        System.out.println("circle finalizer:"+getString());
    }
    String getString()
    {     return super.getString()+"   radius="+radius;      }
}
public class testFinalize
{
    public static void main(String args[])
    {
        point c1,c2;
        c1=new circle(1,1,1);
        c2=new circle(2,2,2);
        c1=null;                //c1,c2 现在可以被垃圾收集器回收
        c2=null;
        System.gc();            //调用垃圾收集器
    }
}
```

【程序运行结果】

point constructor: x=1   y=1   radius=0
circle constructor: x=1   y=1   radius=1
point constructor: x=2   y=2   radius=0
circle constructor: x=2   y=2   radius=2

```
circle finalizer : x=1   y=1   radius=1
circle finalizer : x=2   y=2   radius=2
```

【程序解析】 在 main()方法中将 c1、c2 设置为 null,这时 Java 将二者的内存做上标记以便垃圾收集器回收。在使用垃圾收集器回收这两个对象的空间之前,Java 将为每一个对象调用一次 finalize()方法。

4.11 static

有时需要创建独立于任何对象的方法和变量。像以前示例中的 main()方法一样,只要在方法定义前冠以 static 修饰符即可。Java 中的 static 修饰符可用于定义方法和变量。

4.11.1 static 变量

static 变量又称为静态变量,是指这样的成员变量:不管在程序运行中生成多少个该类的对象,它们都共享该变量。各对象对静态变量的修改都会直接影响到其他对象,即使该类没有创建对象,该变量仍然存在。因此,static 变量又称为类变量。其定义格式为:

```
static  type  variableName;
```

【注意】 static 变量为该类的所有对象共有,避免为每个对象单独开辟一块内存空间来存储该变量。

例如,定义一个数据成员圆周率 PI:

```
class circle extends point
{
    ...
    public  static  double  PI=3.14159;
    ...
}
```

静态变量的初始化方式和一般实例变量的初始化方式不同,一般的实例变量是在创建对象时通过构造函数进行初始化,因为只有创建对象时,才会为实例变量分配内存空间,而静态变量在类载入内存时,就已经给它分配了空间,因此可以在定义时进行初始化。例如,对上面 circle 类中的静态变量 PI 赋值,就属于这种情况。

【注意】 程序中的变量根据所处的时间,往往可以分为这么几个状态:程序编译时、载入内存时和程序执行时。我们曾在 1.2.11 节介绍,Java 的类是在运行时动态加载的,也就是说,在程序运行时,如果需要使用某个类,就将该类载入内存。如果这个类中定义有静态变量,那么将在这个时候给静态变量分配空间。

【思考】 在什么时间给实例变量分配空间?

静态变量和一般的实例变量不同,在构造函数中不能对它进行初始化。因为构造函数是在创建对象时调用的。如果在构造函数中可以对静态变量进行初始化,那么每创建一个对象,都将对该静态变量进行初始化,这显然不是我们所希望的。

静态变量初始化也可以在静态初始化块中进行,下面的示例程序演示了构造函数与静态初始化块执行的先后顺序,并给出了静态变量的调用格式。

【例 4-14】 构造函数与静态初始化块应用举例。

```
package   chapter4;
class point
{
    static int count;        //定义静态变量,它是一个对象计数器
    int x, y;
    static{                  //静态初始化块
        count=0;
        System.out.println("static variable is initialized !");
    }
    point(int a, int b)
    {
        count++;             //对象计数器
        x=a;    y=b;
        System.out.println("Call point constructor!");
    }
}
public class testStaticVariable
{
    public static void main(String args[])
    {
        point c1=new point(0,0);
                             //下面引用了静态变量
        System.out.println("There are "+point.count+" points");
    }
}
```

【程序运行结果】

static variable is initialized !
Call point constructor!
There are 1 points

【程序解析】

(1) 程序中定义的静态变量 count 是一个对象计数器,每当生成一个对象,就会调用构造函数一次,从而实现变量自动加 1。

(2) point 类采用静态初始化块对静态变量 count 进行初始化。从程序运行结果可以看出,静态初始化块是在构造函数被调用之前运行的。

(3) main()方法对静态变量 count 的调用采用了类名.变量的格式:例如,point.count,当然也可采用对象.变量的格式,例如,c1.count。但对实例变量的调用,只能采用后面这种格式,而不能采用前面那种格式。

【思考】 如果将例 4-14 中的 main()方法修改如下,程序的输出结果是什么?

```
public static void main(String args[])
```

```
{
    //没有代码
}
```

4.11.2 static 方法

static()方法也称静态方法,它是类中的成员方法,属于整个类,即使不创建任何对象,也可使用静态方法。使用静态方法的一般格式是:

类名.方法名(参数)

从上述格式可以看出,调用静态方法可以不需要对象,通过类名即可调用,所以在静态方法的内部,可以:

(1) 定义和使用它自己需要的局部变量(含局部对象)。
(2) 引用类内定义的静态变量。
(3) 调用类内定义的其他静态方法。

在静态方法中不能使用 this 和 super,这是因为静态方法属于整个类,而不是属于某个特定的对象。

【例 4-15】 静态方法应用。

```
package  chapter4;
class point
{
    static int count;                    //定义静态变量
    int x, y;
    static{
        count=0;
        System.out.println("static variable is initialized !");
    }
    point(int a, int b)
    {
        count++;                         //对象计数器
        x=a;   y=b;
        System.out.println("Call point constructor!");
    }
    static  int  getCount()              //静态方法
    {
        return  count;                   //写成 this.count 是错误的
    }
}
public class testStaticMethod
{
    public static void main(String args[])
    {
        point c1=new point(0,0);
```

```
        point c2=new point(1,1);
        System.out.println("There are "+point.getCount()+" points");
    }
}
```

【程序运行结果】

```
static variable is initialized !
Call point constructor!
Call point constructor!
There are 2 points
```

【程序解析】 point 类中的 getCount()方法是一个静态方法,它只能访问静态变量 count,而不能访问一般的实例变量 x 和 y。如果将该方法中的 count 改为 this.count,那么将无法通过编译。若如此,this 代表哪个对象呢?同理,super 也不能出现在静态方法中。

在 main()方法中,point 类调用了静态的方法:point.getCount(),这个地方也可以改成由对象调用:c1.getCount()。

【注意】 静态变量和方法属于整个类,不属于某个对象,可以通过类名调用,也可以通过对象调用,但最好通过类名调用,这样程序阅读者可以一目了然地知道,当前方法属于静态方法,而不必去查阅该方法的具体定义。此外,从 JDK 6.0 开始,子类可以覆盖父类中定义的静态方法,过去的 JDK 版本不支持这一点。

4.12 关键字 final

子类可以继承父类中所有实例变量和方法,也可以被子类的实例变量和方法覆盖。基于程序效率考虑,Java 提供了修饰符 final,它可以修饰实例变量、类和方法。

4.12.1 final 数据

C/C++ 可以采用 const 定义一个符号常量,Java 提供的 final 可以实现这一功能。在实例变量、局部变量和方法形参定义之前加上 final,那么这个变量值只能被引用,而不能修改。对 final 变量无意的修改,编译系统可以发现这个错误。

【例 4-16】 final 修饰数据的表现。

```
package   chapter4;
class Base
{
    final int x=1;              //形式 1: final 修饰实例变量
    void print(final int y)     //形式 2: final 修饰参数
    {
        //y=0;                  //错误:final 型变量不可出现在赋值号的左边
        System.out.println(x+y);
    }
}
public class finalVariables
```

```java
{
    public static void main(String [] args)
    {
        final int var=100;          //形式3: final 修饰局部变量
        Base   obj=new Base();
        obj.print(var);
    }
}
```

读者要注意的是,final 修饰的局部变量和实例变量必须给出初始值,因为它修饰的变量代表一个常量。final 修饰的形参表示该参数在方法体内不能被修改。在定义常量时,往往是将 static 和 final 联合使用,例如:

```java
public final static double PI=3.14159;
```

采用 final 定义符号常量的优点如下:

(1) 增加了程序的可读性,从常量名可知常量的含义。

(2) 增加了程序的可维护性,只要在常量的声明处修改常量的值,就自动修改了程序中所有地方所使用的常量值。

4.12.2 final 方法

在方法定义前加上 final,该方法不能被子类覆盖,而成为终极方法。Java 支持终极方法的原因有两个:

(1) 保持父类中某方法的行为在被继承时不发生改变。

(2) 提高运行效率。声明为 final 的方法,Java 采用内联(inline)调用,即将方法代码直接插入到调用位置,这样可以降低方法调用的额外开销(入栈、跳转、执行、返回和清除栈等操作的时间和空间开销)。在编写程序时,可以将那些代码比较少,或不希望被覆盖的方法声明为 final。

包含终极方法的类仍然可以被子类继承,子类虽然不能覆盖父类中的终极方法,但可以重载该方法。例如:

```java
class Base
{
    final int x=1;
    final void print(int y)             //父类中的 final 方法
    {
        System.out.println(x+y);
    }
}
class Derived extends Base
{
    void print()                        //重载了父类中的 print 方法
    {
        System.out.println(x);
```

    }
}

【注意】
（1）构造函数定义前不能加 final，否则会出现编译错误。
（2）static()和 private()方法是隐式的 final()方法（private 方法见 4.16.3 节）。

4.12.3　final 类

在一个类定义前加上 final，就意味着这个类不能被其他类继承，成为终极类。显然，这降低了代码的可扩充性和可重用性，但有时为了保证系统的安全性，这样做是有必要的。因为类一旦被声明为终极类，其他类就不能通过继承该类来覆盖它的任何方法。

Java 提供的系统类基本上都是 final 类，如 String 类。在编写程序时，我们只能应用它，而不能继承它。例如，定义一个 final 类：

```java
final class Base                       //声明 Base 为 final 类
{
    final  int x=1;
    void print(final int y){  System.out.println(x+y);  }
}
class Derived extends Base             //错误：不能继承 final 修饰的 Base 类
{
}
```

【注意】　无论类是否被定义为 final 类型，其数据成员既可以是 final 类型，也可以不是，final 修饰数据成员的原则仍然成立。将类定义为 final 类型是为了杜绝继承，类中的方法自然都变成了终极方法。

4.13　组合与继承

面向对象中的软件重用有两种形式，一种形式是继承；另一种形式是对象组合。例如，日常生活中的汽车就是一个由若干其他类的对象组合而成的对象。在组合类中，可以将其他类的对象作为数据成员出现，但编程中常遇到组合与继承的混合使用。

【例 4-17】　继承和组合综合举例。

```java
package  chapter4;
class date                            //日期类
{
    int year, mon,day;
    date(int y, int m, int d)
    {
        year=y;                       //设置变量 year
        mon= (m>0 && m<13)? m:1;
        day=checkday(d);              //设置变量 day
    }
```

```java
        int checkday(int d)
        {
            int daydisp[]={0,31,28,31,30,31,30,31,31,30,31,30,31};
            if(d>0 && d<=daydisp[mon])
                return d;
            if(mon==2 && d==29 &&(year%400==0||year%4==0&& year%100!=0))
                return  d;
            return 1;
        }
        String tostring(){   return year+"/"+mon+"/"+day;  }
}
class employee                            //雇员类
{
    long  id;
    date  birthday;                    //日期类对象
    employee(long no, int year, int mon, int day)
    {
        id=no;
        birthday=new date(year,mon,day);        //设置组合对象
    }
    String tostring(){    return id+" , "+birthday.tostring();   }
}
class manager extends employee        //经理类
{
    double  basePay;
    manager(long no, int y, int m, int d)
    {
        super(no,y,m,d);              //调用父类构造函数
        basePay=1000;
    }
    String tostring(){   return basePay+" , "+super.tostring(); }
}
public   class   compositionAndInherence       //主类
{
    public static void main(String [] args)
    {
        manager   boss;
        boss=new manager(1001,1988,11,5);
        System.out.println(boss.tostring());
    }
}
```

【程序运行结果】

1000.0, 1001, 1988/11/5

【程序解析】 该程序首先定义了一个 date 类,该类的构造函数和类中的方法 checkday()

完成对输入数据的合法性检查,包括闰年问题。employee 类中的成员 birthday 是 date 类型的一个对象,在 employee 构造函数中完成对 birthday 对象的初始化。manager 类是 employee 的子类,由于 employee 没有默认构造函数,因此 manager 类的构造函数必须通过 super 关键字实现对父类构造函数的调用。

【注意】 设计这类程序的关键是构造函数,以及对成员对象的初始化。如果在子类构造函数中忘记了对父类构造函数的调用,那么编译器会强制用户修改程序。但如果忘记了对成员对象进行初始化,编译器无法对此进行提醒,所以自己要小心谨慎,在此情况下,成员对象的值为 null。

4.14 抽象类和抽象方法

Java 中有一种类,它不能被实例化为一个对象,而只表示一种抽象的概念,继承它的子类可以对其进行具体实现。这种类中往往包含了抽象方法,将这种类称为抽象类。抽象类的作用提供一种适当的超类,子类可以通过继承来实现其抽象的方法。

抽象类中通常有抽象的方法,但也可以没有。抽象方法具有方法特征,但没有具体程序代码的方法,它类似于 C++ 中的纯虚函数。抽象类和抽象的方法都采用 abstract 声明。例如:

```
abstract class instrument         //抽象类
{
    int i;
    abstract void play();         //抽象的方法
    void print(){ System.out.println("instrument!"); }
}
```

由于 instrument 类中的 play() 方法是抽象方法,因此包含它的类一定是抽象类,抽象类中可以有静态变量、实例变量和非抽象的方法。不能采用 new 生成抽象类对象,例如:

```
instrument obj=new instrument();
```

是错误的。设计抽象类的目的是提供给其他类继承,所以不能用 final 修饰,因为 final 修饰的类是终极类,不能被其他类继承,这与设计抽象类的目的相抵触。抽象类的子类应对父类中的抽象方法给出实现,否则子类也是抽象类。例如,假设 wind 是 instrument 的子类:

```
abstract class wind extends instrument
{
    void adjust(){  }
}
```

由于 wind 没有实现 instrument 类中的抽象方法 play(),因此它也是抽象类。下面给出了一个关于抽象类的具体示例,先看继承关系图如图 4-2 所示。

从图 4-2 可以看出,instrument 是一个抽象类,它被 3 个子类 wind、percussion 和 stringed 分别实现,而 woodwind 和 brass 又分别继承了 wind 类,并覆盖了 play() 方法。

【例 4-18】 抽象类和抽象方法的应用。

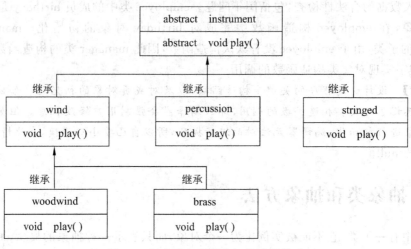

图 4-2 抽象类与子类之间的继承关系

```
package   chapter4;
abstract class instrument
{
    abstract void play();           //抽象方法
}
    //wind对父类中的抽象方法play()进行了实现,因此它不再是抽象类
class wind extends instrument
{
    void play(){    System.out.println("wind play!");    }
}
    //percussion对父类中的抽象方法play()进行了实现,因此它也不再是抽象类
class percussion extends instrument
{
    void play(){    System.out.println("percussion play!");    }
}
    //stringed对父类中的抽象方法play()进行了实现,因此它也不再是抽象类
class stringed extends instrument     //对父类中的抽象方法play()进行了实现
{
    void play(){    System.out.println("stringed play!");    }
}
class woodWind extends wind           //覆盖了父类wind中的play()方法
{
    void play(){    System.out.println("woodWind play!");    }
}
class brass extends wind              //覆盖了父类wind中的play()方法
{
    void play(){    System.out.println("brass play!");    }
}
public   class   music                //主类
```

```
{
    static void tuneAll(instrument e[])
    {
        for(int i=0;i<e.length;i++)
            e[i].play();
    }
    public static void main(String [] args)
    {
        instrument orchestra[]=new instrument[5];
        int i=0;

        orchestra[i++]=new wind();
        orchestra[i++]=new percussion();
        orchestra[i++]=new stringed();
        orchestra[i++]=new woodWind();
        orchestra[i++]=new brass();
        tuneAll(orchestra);
    }
}
```

【程序运行结果】

wind play !
percussion play!
stringed play!
woodWind play!
brass play!

【程序解析】　main()方法中的 orchestra 数组是抽象类 instrument 类型的,而它的每个对象都是子类类型的,程序运行时,依据具体对象调用各自的方法。

抽象类体现了 Java 的多态性,通过继承可以从抽象类派生出具有相似操作的子类。

4.15　对象的类型转换

对象的类型转换(casting)往往发生在具有继承关系的父类和子类之间,类型转换有两种情况,一种是向上转换(upcasting);另一种是向下转换(downcasting)。

4.15.1　向上类型转换

首先考虑具有继承关系的两个类 point 和 circle,然后进行向上类型转换。

【例 4-19】　向上类型转换举例。

```
package chapter4;
class point
{
    int x, y;
```

```
        point(int x, int y){  this.x=x;  this.y=y;  }
        int  getX(){   return  x;  }
}
class circle extends point        //从 point 类派生出子类 circle
{
    int radius;
    circle(int r, int x, int y)
    {
        super(x, y);
        radius=r;
    }
    double area(){  return Math.PI * radius * radius;  }        //子类定义的方法
}
public  class  testUpCasting
{
    public static void main(String [] args)
    {
        circle  c=new circle(1,1,1);
        point  p=c;         //注意：p 的类型和 c 的类型不同
        System.out.printf("结果是：%d", p.getX());
    }
}
```

【程序运行结果】

结果是：1

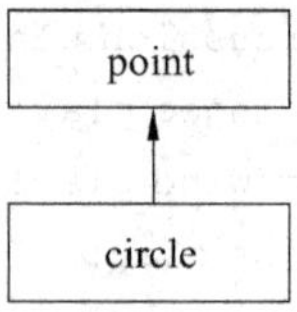

【程序解析】 circle 类与 point 类之间的继承结构如图 4-3 所示。

图 4-3 类之间的继承关系

从子类 circle 移到父类 point，在继承关系图中是向上移动，通常称为向上类型转换。类型向上转换是安全的，因为这是从一个特殊类型到一个通用类型的转换。换言之，子类通常比父类包含更多的变量和方法。进行向上类型转换时，出现的唯一问题是可能丢失子类中定义的方法和变量。在例 4-19 中，子类对象 c 具有两个方法 getX()和 area()，以及 3 个变量 x、y 和 radius。由于类型转换，将 c 赋给 p 后，p 仅具有一个方法 getX()和两个变量 x 和 y，而 area()方法和 radius 变量已经丢失。

4.15.2 向下类型转换

如果将上例的 main()方法修改如下，其他地方保持不变：

```
public static void main(String [] args)
{
    point  p=new point(1,1);
    circle c;
    c= (circle)p;        //类型强制向下转换
```

```
        System.out.println(c.area());
    }
```

虽然修改后的程序也能通过编译器的检查,但是当程序运行时就会产生类型转换异常:classCastException,并且程序终止。这是因为将父类对象赋给子类变量,意味着该变量可以使用更多的特性(包括子类中定义的方法和变量)。良好的编程风格是在类型转换之前进行对象类型验证,检查某对象是否属于另一个类的实例,这可以通过 instanceof 操作符实现。例如,改写上例的 main()方法如下:

```
public static void main(String[]args)
{
    point p1=new point(1,1);          //引用 p1 及其对象都为 point 类型
    point p2=new Circle(1,1,1);       //引用 p2 及其对象都为 circle 类型

    if(p1 instanceof circle)
    {
        c=(circle)p1;
        System.out.println(c.area());
    }else{                             //出错处理
        System.out.println("can not downCasting");
    }

    if(p2 instanceof cirlce)
    {
        c=(circle)p2;
        System.out.println(c.area());
    }else{
        System.out.println("can not downCasting");
    }
}
```

【程序运行结果】

can not downCasting
3.141592653589793

【注意】 类型转换只能发生在同一继承链,从父类到子类进行类型转换之前,需要用操作符 instanceof 进行继承关系检查,否则程序中就埋下了安全隐患。

4.16 访问权限限制

Java 提供的访问权限修饰符有 4 个,即 public、private、protected 和默认修饰符(即什么修饰符都没有),它们要置于每个类成员的定义之前,每个修饰符仅能控制它所修饰的那个成员,这和 C++ 中的修饰符不同。在 C++ 中,每个修饰符控制紧随其后的所有成员定义,直到遇到另外一个修饰符,或类定义结束为止。

4.16.1 默认修饰符

前面所有程序示例基本上都没有给出访问权限修饰符,那么在默认情况下就是默认修饰符。默认修饰符意味着同一个目录(也称为包,见第 5 章)中的所有类都可以访问这种类型的成员。

【注意】 在继承关系的父类和子类中,若将父类和子类分别存放在不同的文件中,只要这些文件位于同一个目录中,采用 Java 的专业术语描述,即位于同一个包中,子类就可访问父类中的默认类型成员。

例如,将下面的类存放在 Base.java 文件中:

```
    //由于该类位于 Base.java 中,属主类,所以 class 前冠以 public
package   chapter4;
public class Base
{
    int   default_data=1;          //默认类型的成员
}
```

将 Base 的子类 Derived 存放在另一个文件 Derived.java 中,并且这两个文件位于同一个目录中,例如,都存放在 chapter4 包中。

```
//下面这个类位于 Derived.java 文件中,也是主类
package   chapter4;
public class Derived extends Base
{
    Base p=new Base();
    void dataUse()
    {    //可以访问 Base 类中的 default_data
        System.out.println("data="+p.default_data);
    }
}
```

对象 p 完全可以访问另一个文件中的默认类型的成员。

【注意】 friendly 是 C++ 的一个关键字,表示友元,但不属于 Java 的关键字。在 Java 中,也有人将这种默认权限认为是友元权限。

4.16.2 public 成员

public 修饰的成员可以被任何一个其他类访问。Java 提供的系统方法都具有 public 属性,这便于程序员编程使用。不管两个类是否位于同一个目录中,一个类总可以访问另一类的 public 成员。例如,修改上例中的 Base 类和 Derived 类如下:

```
public class  Base
{
    public int public_data=1;          //public 成员
}
public class Derived extends Base
```

```
{
    public Base p=new Base();
    public void dataUse()
    {
        System.out.println("data="+p.public_data);
    }
}
```

并且将 Base.java 和 Derived.java 这两个文件分别置于不同的包中，只要通过适当的 import 语句（见第 5 章）指明，即可访问 Base 类中的 public 成员。public 访问限制是 4 个访问限制中限制级别最低的一个。

public 还可以用于修饰主类，Java 文件名必须与主类名一致，像上例中的 Base 类前面冠以 public，文件名是 Base.java。除此之外，其他两个访问修饰符 private 和 protected 都不能用于修饰类，只能修饰成员。

【注意】 一个类作为整体对程序的其他部分可见，并不代表类内所有属性和方法都是可见的，类的属性和方法是否可以访问，取决于这些属性和方法本身的访问控制符。

4.16.3　private 成员

private 成员具有这样的特性：除了其所在类能够访问该成员以外，其他类都不能访问它。在多人共同开发一个包的过程中，private 可以让你自由使用自己定义的成员，无须担心与其他人编写的类相冲突。

【例 4-20】 private 成员应用的特性。

```
package   chapter4;
class Base
{
    private Base(){    }           //注意这个构造函数
    static Base makeBase(){   return   new Base();   }
}
public   class testPrivate
{
    public static void main(String args[])
    {
        //Base p=new Base();       //错误：不能调用 private 类型的构造函数
        Base p=Base.makeBase();
    }
}
```

【程序解析】 由于 Base 的构造函数具有 private 属性，因此就牢牢地控制了生成 Base 对象的权力，不允许其他人直接使用该构造函数。此外，由于构造函数是 private 类型，就杜绝了其他类继承该类的可能，反之，将无法通过编译器检查。

4.16.4　protected 成员

protected 主要与继承有关，这种类型的成员可以被子类访问。有时，基类的开发者希望子类能够访问基类中的特定成员，就将这些成员设定为 protected 类型。任何继承父类的子类,或者同一个包内的其他类,都可以访问这种类型的成员。表 4-1 对这 4 个访问修饰符作了一个总结。

表 4-1 访问权限

	类内	同包子类	同包非子类	不同包子类	不同包非子类
默认(也称缺省)权限	√	√	√	×	×
public	√	√	√	√	√
private	√	×	×	×	×
protected	√	√	√	√	×

下面对表 4-1 进行几点说明:

(1) 表中显示了在各种修饰符定义下,类内成员、同包子类与非子类、不同包的子类与非子类之间的变量访问权限,√表示可以访问,×表示不可以访问。

(2) "默认"一栏表明,子类与父类必须位于同一个包内时才可以访问。

(3) 声明为 public 的成员,其他包的类都可以访问;声明为 protected 的成员可以被具有继承关系的子类访问,无论子类与父类是否位于同一个包中。下例说明了在各种访问修饰符作用下的变量访问权限。

【例 4-21】 四种成员修饰符应用举例。

```
//将下面的类 Base 存放在 Base.java 文件中
package   chapter4;
class Base         //该类定义了多种类型的成员
{
    int default_data=1;              //默认类型的成员
    public int public_data=2;        //public 成员
    private int private_data=3;      //private 成员
    protected int protected_data=4;  //protected 成员
}
//将 Base 类的子类 Derived 存放在 Derived.java 文件中
package   chapter4;
class Derived extends Base
{
    Base a=new Base();
    void dataUse()
    {
        System.out.println("data="+a.default_data);
        System.out.println("data_pub="+a.public_data);
            //下面不能访问父类中的私有成员
        //System.out.println("data_pri="+a.private_data);
        System.out.println("protected_data="+a.protected_data);
    }
}
    //将主类存放在 testData.java 文件中
package   chapter4;
```

```
public   class testData
{
    public static void main(String args[])
    {
        Derived d=new Derived();
        d.dataUse();
    }
}
```

【程序运行结果】

```
data=1
data_pub=2
protected_data=4
```

【程序解析】 上例中的父类、子类和主类都存放在同一个包的不同文件中,从而验证了各种访问修饰符的访问权限,请读者上机试一试。

对继承简单小结。子类虽然继承了父类中所有成员,但并不是对这些继承所得的成员都具有访问权限:

(1) 子类不能访问父类中的私有成员,即父类中的 private 变量和方法都不能访问。

(2) 子类能够访问父类中的 public 和 protected 成员,即公有成员和保护成员。

(3) 子类对父类中默认权限成员的访问,以包为界分两种情况:可以访问当前包中父类定义的默认权限成员,但不能访问其他包中父类定义的这种成员。即,如果子类和父类定义在同一个包中,那么就可以访问这种默认权限的成员,否则不能访问。

4.17 应用程序从键盘输入数据举例

Java 没有提供诸如 C/C++ 中的 scanf 输入函数,因此从键盘输入并不是一个简单的事情。为了方便起见,我们编写了一个名为 SimpleInput 的类,包含三个方法 ReadDouble()、ReadInt()和 ReadString(),它们分别从键盘输入浮点数、整数和字符串。

```
//SimpleInput类包含了3个方法,可以从键盘读取一个整数、浮点数和字符串
package   chapter4;
import java.io.*;
public class SimpleInput                    //我们可以将此类作为一个工具类使用
{
    public static String readString()       //从键盘读取一个字符串
    {
        BufferedReader  br=new BufferedReader(new InputStreamReader(System.in),1);
        String   string="";                 //定义一个字符串
        try {
            string=br.readLine();
        }catch(IOException ex)
        {
```

```java
            System.out.println(ex);
        }
        return  string;
    }
    public static int readInt()              //从键盘读取一个整数
    {
        return  Integer.parseInt(readString());
    }
    public static double readDouble()     //从键盘读取一个double类型的浮点数
    {
        return  Double.parseDouble(readString());
    }
    public static byte readByte()            //从键盘读取一个字节整数
    {
        return  Byte.parseByte(readString());
    }
    public static short readShort()          //从键盘读取一个短整数
    {
      return  Short.parseShort(readString());
    }
    public static long readLong()            //从键盘读取一个长整数
    {
        return  Long.parseLong(readString());
    }
    public static float readFloat()          //从键盘读取一个float类型的浮点数
    {
        return  Float.parseFloat(readString());
    }
}
```

【例 4-22】 采用 SimpleInput 类通过键盘输入一个整数,然后显示输入的值。

```java
package  chapter4;
public class SimpleOperator
{
    public static void main(String [] args)
    {
        int value;
        value=SimpleInput.readInt();      //读取一个整数
        System.out.printf("Value=%d\n",value);
    }
}
```

【程序运行结果】

```
Please enter an integer: 568
Value=568
```

本章讨论了Java语言面向对象的特性和程序设计方法，包括类的定义和使用、继承、方法重载和覆盖、多态、实例变量和局部变量、组合与继承的区别、抽象类和抽象方法、对象类型转换、从键盘输入基本类型的数据等。

在本章讨论的话题中，其中的"实例变量不具有多态性"是一个令人迷惑的问题，它与方法不同，读者要理解OOP的这个特性。组合与继承是软件重用的两种方法，它们的实现区别主要表现在对象初始化方面。

（1）定义一个类，它包含了一个int类型的变量x，若干个构造函数（根据用户自己的需要）和一个输出方法show()。编程：从键盘输入一个两位以上的数，将这个数传递给这个类的变量x，使用方法show()逆序输出这个数。

（2）定义一个复数类complex，它的内部具有两个实例变量：realPart和imagPart，分别代表复数的实部和虚部，编程实现要求的数学运算。

① 实现两个复数相加。复数加运算的原则是：复数的实部和虚部分别相加。

② 实现两个复数相减。复数减运算的原则是：复数的实部和虚部分别相减。

③ 输出运算结果，判断是否正确。

（3）定义一个圆类circle，它有一个变量radius(半径)。从键盘输出数据，通过构造函数的参数传递给radius，编程计算并输出圆的周长和面积。但是，必须确保输入的数据不为负数。

（4）定义一个日期类date，确保具有如下功能：

① 输出日期的格式具有如下几种。

YYYY MM DD

MM DD YYYY

DD MM YYYY

② 采用重载构造函数，以上述日期格式数据为参数，创建date类型的对象。

（5）定义一个整型集合类integerSet。这种类型的对象可以存储10个20~80之间的整数，即它的内部有一个整型数组存储数据。编程：

① 判断两个integerSet类对象S1和S2是否相等。提示：集合相等的前提是所有元素相等。

② 输出两个集合对象的交集。

③ 输出两个集合对象的并集。

④ 将一个整型数据插入到一个集合对象中。

⑤ 从一个集合中删除某一个元素。

（6）编写一个具有两个方法的基类base，并在第一个方法内调用第二个方法。然后编写一个派生类derived，并覆盖父类中的第二个方法，产生一个derived类对象，将它向上类型转换（即转换为base类型），并调用第一个方法。验证并解释运行结果。

第 5 章　接口、包与泛型

Java 语言剔除了 C++ 中易于出错的、不常用的成分,如不支持多继承。但在实际的程序设计中,有时还需要这样的功能,为此 Java 提供了接口的概念,它允许一个类同时实现多个接口,这就相当于部分实现了多继承。C++ 中有一个名字空间(name space)的概念,Java 提供的包与此类似。泛型是 JDK 5.0 的新特性,泛型的本质是参数化类型,也就是说所操作的数据类型被指定为一个参数。Java 引入泛型的好处是简单、安全,与 C++ 的模板具有类似之处。

本章的学习目标:
◆ 掌握接口的定义和使用
◆ 了解接口与抽象类的异同点
◆ 掌握包的定义和使用

5.1　接口

在程序设计中经常遇到这样一个问题:有些类互不相关,但具有相似的方法。例如,复数类、字符串类和矩形类,都可具有 add() 和 sub() 这样的方法,其中 add() 表示两个对象相加,sub() 表示两个对象相减,它们在各个类中的实现互不相同。我们不需要,也不可能为这三个类定义一个共同的父类,但又希望在程序中体现出它们共同的接口。在 Java 语言中可以采用接口(interface,有些书称之为界面)解决这个问题。

5.1.1　接口的定义和应用

接口就是一系列常量和空方法的集合,它提供了多个类共有的方法,但不限制每个类如何实现这些方法。从另外一个角度讲,由于 Java 只支持单继承,不允许一个子类继承多个父类,为了保留 C++ 多继承的部分特性,就提供了接口,这样一个类可以同时实现多个接口,相当于实现了多继承的功能。

声明一个接口的语法格式:

```
[public] interface  interfaceName [extends super-interface-List]
{
    type  ConstantName=value;              //常量成员
    type  MethodName(Parameter lists);     //空方法
}
```

其中 interface 是接口的意思,属保留字,其中各项的含义如下:

(1) public:访问权限修饰符,即 public 接口可以被任何类访问,而未采用 public 修饰的接口只能在包内访问。

(2) extends 选项:说明该接口的父接口。与类继承不同,接口支持多继承,即一个接口可以继承多个接口,子接口拥有父接口中定义的所有常量和方法。

(3) 大括号括起来的部分是接口体,在接口体内可以定义多个常量和方法。常量隐含具有 public、static、final 属性,方法隐含具有 public 和 abstract 属性。

类实现接口的语法格式如下:

```
class ClassName implements interface-List      //implements 是保留字
{
    ...
}
```

【注意】 接口和类的定义类似,但在接口中不能声明任何变量和构造函数。如果一个类实现了多个接口,应该在接口名之间用逗号隔开。

当一个类实现接口时,必须实现接口中给出的空方法,若实现接口的类是一个抽象类,可以把实现接口方法的任务交给子类去实现。如果在子类中定义了与父接口中同名的常量或方法,则父接口中的常量或方法将被隐藏。下面是一个定义并实现接口的例子:

```
interface Fish                          //接口 Fish
{
    int getNumberOfScales();            //接口中声明了一个空方法
}
interface Piano                         //接口 Piano
{
    int getNumberOfScales();            //声明一个与 Fish 接口中特征相同的空方法
}
class Tuna implements Fish, Piano       //Tuna 类实现了上述两个接口
{
    public int getNumberOfScales()      //该类实现了两个接口中的空方法
    {
        return  91;
    }
}
```

由于 Fish 和 Piano 具有一个特征完全相同的方法(见 4.2 节对方法特征的定义),因此在 Tuna 类中对方法 getNumberOfScales()给出实现代码,就认为同时实现了 Fish 和 Piano 两个接口。

接口和类一样,可以作为一种数据类型使用,例如:

```
Fish  f;
```

定义了一个 Fish 类型的引用,任何实现了 Fish 接口的类对象都可以是 Fish 类型的,通过这个引用可以访问该接口中的方法。也就是说,具体访问哪一个类中所实现的方法,由系统在运行时动态确定,这是接口的一个重要特性。例 5-1 演示了接口的应用,其中 interfaceTest 类是整个程序的主类。

【例 5-1】 接口应用举例。

```
package   chapter5;
```

```java
interface Sortable                          //定义一个接口
{
    int Compare(Sortable  s);
}
class Sort        //定义一个排序类,其中仅包含一个静态方法
{
    public static void SelectSort(Sortable a[])
    {
        int i, j, k;
        Sortable  temp;                     //Sortable 类型的接口
        for(i=0;i<a.length-1;i++)           //选择排序
        {
            k=i;
            for(j=i+1;j<a.length;j++)
                if(a[k].Compare(a[j])<0)
                    k=j;
            temp=a[i];    a[i]=a[k];   a[k]=temp;
        }
    }
}
class Student implements Sortable           //定义一个学生类
{
    private int score;
    Student(int x){  score=x;  }            //构造函数
    public int Compare(Sortable  s)         //实现接口 Sortable 中的方法
    {
        Student st=(Student)s;              //类型强制转换
        return score-st.score;
    }
    public String  toString()               //将数据转换成一个字符串
    {
        return  Integer.toString(score);
    }
}
class Rectangle implements Sortable         //矩形类也实现了接口
{
    private int length,width;               //矩形的长和宽
    Rectangle(int x,  int y)                //构造函数
    {
        length=x;   width=y;
    }
    int area(){  return  length*width;  }
    public int Compare(Sortable  s)         //实现接口 Sortable 中的方法
    {
        Rectangle rec=(Rectangle)s;         //类型强制转换
```

```
        return  area()-rec.area();
    }
    public String  toString()              //将面积转换成一个字符串
    {
        return  Integer.toString(area());
    }
}
public class interfaceTest
{
    public static void main(String args[])
    {
        Student stud[]=new Student[15];
        int i;
        for(i=0;i<stud.length;i++)         //随机产生15个数
            stud[i]=new Student((int)(Math.random() * 100));
        Sort.SelectSort(stud);             //排序
        System.out.print("按成绩排序: ");
        for(i=0;i<stud.length;i++)         //输出结果
            System.out.print(stud[i].toString()+"  ");
        Rectangle R[]=new Rectangle[10];
        for(i=0;i<R.length;i++)            //随机产生20个数
            R[i]=new Rectangle((int)(Math.random() * 10),
                               (int)(Math.random() * 10));
        Sort.SelectSort(R);                //排序
        System.out.print("\n按面积排序: ");
        for(i=0;i<R.length;i++)            //输出结果
            System.out.print(R[i].toString()+"  ");
    }
}
```

【程序运行结果】 由于这些对象的数据都是采用随机数产生的,因此下面给出程序的运行结果仅供参考。

按成绩排序: 97 90 88 86 86 82 78 64 63 58 50 50 19 15 1
按面积排序: 72 64 36 25 24 24 20 14 3 0

【程序解析】 上例首先定义了一个 Sortable 接口,其中包含一个空的 Compare()方法。Sort 类中定义的静态方法 SelectSort 完成对 Sortable 类型对象的排序。Student 类和 Rectangle 类分别实现了 Sortable 接口,即分别对接口中的 Compare()方法给出了相应的代码;Student 类是按学生的 score 来比较大小,而 Rectangle 类是按矩形的面积比较大小。在主类 interfaceTest 中,分别产生了 Student 类型的对象数组和 Rectangle 类型的对象数组,并按从大到小的顺序进行了排序。

【注意】 如果接口中没有定义方法,那么任何实现接口的类都无须实现什么。在接口中定义的变量实际上是常量,必须给出初值,实现接口的类可以自由引用这些常量。

【例 5-2】 在接口中定义常量和应用。注意,contestTest 类是整个程序的主类。

```java
package  chapter5;
interface constant
{
    int EXCELLENT=5;              //这些变量在子类中都不能改变
    int GOOD=4;
    int PASS=3;
    int FAIL=2;
}
class score implements constant     //score类实现了constant接口
{
    int GetScore()
    {
        int score;
        score=(int)(100*Math.random());     //产生一个随机数
        if(score>=90)
            return  EXCELLENT;          //自由使用接口中的常量
        else if(score>=80)
            return  GOOD;
        else if(score>=60)
            return  PASS;
        else
            return  FAIL;
    }
    void transfer(int x)
    {
        switch(x)
        {
            case  EXCELLENT:
                System.out.println("你的成绩是:"+EXCELLENT);
                break;
            case  GOOD:
                System.out.println("你的成绩是:"+GOOD);
                break;
            case  PASS:
                System.out.println("你的成绩是:"+PASS);
                break;
            case  FAIL:
                System.out.println("你的成绩是:"+FAIL);
                break;
        }
    }
}
public class contestTest
{
        public static void main(String args[])
```

```
    {
        score st1=new score();
        System.out.println("下面是随机产生的2个成绩：");
        st1.transfer(st1.GetScore());
        st1.transfer(st1.GetScore());
    }
}
```

【程序运行结果】

下面是随机产生的2个成绩：
你的成绩是：5
你的成绩是：2

【程序解析】 score 类实现了 constant 接口，因此 score 类的成员可以自由访问接口中定义的常量 EXCELLENT、GOOD、PASS 和 FAIL，而这些符号常量实际上就是 5、4、3 和 2。此外，该程序采用了随机数，每次运行的结果可能不同。Math.random()产生一个 $[0.0,1.0)$ 的随机数。

【注意】 当类实现接口中的定义方法时，方法的类型、名称和参数必须和接口中声明的方法保持一致，并且在实现方法时，必须将方法声明为 public。

若一个类没有对接口中的方法给出具体实现，那么必须将该类声明为 abstract 类，例如：

```
interface inter                    //该接口中包含了一个空的方法
{
    void airMethod();
}
    //由于 Derived1 类没有实现接口中的方法 airMethod()，所以是抽象类
abstract  class  Derived1 implements inter
{
    //此处可以不写出 airMethod()的原型,下面的写法是错误的：
    //public void airMethod();
    //但如下这样写,即将 airMethod()方法声明为抽象方法是可以的：
    //abstract   public void airMethod();
}
    //该类实现了抽象方法,所以不是抽象类
class  Derived2 extends  Derived1
{
    public void airMethod()          //实现方法 airMethod()
    {
        System.out.println("Hi,airMethod");
    }
}
```

【注意】 在 Derived1 类中，由于没有实现接口中的 airMethod()方法，因此它是一个抽象类。此外，airMethod()是接口中定义的方法，由于 Derived1 类没有实现它，所以 Derived1 是一个抽象类，类定义的前面必须带上 abstract。

5.1.2　接口和抽象类的异同点

接口和抽象类的相同点：

(1) 二者都包含空方法，都必须在实现接口或继承抽象类的子类中具体实现这些方法。

(2) 由于二者都包含空方法，所以不能用 new 关键字来创建这两种类型的对象。

(3) 类之间具有继承关系，接口之间也可以具有这种关系。接口中所定义的方法必定是抽象的方法，一个接口可以继承多个接口。

(4) 接口和类一样可以具有 public 属性。在 interface 前加上 public 关键字，表示各个包中的类均可以实现这个接口，反之，只有同一个包中的类才可以实现这个接口。

接口和抽象类的不同点：

(1) 抽象类在定义空方法时，其名称前必须加 abstract 关键字，而在接口中不需要。

(2) 在抽象类中，除空方法外，还可以定义实例变量和非空方法；而在接口中，只能定义常量和空方法。

(3) 接口允许多继承。一个接口可以继承多个接口，实现接口的类也可以同时实现多个接口，只要在这个类中对每个接口的方法都有具体的实现，但 Java 的类仅支持单继承。

5.2　包

在系统开发中，为了便于管理，通常将不同类型的文件存放在不同的目录中。如在信息系统开发中，通常将数据库文件、程序源文件、报表文件等分别存放在不同的目录中(目录也称为文件夹)。Java 中的包类似于子目录的概念，在 Java 程序设计中可以将自己编写的许多类，按一定的方法归属于不同的子目录(包)中。在不同的包中可以有同名的类存在。在 NetBeans IDE 8.0 环境下，可以把该文件中定义的类存放在一个默认包中，即没有特殊声明的文件夹中，但我们不建议这样做。从软件工程大型软件设计的角度讲，应分门别类地组织程序。

建立包时，可以右击项目名称，在菜单中单击"新建"按钮，选择"Java 包"即可设置新建包的相关信息。

【注意】　Java 中的包与 C++ 中的名字空间相似。

5.2.1　package 语句

Java 程序的第一部分是 package 语句，它告诉编译器当前文件中所定义的类属于哪个包，也就是将当前文件中的类放在哪个文件夹中。如果将一个类定义在名为 Mypackage 的包中，那么该类的源文件肯定保存在 Mypackage 目录下。记住 Java 是区分大小写的，目录名和包名必须完全一致。下面是 package 语句的一般格式：

```
package  pkg1[.pkg2[.pkg3]];
```

可以在包中利用点号(.)创建不同层次的包。一个声明包的格式如下：

```
package  java.awt.image;
```

必须将当前文件中的类 image.java 存放在 UNIX 上的 java/awt/image 或 Windows 的 java\awt\image 或 Macintosh 上的 java：awt：image 目录下。

【注意】 在 CLASSPATH 中可以指定多个包的层次(见 1.5 节),其中点号(.)代表当前目录。

引进包的概念是为了实现访问控制和解决名字冲突。到目前为止,我们都是将各章给出的示例存放在指定的包中,例如,将第 4 章的例子程序存放在 chapter4 包中。将类放进不同的包中,首先需要注意的就是要保证层次结构和文件目录结构完全一致。

假设在 test 包中创建一个名为 Derived 的类,所以需要创建一个 test 目录,并将 Derived.java 源文件放在该目录下。当编译这个程序时,Java 解释器产生"can't find class Derived"的错误信息。那么 Derived 类已经在当前目录下,为什么 Java 还找不到呢?原因隐藏在设置类层次的 CLASSPATH 中。CLASSPATH 通常被设置为"."和系统目录,它告诉 Java 解释器在当前目录和 Java 开发包目录下查找类文件。问题出在当前目录下没有 test 目录,因为现在已经在 test 目录下。可以有两个办法来解决这个问题:退回到上一层目录,然后执行"javac test\Derived.java"或将开发的类层次目录添加到 CLASSPATH 变量中,这样 Java 就能找到正确的类文件。如果源文件在 C:\myjava\test 目录下,最好在 CLASSPATH 设置中添加".;C:\myjava;"。

【注意】 在 NetBeans 8.0 集成开发环境中,不需要手动进行上述设置,系统会自动设置。Java 是以目录层次结构来管理包的,如果在一个源文件中定义了某个包,那么必须将这个源文件存放在该目录中。另外,包与子目录名称中字母的大小写必须保持一致。

5.2.2 import 语句

在 Java 源文件中,import 语句位于 package 语句之后、类定义之前。我们知道,包是一种有效地分割类名的机制,因此 Java 提供的系统类都定义在包中,而没有把它们放在无名的默认包中,即所有重要的类都存放在某个具有名称的包内。如果程序员在使用的类名前都带上一长串的包名字就显得太烦琐,Java 提供的 import 语句使某些类甚至整个包都可以直接使用。对程序员来说,import 语句非常方便,但并不是没有它就不能编写程序。然而,如果在程序中要用到许多类,使用 import 语句可以少输入许多字母。下面是 import 语句的一般格式:

```
import package1[.package2].(class-name|*);
```

package1 是最外层的包名,package2 是由点号分开的第二层的包名。从理论上讲,对包的层次没有限制。最后是一个类名或星号(*)。星号(*)表示 Java 编译器在编译时搜索整个包。例如:

```
import java.util.Date;
import java.io.*;
```

【注意】 程序在使用某些包时,若采用 * 号,尽管这不影响程序的运行性能,但会影响编译速度,因为在编译时要搜索这个包中的所有类。指明要使用的某个具体类比引入整个包更为合理。

Java 基本的语言功能保存在名为 java.lang 的包中。通常,要使用的包或类都必须引入这个包。java.lang 包中包含了许多基本的功能,因此编译器默认地为所有程序引入 java.lang 包,否则将无法使用 Java。这相当于在所有程序的开头输入如下一行代码:

```
import java.lang.*;
```

【注意】 如果用 * 号引入的包中有同名的类,那么在编译时将无法确定应该使用哪个类。解决的办法是采用包名指明具体的类,即在类名前写出包层次结构。

下面的例子使用了 import 语句:

```
import java.util.Date;
class MyDate extends Date
{
    ...
}
```

如果不使用 import 语句,则可按如下方式编写:

```
class MyDate extends java.util.Date
{
    ...
}
```

5.2.3 包应用举例

在 4.16 节我们曾经将 Base 类、Base 类的子类 Derived 类和主类 testData 存放在当前目录的不同文件中。修改这三个类的存放位置,加深对不同包中的默认类型成员、public 成员、private 成员和 protected 成员的理解。修改如下:

(1) 设定 D:\myjava 为当前工作目录。
(2) 将 Base 类存放在 D:\myjava\Base 包中。
(3) 将 Derived 类存放在 D:\myjava\Derived 包中。
(4) 将主类 testData 存放在 D:\myjava 包中。由于每个类都存放在一个独立的文件中,因此它们都可以是 public 类型的,每个类的具体定义如下:

```
//Base.java 文件的内容如下:
package  Base;                            //将 Base 类存放在 D:\myjava\Base 包中
public class Base                         //该类定义了多种类型的成员
{
    int default_data=1;                   //默认类型成员
    public int public_data=2;             //public 成员
    private int private_data=3;           //private 成员
    protected int protected_data=4;       //protected 成员
}
    //Derived.java 文件的内容如下:
package  Derived;        //将 Base 类存放在 D:\myjava\ Derived 包中
import  Base.*;          //需要使用 Base 包中的类
public class Derived extends Base
{
    Base a=new Base();
```

```
        //为了让 D:\myjava 包中的 testData 类能调用该方法,修改为 public
    public void dataUse()
    {
        //System.out.println("data="+a.default_data);            //该行编译有错!
        System.out.println("data_pub="+a.public_data);
                //下面 2 行,编译都有错误:不能访问父类中的私有成员和保护成员
        //System.out.println("data_pri="+a.private_data);
        //System.out.println("protected_data="+a.protected_data);
    }
}

    //testData.java 文件的内容如下:
    //下面的 testData 类位于当前的工作目录 myjava,
    //即位于默认包中,因此不需要 package 语句
import    Derived.*;         //需要使用 Derived 包中的类
public    class testData
{
    public static void main(String args[])
    {
        Derived d=new Derived();
        d.dataUse();
    }
}
```

【程序运行结果】

data_pub=2

【程序解析】 由于按包组织程序比较抽象,为了便于读者理解,下面我们从不同的角度给出具体解释。该程序由三个文件组成,并且分布在不同的包中,程序在 NetBeans IDE 8.0 环境下的组织如图 5-1 所示。

按文件组织形式查看该程序,可以通过命令行下的 tree 命令查看,如图 5-2 所示。下面给出了 myjava 包中的主要结构和文件列表。

我们将 4.14 节中原来的程序作了上述改动,程序运行结果只有一行,下面分析其原因:

(1) Base 类单独定义在一个文件中,其首行

图 5-1 程序按包分割的组织形式

package Base;

表明将 Base 类存放在 D:\myjava\Base 包中。由于 Base.java 文件只有这一个类,因此它是一个 public 类。同时,public 也表明了其他包中的类可以访问该类。

(2) Derived 类的 package 和 public 关键字的含义同上,在此不给予分析。该类的第二行:

import Base.*;

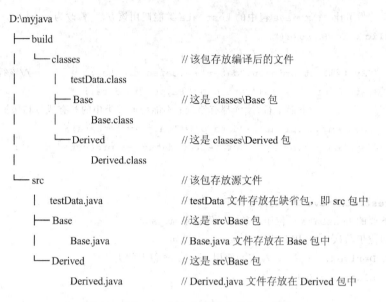

图 5-2 用 tree 命令查看程序的组织结构

因为 Derived 类要使用 Base 类。将 DataUse() 方法设置为 public 是为了 d:\myjava 包中的 testData 类能调用该方法。在 DataUse() 方法中，不能通过对象访问 default_data 和 protected_data 成员的原因是 Base 类与 Derived 类不在同一个包中（见 4.16.4 节）。

（3）TestData 类的首行引入了 import 语句：

import Derived.*;

因为该类需要使用 Derived 包中的 Derived 类：Derived d＝new Derived()定义一个 Derived 类对象。

由于 TestData 类位于工作目录（即默认包中），因此不需要 package 语句，这与上述两个类的定义不同。

【思考】 读者可能对 dataUse() 方法中的下列语句有疑问，为什么不能输出一个保护成员？这是否与 4.16.4 节讲述的内容相互矛盾？

System.out.println("protected_data="+a.protected_data);

这不矛盾，上述语句是通过一个对象 a 输出其保护成员，如果将上述语句修改如下：

System.out.println("protected_data="+this.protected_data);

采用当前对象，即 main() 方法中的对象 d，程序就完全正确，你知道为什么吗？请读者再次思考。这有助于读者理解 4.16.4 节中的表 4-1。

5.3 泛型

泛型（Generics）是 JDK 5.0 推出的特性，泛型的本质是类型参数化。这种类型化的参数可以用在类、接口和方法的创建中，分别称为泛型类、泛型接口和泛型方法。Java 引入泛型的好处是简单、安全，其主要目的是建立具有类型安全的集合框架，如链表、散列表等数据结构。

5.3.1 泛型类的声明

声明泛型类也是采用 class 开始定义，为了和普通类有所区别，这种类称作泛型类。语法形式如下：

类名<T>

其中 T 表示类型的名称。

【例 5-3】 泛型类基本应用举例。

```
package chapter5;
public class over<T>
{
    T  over;
    public  T  getOver()
    {
        return over;
    }
    public void setOver(T over)
    {
        this.over=over;
    }
    public static void main(String[] args)
    {
        //生成一个 Boolean 类型的对象
        over<Boolean>obj1=new over<Boolean>();
        //生成一个 Float 类型的对象
        over<Float>obj2=new over<Float>();
        obj1.setOver(false);
        obj2.setOver(8.9f);
        Boolean b=obj1.getOver();
        Float f=obj2.getOver();
        System.out.println(b);
        System.out.println(f);
    }
}
```

【程序运行结果】

false
8.9

【程序分析】 在定义类时，类名后面的＜T＞语句表明这是一个泛型类。我们将 over 类称为泛型类，同时返回和接受的参数使用 T 这个类型。最后在 main()方法中使用 over<Boolean>形式返回一个 Boolean 型的对象 obj2，使用 over<Float>返回一个 Float

对象。这两个对象分别调用相应的 setOver() 方法,不需要进行类型转换。泛型与 C++ 中的模板十分类似。

【注意】 在定义泛型类时,一般用 T 来表达类型名,用 E 表达容器的元素,这是一个不成文的约定。

5.3.2 泛型的一般应用

1. 定义泛型类时声明多个类型

在定义泛型类时,可以声明多个类型。例如,例 5-3 中的语句:

```
public class over<T>
```

如果我们需要多个类型,假设需要两个类型,可修改成:

```
public class over2<T1,T2>
```

其中 T1、T2 就是类型。当然程序中的相应部分也要修改。

```
over2<Boolean,Float>=new over2<Boolean,Float>();
```

2. 定义泛型类时声明数组

定义泛型类时也可以声明数组类型。

【例 5-4】 创建 ArrayClass 类,通过泛型类定义数组。

```
package chapter5;
public class arrayClass <T>
{
    T  array[];
    public void setArray(T  array[])
    {
        this.array=array;
    }
    public T[] getArray()        //返回值是一个泛型类型的数组
    {
        return  array;
    }
    public static void main(String[] args)
    {
        arrayClass<String>a=new arrayClass<String>();
        String  names[]={"You","Me","Him"};
        a.setArray(names);
        for(int i=0;i<a.getArray().length;i++)
            System.out.printf("%6s",a.getArray()[i]);
    }
}
```

【程序运行结果】

```
   You   Me   Him
```

【程序分析】 在泛型类中定义了一个泛型类型的数组成员 array,并设置了相应的函数 setArray()与 getArray()方法。在 main()方法中定义了一个 arrayClass 类型的对象 a,并采用 string 明确了其泛型类型。

但我们不可以采用泛型创建一个数组对象。例如,下面的代码是错误的:

```
public class ArrayClass<T>
{
    //T array[]=new T[10];         //不能用泛型创建数组实例
    ...
}
```

5.3.3 链表

链表是由若干个称为节点的对象组成的一种数据结构,每个节点包含一个数据区和对下一个节点的引用(即单链表),或者是含有一个数据区并含有上一个节点的引用和下一个节点的引用(属双链表)的存储结构。

java.util 包提供的 LinkedList<E>泛型类,创建的对象是以链表的形式存储数据,我们将这种 LinkedList 类创建的对象称为链表对象。使用 LinkedList<E>泛型类创建链表时,必须指定<E>的具体类型,然后就可以使用 add(E obj)方法向链表中添加节点。例如,如下将创建一个元素类型为 String 类型的空链表:

```
LinkedList<String>  mylist=new  LinkedList<String>();
```

mylist 对象就可以采用 add()方法增加节点了,而节点中的数据必须是 String 类型的。

```
mylist.add("I");
mylist.add("Like");
mylist.add("Java");
```

此时,链表 mylist 中就有了三个节点,节点自动连接在一起,这比用 C 实现一个链表要方便得多。

实际上,LinkedList<E>是实现了接口 List<E>的一个泛型类,下面给出一些常用方法。

1) public boolean add(E element)

向链表末尾添加一个新节点。

2) public void add(int index ,E element)

向链表的指定位置添加一个节点,其中 index 是位置。

3) public void clear()

删除链表中所有节点,使链表变成空链表。

4) public E remove(int index)

删除指定位置上的节点。

5) public boolean remove(E element)

删除首次出现含有 element 的节点。

6) public E get(int index)

返回链表中指定位置处节点中的数据。

7) public E set(int index, E element)

将当前链表 index 位置节点中的数据,替换为参数 element 指定的数据,并返回被替换的数据。

8) public int size()

返回链表的长度,即节点的个数。

9) public Boolean contains(Object element)

如果此链表包含指定元素 element,则返回 true,否则返回 false。

下面是 LinkedList<E>泛型类本身增加的一些常用方法。

1) public void addFirst(E element)

向链表的头部添加一个新节点,以参数 element 指定新节点中的数据。

2) public void addLast(E element)

向链表的末尾添加一个新节点,以参数 element 指定新节点中的数据。

3) public E removeFirst()

删除第一个节点,并返回这个节点中的数据。

4) public E removeLast()

删除最后一个节点,并返回这个节点中的数据。

5) public Object clone()

克隆当前链表,获得一个副本链表。该克隆链表中节点数据的改变不会影响到当前链表中节点的数据,反之依然。

无论何种数据集合,应当允许用户以某种方法遍历这些集合对象,而不需要知道这些对象在集合中是以何种方式存储的。Java 的集合框架为各种数据结构,如链表、散列表等不同存储结构的数据,提供了一种称为迭代器存取方式。

有些集合也会根据其数据存储结构提供获取数据的方法,如 LinkedList 中的 get(int index)方法将返回当前列表中的第 index 个节点中的数据。LinkedList 的存储结构不是顺序结构,因此,链表调用 get(int index)方法的速度比顺序存储结构的集合调用 get(int index)方法的速度要慢。因此,当用户需要遍历集合中的对象时,最好采用该集合提供的迭代器。因为迭代器遍历集合的方法在找到集合中的第一个对象的同时,也得到了待遍历的后续对象的引用,采用迭代器可以快速地遍历集合。

链表对象可以使用 iterator()方法获取一个 iterator 对象,该对象就是可用于访问当前链表的一个迭代器。

【例 5-5】 采用迭代器遍历链表和使用 List 中的 get(int index)方法遍历链表的比较。

```
package chapter5;
import java.util.*;
public class compareTime
{
    public static void main(String [] args)
    {
```

```
    //采用LinkedList泛型类定义一个链表对象list,节点数据为Integer类型
LinkedList<Integer>list=new LinkedList<Integer>();
for(int i=0;i<=50000;i++)          //向链表中增加50000个数据
    list.add(i);
Iterator<Integer>iter=list.iterator();      //获得链表的迭代器
long startTime=System.currentTimeMillis();  //获取遍历开始时间
while(iter.hasNext())                       //采用迭代器遍历链表
{
    //下面获取链表中的数据,而没有进行其他处理,为了比较时间
    Integer intNumber=iter.next();
}
long endTime=System.currentTimeMillis();    //获取遍历结束时间
long timeConsuming=endTime-startTime;
System.out.println("采用迭代器遍历链表的时间:"+timeConsuming+" ms");
startTime=System.currentTimeMillis();
for(int i=0;i<list.size();i++)              //采用get()方法遍历集合
{
    Integer intNumber=list.get(i);
}
endTime=System.currentTimeMillis();
timeConsuming=endTime-startTime;
System.out.println("采用get方法遍历链表的时间:"+timeConsuming+" ms");
    }
}
```

【程序运行结果】 由于CPU速度有快慢,在作者的计算机上,结果如下:

采用迭代器遍历链表的时间:0 ms
采用get方法遍历链表的时间:1844 ms

【程序解析】 程序首先采用LinkedList泛型类定义了一个链表对象list,并设置链表中的节点数据为Integer类型,然后向链表中添加了50000个数据,分别采用迭代器和get()方法对链表进行了遍历,输出了它们的运行时间,通过结果可以发现采用迭代器遍历链表的速度要远远快于一般的get()方法。

除了链表外,Java也提供了一种顺序结构的动态数组ArrayList,它采用顺序结构来存储数据。ArrayList类有很多方法和LinkedList类似,二者主要区别是:

(1) ArrayList是实现了基于动态数组的顺序结构,而LinkedList是链式结构。
(2) 对于随机访问get和set,ArrayList要优于LinkedList。
(3) 对于增加和删除操作add和remove,采用LinedList比较好,因为ArrayList要移动数据。

5.3.4 栈

栈是一种先进后出的数据结构,只能在一端进行输入或输出。向栈中输入称为入栈,从栈中输出称为出栈。由于栈总是在顶端进行输入输出操作,因此出栈总是输出最后压入栈

的数据。

Java 中的 Stack 类表示后进先出(LIFO)的对象栈。可以采用 java.util 包中的 stack<K> 泛型类创建一个栈对象,常用操作如下。

1) public Stack()

创建一个空 Stack。

2) public E push(E item)

将 item 项入栈。

3) public E pop()

移除栈顶对象并作为此函数的值返回该对象。

4) public E peek()

获取栈顶端的数据,但是不移除该数据。

5) public boolean empty()

测试栈中是否还有数据,有数据返回 false,否则返回 true。

6) public int search(Object o)

获取数据在栈中位置,最顶端的位置是 1,向下依次增加,如果栈不含有此数据,则返回 -1。

栈是很灵活的数据结构,使用栈可以减少内存的开销。例如,递归是一种消耗内存资源的算法,借助栈可以消除大部分递归,达到和递归算法同样的目的。Fibonacci 整数序列是我们非常熟悉的一个递归数列,已知它的前两项分别是 0 和 1,后面的每一项都是前两项的和。下面是用栈输出该递归序列的前 10 项。

【例 5-6】 采用栈计算 Fibonacci 序列的前 5 项。

```java
package chapter5;
import java.util.*;
public class stackTest
{
    public static void main(String[] args)
    {
        Stack<Integer> s=new Stack<Integer>();        //定义一个空的栈对象 s

        s.push(0);                      //第 1 项是数据 0,入栈
        s.push(1);                      //第 2 项是数据 1,入栈

        for(int k=0; k<5; k++)
        {
            int f2=s.pop();             //栈顶出栈
            int f1=s.pop();             //下一项出栈
            int temp=f1+f2;             //根据前两项计算后一项

            s.push(f1);                 //再入栈 f1
            s.push(f2);                 //再入栈 f2
            s.push(temp);               //新值入栈
```

```
        }
        while(!s.empty())              //如果栈不为空
        {
            System.out.println(s);     //显示栈中的数据
            s.pop();                   //将栈顶数据出栈
        }
    }
}
```

【程序运行结果】

[0, 1, 1, 2, 3, 5, 8]
[0, 1, 1, 2, 3, 5]
[0, 1, 1, 2, 3]
[0, 1, 1, 2]
[0, 1, 1]
[0, 1]
[0]

【程序解析】 程序将第 1 项数据 0 和第 2 项数据 1 入栈,然后进入循环,首先获得栈中的前两项,并计算出第 3 项 temp,然后将这 3 项数据依次入栈。通过循环获得了该数列的前 5 项。程序最后显示了栈中的数据,通过输出可以看出栈中数据的变化。

5.3.5 散列映射

散列映射 HashMap<K,V>泛型类实现了泛型接口 Map<K,V>,HashMap 中的大部分方法都是实现了 Map 接口中的方法。HashMap 对象采用散列表存储数据,我们称 HashMap 对象为散列映射。散列映射存储"键/值"对,允许将任意数量的"键/值"对存储在一起。键不能出现冲突,即不能有两个数据项使用相同的键。如果出现两个数据项使用相同的键,那么前一个"键/值"对将被替换。下面列出其常用方法。

1) public void clear()

清空散列映射。

2) public boolean containsKey(Object value)

如果散列映射有"键/值"对使用了参数指定的键,返回 true,否则返回 false。

3) public boolean containsValue(Object value)

如果散列映射有"键/值"对使用了参数指定的值,返回 true,否则返回 false。

4) public V get(Object key)

返回采用 key 键的"键/值"对中的值。如果不包含该映射关系,则返回 null。

5) public boolean isEmpty()

如果散列映射不含任何"键/值"对,即为空,则该方法返回 true,否则返回 false。

6) public V put(K key,V value)

在此映射中设置指定键与指定值,并返回键对应的值。

7) public V remove(Object key)

删除散列映射中键位参数指定的"键/值"对,并返回键对应的值。

8) public int size()

返回散列映射的大小,即散列映射中"键/值"对的数目。

【例 5-7】 设计一个英语单词查询的简单程序,用户输入英文单词,程序显示该单词对应的汉语翻译,如果没有此词,显示小词典中的所有单词。

```java
package chapter5;
import java.util.*;
public class myLittleDictionary
{
    public static void main(String[] args)
    {
        HashMap<String,String>hst=new HashMap();        //生成一个空 HashMap 对象
            //创建简明英汉小字典,目前该词典仅包含 5 个"键/值"对
        hst.put("name", "姓名,名字");              //设置"键/值"对
        hst.put("gender", "性别,性");
        hst.put("age", "年龄");
        hst.put("score", "成绩");
        hst.put("see", "看见,明白");

        String searchWord;
        System.out.print("输入一个单词,我帮你翻译: ");
            //从键盘读取一个英文单词。SimpleInput 是第 4 章给出的一个类,readString()
            //实现键盘输入
        searchWord=SimpleInput.readString();
        if(hst.containsKey(searchWord))        //测试词典中是否包含该单词
        {        //如果包含该单词,则输出其对应的中文
            System.out.println(searchWord+" ->"+hst.get(searchWord));
        }else   //词典中无此单词
        {
            System.out.println("目前小词典中无此词: "+searchWord);
            System.out.println("简明英汉小词典内容如下: ");

            Iterator it=hst.entrySet().iterator();          //迭代程序
            while(it.hasNext())                  //输出该散列映射中的所有"键/值"对
                System.out.println(it.next());
        }
    }
}
```

【程序运行结果】 第 1 次运行:

输入一个单词,我帮你翻译: see
see->看见,明白

【程序运行结果】 第 2 次运行:

输入一个单词,我帮你翻译: you

目前小词典中无此词：you
简明英汉小词典内容如下：
see=看见,明白
age=年龄
name=姓名,名字
score=成绩
gender=性别,性

【程序解析】 程序首先创建散列映射对象 hst,将其作为一个英汉小字典,并设置了词典中的 5 个"键/值"对;然后采用第 4 章给出类 SimpleInput,调用其中的静态方法 readString(),实现了从键盘输入一个单词。如果词典中包含该单词,则直接输出其对应的中文含义,如果没有该单词,则循环输出所有的"键/值"对。

除了上述介绍的栈和链表等数据结构,Java 还提供了其他大量丰富的数据结构供用户使用,如 Vector 等,读者可以通过 API 手册,查询相关数据结构的具体使用方法。

本章主要讨论了接口、包和泛型的概念。接口是 Java 实现部分多继承功能的体现,但它与抽象类既有区别又有相同点。包实现了访问控制,是一种有效地解决名字冲突的方法。Java 引入泛型是在编译时检查类型的安全性,另外提高了代码的重用率。

(1) 接口和类有什么区别?
(2) 包的作用是什么?
(3) 编程证明：接口内的数据成员被自动设置为 static 和 final。
(4) 编写一个类,它具有一个 protected 数据成员。在同一个文件内再编写第二个类,在这个类内编写一个方法,以操作第一个类内的 protected 数据成员。
(5) 采用 public、private、protected 以及默认等类型的成员创建一个类,然后定义这个类的一个对象。观察在访问所有类成员时会出现哪种类型的编译错误。
(6) 编写一个类,它具有 public、private、protected 以及默认等类型的成员,将这个类存放在某个包中。在另外一个包内再编写第二个类,在此类内编写一个方法,以操作第一个类内的各个数据成员,观察在访问所有类成员时会出现哪种类型的编译错误。

第 6 章 字符串处理

字符串处理是许多程序都要涉及的任务。标准的 C/C++ 没有提供字符串对象,而是以 '\0' 为结束标记的字符数组表示字符串。为了处理这些字符串,C/C++ 依赖于库函数。而在 Java 中,将字符串从字符数组中独立出来,作为一种类的形式来应用,并提供了许多处理字符串的方法。

本章的学习目标:
- ◆ 掌握字符串的分类
- ◆ 掌握内容不可改变的字符串类 String 的用法
- ◆ 掌握字符串常量的使用
- ◆ 掌握内容可以改变的字符串类 StringBuffer 的用法
- ◆ 掌握字符串的应用

6.1 字符串的分类

在 java.lang 包中,定义了两个类来表示字符串:String 和 StringBuffer 类,它封装了字符串的数据结构,并定义了许多方法来处理字符串。Java 将字符串分为两类的目的是为了提高系统对字符串的处理效率:在程序运行中值不会改变的字符串,用 String 类来存储和维护;在程序运行中值会改变的字符串,也称为带字符缓冲区的字符串,用 StringBuffer 类来存储和维护。如果能够确信程序中使用的字符串的值在运行过程中不会改变,应尽量使用 String 类对象;如果使用的字符串值在程序运行过程中会改变,就要使用 StringBuffer 类对象,这样可以提高程序的运行性能。

【注意】 Java 提供的 String 和 StringBuffer 类都定义为 final,意思是不能用它们派生出子类,这样做的目的是为了对字符串的操作进行优化。

6.2 String 类

String 类用于存储和维护值不变的字符串对象,String 类的定义原型如下:

```
public final class java.lang.String extends java.lang.Object
{
    ...
}
```

从上面定义的原型可以看出,该类的父类是 Object 类,由 final 进行修饰,表明不能产生子类,并且是一种工具类(由 public 修饰)。

6.2.1 字符串常量

字符串常量属于不可改变的字符串,因此属于 String 类型。字符串常量的表示形式和 C/C++ 中的表示形式一样,采用双引号定义。例如,"Hello"、"\"Java\""、"one\t two",都是无名的 String 对象,可以调用 String 的各个方法来处理这些字符串。

【注意】 Java 中相同的字符串常量属于同一个对象,占用同一块内存空间,这和 C 中的处理方式不同。熟悉 C 的读者知道,若在 C 中定义两个字符串:char s[]="Hello",t[]="Hello";那么 s 和 t 将占用不同的内存空间,而 Java 语言与此不同。

【例 6-1】 String 类对象的应用举例,其中 TestConstString 类是整个程序的主类。

```
package chapter6;
public class TestConstString
{
    public static void main(String args[])
    {
        String str1="Hello", str2="Hello";

        System.out.println(str1==str2);         //通过引用比较对象
        System.out.println("Java"=="Java");     //直接比较无名对象
    }
}
```

程序输出的两个结果都是 true。

【注意】 程序中的关系运算符"=="是对两个对象的比较,是判断运算符两边的对象是否代表同一个对象,即这两个对象的地址是否一样,而不是比较对象的内容是否相等。如果要比较内容,应采用 6.2.3 节介绍的 equals() 方法。

程序中的第一个比较是通过引用进行的,是判断这两个引用是否表示同一个对象,第二个是直接比较两个无名的 String 对象。

String 对象可以直接在屏幕上输出,如下语句:

```
System.out.println("Java");
System.out.println(str1);
```

第一个是直接输出字符串对象,第二个是通过引用输出字符串对象。

Java 提供的运算符"+"可以对字符串常量和多种数据类型进行连接操作,例如:

```
String str1="Hello", str2="Hello";
System.out.println("Result="+(str1==str2));
```

执行该段代码将输出如下结果:

```
Result=true
```

在执行输出的过程中,先将操作结果 true 转换为一个字符串,再执行"+"操作,相当于是用字符串常量"Result="和字符串"true"连接构成一个新串,然后输出这个新串。另外,concat 函数也可以用于字符串的连接,具体见表 6-1。

【思考】 你知道Java中字符串连接的基本原理吗？

答： 对象和基本类型的变量都隐式调用toString()方法,实际上是连接两个字符串。

【注意】 输出语句中(str1==str2)两边的圆括号不可去掉,因为"＋"运算符的优先级高于"=="运算符的优先级,否则就相当于字符串"Result=Hello"与str2的比较,结果就是false。若对运算符的优先级不清楚,可以通过加括号解决,最好是记住一部分运算符的优先级。

6.2.2 创建String类对象

String类和其他类一样,可以用new操作符,并调用该类的构造函数创建这种类型的对象。String类的构造函数具有下列11种格式：

```
public String()
public String(String value)
public String(char value[])
public String(char value[], int offset, int count)
public String(byte ascii[], int hibyte, int offset, int count)
public String(byte ascii[], int hibyte)
public String(byte bytes[], int offset, int length, String enc)
public String(byte bytes[], String enc)
public String(byte bytes[], int offset, int length)
public String(byte bytes[])
public String(StringBuffer buffer)
```

构造函数各参数的含义请读者参阅有关的手册,这里仅仅对经常使用的几个函数进行介绍。

1) public String()

不带参数的构造函数,采用该构造函数创建一个不含字符的空对象。例如：

```
String  str=new String();
```

2) public String(char value[])

采用一个字符数组作为参数,把这个字符数组的内容转换为字符串,并赋予新建的对象。例如：

```
char   a[]={'J','a','v','a'};         //字符数组
String str=new String(a);             //字符串str的内容是"Java"
```

3) public String(char value[], int offset, int count)

从对字符数组value指定的起始字符下标offset开始,将字符个数为count的字符子串作为参数,创建一个新的String对象。例如：

```
char   a[]={'J','a','v','a'};
String str=new String(a,1,2);         //字符串str的内容是"av"
```

【注意】 若所取的字符超出字符数组的范围,将产生StringIndexOutOfBoundsException字符串下标越界的异常。

4) public String(byte ascii[ ], int hibyte)

以 hibyte 的值作为高 8 位，ascii[]的内容作为低 8 位，构成一个 16 位字符的 ASCII 码，将这些字符组成新建字符串对象的内容，但 hibyte 的值常常取 0。

由于 Java 的 char 类型变量占 16 位，可表示 Unicode 字符集，但在 Internet 上最常用的还是 8 位表示的 ASCII 字符集。由于这个原因，String 类提供了该构造函数，可以根据字节数组将每个字符的高位字节指定成特定值来构造字符串。对普通的 ASCII 文本来说，每个字符的高位字节取 0，而对其他字符集则应设置为非 0。例如：

```
byte ascii[]={65,66,67,68};
String str=new String(ascii,0);
```

则 str 串的内容是"ABCD"，因为，字符'A'和'B'的 ASCII 码分别是 65 和 66。

5) public String(byte ascii[],int hibyte, int offset, int count)

这种格式是(3)和(4)两种情况的综合。例如：

```
byte ascii []={65,66,67,68};
String str=new String(ascii,0,1,2);
```

则 str 串的内容是"BC"。

6) public String(String value)

采用参数 value 对象的值构造一个新的 String 对象。例如：

```
String  str1="Java";
String  str2=new String("Java");

System.out.println(str2);        //显然 str2 对象的内容是"Java"
System.out.println(str1==str2);
```

【思考】 请问上述程序段的最后一行的输出结果是 true 还是 false？答案是 false，这是因为 str2 和 str1 不是同一个对象，尽管它们的内容相同。

7) public String(StringBuffer Buffer)

以一个动态可改变大小的 StringBuffer 对象为参数，创建一个新的 String 对象，两个对象的内容相同。

【注意】 除了可以通过 new 操作符和构造函数创建 String 对象以外，还可以采用字符串常量初始化一个 String 类引用，相当于采用 new 为这个引用创建对象，并且其内容也是字符串常量。

例如：

```
String str= "abc";
```

等价于下列程序段：

```
char data[]={'a', 'b', 'c'};
String str=new String(data);
```

并且 str 的字符串内容是"abc"。

在 Java 中相同的字符串常量代表同一个对象，占用同一块内存空间，当采用相同的字符串常量为多个 String 引用赋值时,相当于这些引用共用一个对象。String 对象一旦创建,就不能改变它的内容。

【例 6-2】 String 对象的应用。

```java
package chapter6;
public class TestString
{
    public static void main(String args[])
    {
        String s1="Java", s2="Java";           //L1
        String s3=new String(s1);              //L2

        System.out.println(" s1="+s1+"\t s2="+s2+"\t s3="+s3);
        System.out.println(" s1==s2 is "+(s1==s2));      //L3
        System.out.println(" s1==s3 is "+(s1==s3));      //L4

        s1="ABC";                              //L5
        s2="DEFG";                             //L6
        System.out.println(" s1="+s1+"\t   s2="+s2);
        System.out.println(" s1==s2 is "+(s1==s2));      //L7
        s1=s2;                                 //L8
        System.out.println(" s1="+s1+"\t   s2="+s2);
        System.out.println(" s1==s2 is "+(s1==s2));      //L9
    }
}
```

【程序运行结果】

```
s1=Java       s2=Java        s3=Java
s1==s2 is true
s1==s3 is false
s1=ABC        s2=DEFG
s1==s2 is false
s1=DEFG       s2=DEFG
s1==s2 is true
```

【程序解析】 在 L1 行,s1 和 s2 采用同一个常量进行初始化,说明它们代表同一个对象,因此在 L3 行输出的结果是 true。

在 L2 行,s3 是采用 s1 作为构造函数参数生成的一个新对象,所以 s1 和 s3 不是同一个对象,因此 L4 行输出的结果是 false。

在 L5 行和 L6 行分别采用不同的常量对 s1 和 s2 进行重新赋值,这时 s1 和 s2 就表示不同的对象,所以 L7 行的输出结果是 false。注意,L5 行和 L6 行并不是改变 s1 和 s2 原来的值,而是令其指向新的内存空间并赋值。

在 L8 行,用 s2 对 s1 赋值,这是说对 s2 对象起一个别名 s1,所以 s1 和 s2 代表同一个对象,则 L9 行的输出结果是 true。

【注意】 读者要特别注意 L8 行的含义,这不同于 C++ 中的对象赋值。在 C++ 中对象赋值有两个含义,若赋值运算符没有重载,意味着执行默认的浅拷贝;若重载了赋值运算符,将调用重载后的赋值运算符函数,即执行深拷贝。但 Java 不是这样。L8 行中的赋值语句表示:给 s2 对象起个别名 s1,这时 s1 原来代表的对象"ABC"就变成了垃圾,将由垃圾收集器回收,这是 Java 语言特有的一种"抢名现象",这不同于 C++。

6.2.3 String 类的常用方法

在定义 String 对象之后,就可以实现对对象的访问。String 对象的实例变量封装在对象内部,对它们的访问必须通过方法进行。表 6-1 给出了 String 类中比较常用的方法,并进行了详细的介绍。

表 6-1 String 类中的常用方法

方法名称	用途
charAt(int)	获取参数指定位置上的字符
compareTo(String)	按照字典顺序比较本身对象和传入的 String 对象,返回负值、0 和正值,分别代表小于、等于和大于
concat(String)	将参数对象连接到本身对象的后面,返回一个新对象
endsWith(String)	测试该对象是否以参数指定的对象结尾,返回一个 boolean 值
equals(Object)	比较当前对象和参数对象内含的字符是否相等
equalsIgnoreCase(String)	忽略大小写的比较字符串,其他同上
indexOf(char/String)	返回参数指定的字符或子串从左端首次出现的位置
intern()	返回一个与本身字符串具有相同内部表示的字符串
length()	返回字符串对象的长度,即字符个数
replace(char, char)	将对象中所有的某个字符采用指定的新字符替换,并返回一个新对象
startsWith(String)	测试对象是否以参数代表的字符串开始
substring(int, int)	返回一个子串对象
toCharArray()	创建一个对应于字符串对象的字符数组
toLowerCase()	创建一个新串,将原字符串的内容变成小写
toString()	返回字符串本身
toUpperCase()	创建一个新串,将原字符串的内容变成大写
trim()	删除字符串对象的首尾空白字符,返回一个新串
valueOf(Object)	返回参数的字符串表示,其中的参数可以为各种类型

下面介绍几个常用的 String 方法,这些方法在编写程序时经常使用。

1) public int length()

该方法是求得串的长度。例如:

```
String str="Java";
System.out.println(str.length());
```

将输出 str 对象的长度,本例的结果是 4。

【注意】 不要将该方法与求数组长度的实例变量 length 混淆。获得字符串对象的长度是采用方法 length(),而获得数组长度是通过实例变量 length,即数组名.length。

2) public char charAt(int index)

提取指定位置 index 上的字符。其中第一个字符的下标是 0,参数 index 表示要提取字符的位置,其值应在 0 到字符串长度减 1 之间。

3) public int compareTo(String anotherString)

该方法与 C/C++ 中的 strcmp(char *,char *)函数功能相同,是对字符串内容按字典顺序进行大小比较。如果返回值是 0,表明这两个对象的内容相同;如果返回值大于 0,说明当前的 String 对象大于参数对象;反之,小于 0。

【例 6-3】 对字符串数组排序,掌握 String 数组的应用。

```
package chapter6;
public class SortStringArrary{
    public static void main(String args[])
    {
        String str,s[]={"Computer","CHINA","world","U.S.A"};
        int i,j,k;

        System.out.print("排序之前: ");
        for(i=0;i<s.length;i++)
            System.out.print("\t"+s[i]);
        for(i=0;i<s.length-1;i++)                    //选择排序
        {
            for(k=i,j=i+1;j<s.length;j++)
                if(s[k].compareTo(s[j])>0)           //如果 s[k]大于 s[j]
                    k=j;
            str=s[i];   s[i]=s[k];   s[k]=str;       //对象交换引用
        }
        System.out.print("\n 排序之后: ");
        for(i=0;i<s.length;i++)
            System.out.print("\t"+s[i]);
    }
}
```

【程序运行结果】 输出如下:

排序之前: Computer   CHINA   world   U.S.A
排序之后: CHINA   Computer   U.S.A   world

【程序解析】 该程序定义了一个字符串数组 s,并通过 s.length 变量获得数组中元素的个数,然后通过选择排序实现了对数组元素从小到大的排列。程序通过引用 str 实现了对象名 s[i]和 s[k]的交换。

4) char[ ] toCharArray()

将 String 对象转换到一个字符数组中,返回值是一个 char 类型的数组。

【例 6-4】 采用 toCharArray()方法将一个 String 对象转换到一个字符数组。

```
package chapter6;
public class GetSubCharArray
{
    public static void main(String args[])
    {
        String s="Hello,Java!";
        char a[];

        a=s.toCharArray();
        for(int i=6;i<a.length;i++)
            System.out.print(a[i]);
    }
}
```

【程序运行结果】

Java!

【程序解析】 程序中的 s.toCharArray()用于返回一个新的字符数组,本例中的这个数组名是 a,然后输出此数组的部分字符。

5) public boolean equals(String anString)

比较两个字符串对象的内容是否相等。如果两个 String 对象的内容一样,该方法的返回值是 true,否则为 false。

6) public boolean equalsIgnoreCase(String anotherString)

用于忽略字母的大小写方式,以比较两个字符串对象的内容是否相等。

【注意】 equals()方法与"=="运算符之间的区别。equals()方法用于比较对象的内容是否相同,而"=="运算符是判断两边的引用是否代表同一个对象。

【例 6-5】 "=="运算符和 equals()方法之间的区别。

```
package chapter6;
public class ConfuseQuestion
{
    public static void main(String args[])
    {
        String s1="java";
        String s2=new String(s1);      //s2 对象和 s1 对象的内容一样
        String s3=s2;                  //s3 和 s2 代表同一个对象

        System.out.println(s1.equals(s2));
        System.out.println(s2.equals(s3));       //s2 和 s3 内容相同
        System.out.println(s2==s3);              //s2 和 s3 是同一个对象
    }
}
```

【程序运行结果】 输出的 3 行结果全是 true。

【程序解析】 由于 s2 是根据 s1 的内容生成的,因此二者的内容相同。s2 和 s3 代表了同一个对象,因此 s2.equals(s3)的结果是 true。

7) public int indexOf(int ch/String str)

在字符串中搜索字符或子串,返回字符或子串在 String 对象中从左边起首次出现的位置。如果没有出现,则返回-1。

8) public String substring(int beginIndex, int endIndex)

提取 string 对象中从 beginIndex 开始,到 endIndex-1 结束的子串,并返回提取的子串。

9) public String concat(String str)

将参数对象连接到调用对象的后面,类似于 C/C++ 中的 char * strcat(char *, char *) 函数,返回一个连接后的新串。例如:

```
String s1="Hello", s2="Java", s3;
s3=s1.concat(s2);
System.out.println(s3);
```

则 s3 为"HelloJava",但 s1 和 s2 并没有发生变化。

【注意】 如果参数 str 为空(null),则 concat()方法不会创建新串,而仅仅返回当前串,Java 这样设计是为了提高系统的运行效率。你能写个程序测试这个特性吗?

10) public String replace(char oldChar, char newChar)

将 String 对象中所有的 oldChar 字符替换为 newChar,并返回替换后的新串。例如:

```
String  path="D:/myjava/documents";
System.out.println(path.replace('/', '\\'));
```

程序的运行结果:

```
D:\myjava\documents
```

【注意】 '\\'代表字符'\',它是一个转义字符。

11) public String toString()

该方法返回当前字符串对象本身。由于 String 类是 Object 类的子类,在 Object 类中,定义了 toString()方法,所以这里的 toString()实际上是对 Object 类中 toString()方法的重载。事实上,很多 Object 类的子类都重载了该方法。Object 类的子类的 toString()方法都用于将该类对象转换为相应的一个不变字符串。

12) public static String valueOf(各种类型 f)

这个方法的用途比较广泛,它可以将各种数据类型转换成一个相应的字符串表示,由于它是一个 static()方法,所以不需要用 String 类对象调用,而是以类名调用。在 String 类中,提供了该方法的多个重载版本:

```
public static String valueOf(boolean)
public static String valueOf(char)
public static String valueOf(char[])
public static String valueOf(char[], int, int)
public static String valueOf(double)
public static String valueOf(float)
public static String valueOf(int)
```

```
public static String valueOf(long)
public static String valueOf(Object)
```

上述方法可以根据参数的类型和值,返回相应的字符串表示。

【例6-6】 valueOf()方法的应用。

```java
package chapter6;
public class TestValueOf
{
    public static void main(String args[])
    {
        char a[]={'A','B','C','D','E','F'};
        int i=123456;
        float f=3.14159f;
        boolean b=true;
        Object o=null;
        System.out.println(String.valueOf(a));         //字符数组
        System.out.println(String.valueOf(a,2,3));
        System.out.println(String.valueOf(i));         //int 类型
        System.out.println(String.valueOf(f));         //float 类型
        System.out.println(String.valueOf(b));         //boolean 型
        System.out.println(String.valueOf(o));         //Object 类型
    }
}
```

【程序运行结果】

```
ABCDEF
CDE
123456
3.14159
true
null
```

【程序解析】 在上述程序中,有两点值得注意:首先是String.valueOf(charA,2,3)中参数2代表开始位置,参数3代表字符个数。该方法将数组a中从指定位置开始的字符串复制到一个新的对象中,并返回这个新对象。Object类的对象o可以作为String.valueOf()参数的原因,因为所有的Object对象都可以通过toString()方法转换成字符串。对于其余的方法读者可以查阅相关资料,在此不再介绍。

【例6-7】 String类的应用。统计文本行中单词的个数。有一行文本,单词之间采用空格隔开,要求统计其中的单词个数。

```java
package chapter6;
public class TextLine
{
    int countWord(String str)
    {
        final char blank=' ';          //blank 的初值是一个空格
```

```java
        char nowChar, preChar=blank;
        int num=0;

        for(int i=0;i<str.length();i++)
        {
            nowChar=str.charAt(i);
                //如果当前字符非空格,前导字符为空格
            if(nowChar!=blank && preChar==blank)
                num++;
            preChar=nowChar;
        }
        return num;
    }

    public static void main(String args[])
    {
        String str;
        TextLine line=new TextLine();
        System.out.print("请输入一行: ");
            //调用 4.17 节介绍的类 SimpleInput,输入一行文本
        str=SimpleInput.readString();
        System.out.println("There are "+line.countWord(str)+" words");
    }
}
```

【程序运行结果】

请输入一行: I am a string
There are 4 words

【程序解析】 程序设计的核心思想是,如果当前字符是一个字母,并且其前面的字符是一个空格,则单词计数器加 1,后面连续的非空格字符不计数,直到遇到新的空格。

【注意】 程序中 final char blank=' ',是采用前面 final 修饰符定义一个字符常量。

每个 String()方法在它们改变字符串内容时,都传回一个新的 String 对象。若字符串的内容无须改动,那么将返回该对象本身。这种实现方法可以节省存储空间和不必要的额外负担。例如:

```java
String s1="java" ,s2=s1.toLowerCase();        //s1 的内容全部是小写字母
System.out.println(s1==s2);
```

输出结果是 true。这是因为 s1 对象的内容全部是小写字母,调用 toLowerCase()方法,并没有产生新的对象,而是将 s1 对象本身传回,因此,在此情况下,s1 和 s2 代表了同一个对象,反之,若程序段如下:

```java
String s1="Java", s2=s1.toLowerCase();        //s1 的内容是大小写字母混合
System.out.println(s1==s2);
```

将输出结果 false。此时返回的是一个新对象,s1 和 s2 不再代表同一个对象。

6.2.4　Java 应用程序的命令行参数

Java 应用程序是通过 Java 解释器解释运行的。程序可通过一个 String 数组访问命令行参数，该数组是由 Java 解释器传递给 main 方法的。

【例 6-8】　通过循环扫描 args 数组，显示该程序的命令行参数。

```
package chapter6;
public class ShowMainArguments
{
    public static void main(String args[])         //注意参数的类型
    {
        for(int i=0; i<args.length; i++)
            System.out.println(args[i]);
    }
}
```

【注意】　main()方法中的 String args[]参数，还可以表示成 String []args 的形式，它们本质上是一致的，仅仅是不同的表示习惯。

在 NetBeans IDE 8.0 环境中运行上述程序，必须设置程序运行时所需要的参数，设置步骤如下：

（1）在"项目"窗口中右击项目节点，在弹出的快捷菜单中选择"属性"命令。
（2）在打开的对话框中的"项目属性"窗格中单击"运行"节点。
（3）在"参数"字段中输入所需的任何运行时参数，单击"确定"按钮，如图 6-1 所示。

图 6-1　设置命令行参数的方法

【程序运行结果】

```
Hello
Java!
```

此外，请读者摸索图 6-1 中的"工作目录"等选项，理解它们的含义和用法。

6.3 StringBuffer 类

前面讨论的 String 类适用于程序中不改变字符的情况,若对字符串的每次修改都创建一个新的 String 对象,显然不利于提高程序的效率。Java 为了解决这个问题提供了与 String 类同级别的 StringBuffer 类。StringBuffer 类对象是一个内容可以改变的字符串,修改后仍然存放在原来的对象中。这样做是为了减少由于少量字符的插入而引起的空间分配问题。许多程序员只使用 String 类,而让 Java 在幕后通过"＋"运算符重载来调用 StringBuffer 类。StringBuffer 类的原型如下:

```
public final class java.lang.StringBuffer extends java.lang.Object
{
    ...
}
```

从 StringBuffer 的原型可以看出,该类的父类是 Object 类,由 final 进行修饰,表明不能产生子类,并且是一种工具类(由 public 修饰)。

StringBuffer 类对象有一块内存缓冲区,字符串被存放在缓冲区中,缓冲区的大小可以随程序的需要进行调整。缓冲区的大小称为对象的容量。当修改对象内容时,只要对象包含的字符个数没有超出容量,就不会分配新的空间,而直接在原空间内进行修改。若字符的个数超出了容量,StringBuffer 对象会自动调整容量,从而适应对象的存储要求。

【注意】 容量与字符串的长度是不同的概念:字符串长度是指对象包含的实际字符个数,而容量是指容纳对象的整个缓冲区大小,缓冲区的大小应大于或等于字符串长度。获取缓冲区的大小和字符长度可以分别使用 capacity 和 length 函数,具体见表 6-2。

6.3.1 创建 StringBuffer 类对象

创建 StringBuffer 类对象是通过调用该类的构造函数实现的,StringBuffer 类的构造函数有下列 3 种格式。

1) public StringBuffer()

创建一个 StringBuffer 对象,内容为空,容量为 16,即可以容纳 16 个字符。例如:

```
StringBuffer s=new StringBuffer();
```

则 s 的容量是 16。

2) public StringBuffer(int length)

创建一个 StringBuffer 对象,初始内容为空,容量为参数 length 指定的大小。注意:length 应大于或等于 0,不能为负数,否则会产生异常。例如:

```
StringBuffer s2=new StringBuffer(2);
```

则 s2 的容量是 2。

3) public StringBuffer(String str)

创建一个 StringBuffer 对象,初始内容和参数 str 的内容相同,容量为参数 str 的长度加上 16。例如：

```
String  s1="Java";
StringBuffer s2=new StringBuffer(s1);
```

则 s2 的容量是 20，内容是"Java"。

6.3.2　StringBuffer 类的常用方法

同 String 对象一样，在定义 StringBuffer 对象之后，就可以实现对象的操作。表 6-2 给出了 StringBuffer 类中比较常用的方法，并进行了详细的介绍。

表 6-2　StringBuffer 类中的常用方法

方 法 名 称	用　　途
append(各种类型)	将其他类型的数据转换为一个字符串，并追加到目前缓冲区中，如果有必要，缓冲区会变大。注意：该方法有多个重载版本
capacity()	返回目前分配的空间大小，即对象的缓冲区容量
ensureCapacity(int)	要求缓冲区容量不少于参数指定值
getChars(int，int，char[]，int)	将对象的一段字符复制到指定的字符数组中
Insert(int，多种类型)	将指定类型的数据转换为一个字符串，插入到 int 参数指定的位置
length()	返回字符的个数
reverse()	将缓冲区中的字符逆序存放
setCharAt(int，char)	将指定位置上的字符修改为另一个指定的字符
setLength(int)	截断或扩展原来的字符串，如果是扩展，新增加的空间全部填'\0'
toString()	根据此对象生成一个新的 String 对象

下面介绍 StringBuffer 类提供的几个常用的方法。

1) public int length()

返回字符串的长度。

2) public int capacity()

返回缓冲区的大小。

3) public void setLength(int newLength)

指定对象的长度，将对象的内容进行裁减。如果参数 newLength 小于对象的长度，则将对象截断；如果 newLength 大于或等于对象的长度，则对新增加的部分填充空字符('\u0')。

4) public void ensureCapacity(int NewCapacity)

设定对象的缓冲区的大小，若 NewCapacity 小于对象的容量，则新的设置将不起作用，也就是说容量只能扩大而不能缩小。

【例 6-9】　StringBuffer() 常用方法的应用。

```
package chapter6;
public class TestCapacity
{
```

```java
        public static void main(String args[])
        {
            String   s="Java";
            StringBuffer   str=new StringBuffer(s);
            System.out.println("Length="+str.length());              //长度为 4
            System.out.println("Capacity="+str.capacity());          //容量为 20

            str.setLength(8);                //设置长度为 8
            str.ensureCapacity(80);          //设置容量为 80
            System.out.println("\nstr="+str);
            System.out.println("New Length ="+str.length());         //新长度为 8
            System.out.println("New capacity="+str.capacity());      //新容量为 80

            str.setLength(3);                //第二次设置的长度要小于第一次的设置
            str.ensureCapacity(20);          //第二次设置的容量要小于第一次的设置
            System.out.println("\nstr="+str);
            System.out.println("New Length ="+str.length());         //长度为 3
            System.out.println("New capacity="+str.capacity());      //容量仍是 80
        }
}
```

【程序运行结果】

```
Length=4
Capacity=20

str=Java
New Length =8
New capacity=80

str=Jav
New Length =3
New capacity=80
```

【程序解析】 通过程序结果可以发现,第一次修改对象的长度和容量都成功了,第二次修改对象的长度也成功了,但缩减容量失败了。原因是:对象的容量只能扩大而不能缩小。

第二次将对象的长度设置为 3,原来对象的长度为 4,因此这是一种裁减对象内容的操作,所以输出 str 的内容是"Jav"。

【注意】 StringBuffer 类对象的长度可以扩大或缩小,但该类对象的容量只能扩大而不能缩小。

5) public void setCharAt(int index, char ch)

将参数 index 所指定的位置上的字符,设置成参数 ch 指定的字符。例如,StringBuffer str=new StringBuffer("Hello,Java");

　　str.setCharAt(3,'L');

则 str 的内容变为"HelLo,Java"。

6) public StringBuffer append(多种数据类型)

这是一个用于追加字符串的方法,它将其他类型的数据(如 int、char 类型等)添加到 StringBuffer 对象的尾部,返回修改后的 StringBuffer 对象。考虑到数据类型的多样性,Java 提供了 append() 方法的多个重载版本:

```
public    StringBuffer    append(boolean)
public    StringBuffer    append(char)
public    StringBuffer    append(char[])
public    StringBuffer    append(char[], int, int)
public    StringBuffer    append(double)
public    StringBuffer    append(float)
public    StringBuffer    append(int)
public    StringBuffer    append(long)
public    StringBuffer    append(Object)
public    StringBuffer    append(String)
```

上述这些方法的返回值均是更新后的 StringBuffer 对象,而不是新建的 StringBuffer 对象。例如:

```
StringBuffer s1,s2=new StringBuffer();
s1=s2;                               //s1 和 s2 代表同一个对象
s2.append(3.14).append(' ').append("Java");
System.out.println(s1==s2);    //输出 true
System.out.println(s1);        //输出 3.14 Java
```

程序的第一个输出是 true,表明对象更新以后,返回的仍然是原来的对象,而 String 类对象更新后返回一个新对象。如果写成如下形式将是错误的,无法通过编译,因为此处的 null 具有歧义性,它可以指代 char[] 对象,也可以指代 String 和 Object 对象。

```
s2.append(null);
```

【注意】 append() 方法之所以能够将其他类型的数据添加到 StringBuffer 对象的尾部,是因为它能自动调用 String 类中一个静态方法 valueOf(),从而将其他类型数据转换成 String 类的一个临时对象,然后将此临时对象添加到 StringBuffer 对象的尾部。这就是 append() 方法的实现技术内幕。

"+"运算符可以连接两个 String 类对象,但不能连接两个 StringBuffer 类对象。例如,假设 s1 和 s2 是 StringBuffer 类对象,那么 s1+s2 将是错误的。

7) public String toString()

该方法完成从 StringBuffer 对象到 String 对象的转换。由于 String 类对象具有一定的安全性(不可修改,一旦修改就返回一个新对象)。toString() 方法可以把 StringBuffer 对象的内容复制到一个新的 String 类对象中,返回这个新的 String 类对象。

【例 6-10】 StringBuffer 对象到 String 对象的转换。

```
package chapter6;
public class BufferToString
{
```

```java
    public static void main(String args[])
    {
        String s1;
        StringBuffer s2=new StringBuffer("Hello ");

        s1=s2.append("Java!").toString();
        System.out.println("s1="+s1+"   "+"s2="+s2);
    }
}
```

【程序运行结果】

```
s1=Hello Java!    s2=Hello Java!
```

【程序解析】 程序中的s2.append("Java!").toString()是将字符串"Java!"追加到s2的尾部，然后以更新后的s2内容为基础，产生一个新的String对象，所以输出结果中s1和s2的值是一样的。

【注意】 不可对StringBuffer对象直接赋值，例如，str="Good"是错误的。这不同于一个String类对象。如果要赋值，可通过构造函数实现：str＝new StringBuffer("Good")。

8) public StringBuffer insert (int offset, 多种类型 b)

该方法是将一个String对象、Object对象、字符数组和基本类型的变量（int、float、long、char、boolean、double）b插入到offset指定的位置。Java提供了insert()方法的多个重载版本，这些版本与append()方法的重载版本类似，在此不再给出。考虑如下程序：

```java
StringBuffer str=new StringBuffer(" Java!");
str.insert(0,"Hello");       //将字符串"Hello"插入到下标为0的位置
System.out.println("str="+str);
```

程序的运行结果：

```
str=Hello Java!
```

【注意】 在insert()方法中，用于指定插入位置的offset参数的取值只能介于0到当前对象的长度之间。以上面的程序段为例，str对象的长度在更新前是6，那么offset参数的取值只能是0~6，否则会产生异常。

6.3.3 String类中"＋"操作的技术内幕

在6.1节讲述了String对象具有不变性，当执行String对象的方法以后，都会返回一个"含有修改结果"的String对象，原来的String对象不会被改变。

由于Java设计者认为C++运算符重载是一个"不好"的功能，因此Java取消了运算符重载，针对String对象的特点，Java保留了唯一能够被重载的运算符＋和＋＝。因此String对象可以通过"＋"运算符连接字符串对象。

【例6-11】 用"＋"运算符连接字符串对象。

```java
package chapter6;
public class ConvertStringToBuffer
```

```
{
    public static void main(String args[])
    {
        String s1,s2="Hello";

        s1=s2+" Java!"+3.14;
        System.out.println("s1="+s1+"   s2="+s2);
            //功能等价于如下程序段
        StringBuffer  str;
        str=new StringBuffer(s2);
        str.append(" Java!");
        str.append(Double.toString(3.14));
        System.out.println("str="+str.toString());
    }
}
```

【程序运行结果】

```
s1=Hello Java!3.14   s2=Hello
str=Hello Java!3.14
```

【程序解析】 String 对象 s1 和 StringBuffer 对象 str 的内容一样。Java 连接两个 String 对象的方法有两个：第一个方法是执行 s2＋"Java!"生成一临时对象，然后将 double 值 3.14 通过 Double.toString(3.14)方法生成一个临时对象，最后在这两个临时对象的基础上，如此反复，生成最终的 String 对象。这种方法显然效率低下，因为要产生许多临时对象，而这些临时对象最终要通过垃圾回收机制进行处理。

用于处理 String 对象连接的第二个方法是通过本节讲述的 StringBuffer 对象来实现，上例中的 StringBuffer 对象 str 执行的一系列操作就是对这种方法的描述。通过 append() 方法将新的字符串对象追加到 StringBuffer 对象尾部，这就可以避免每次操作都产生一个临时对象的弊病，显然这种方法具有比较好的效率。

Java 设计者在实现 String 对象连接操作"＋"上采用的是第一种方法，这种方法为连接 n 个串重复使用串连接操作符的时间复杂度是 $O(n^2)$，这是因为要执行两个串连接，需要对两个串的内容都进行复制。为了获取比较好的执行性能，可以采用 StringBuffer 的 append()方法代替 String 中的"＋"操作。Java 类库的设计师之一 Joshua Bloch 曾经做过一个实验，将长度为 80 的 100 个串做连接操作，若 StringBuffer 的预分配空间足够大，就会发现第二种方法比第一种方法要快 90 倍，即使采用默认的 StringBuffer 空间，仍然要比第一种方法快 45 倍。

【注意】 Double.toString(3.14)实现从一个 double 值获取相应的字符串表示，除此之外，还有 Float.toString(3.14f)、Long.toString(100L)等。

6.4 应用举例

下面举例说明字符串的应用。

【例 6-12】 从键盘读入一行文本，对其中的字母进行加密。加密原则是：将每个字母向后移动2位,例如,'a'变成'c','X'变成'Z','Y'变成'A','z'变成'b',非字母不改变。

```java
package chapter6;
public class encipher
{
    static char   cipher(int c)
    {
        if(Character.isUpperCase(c))              //判断是否是大写字母
        {
            c=c+2;
            if(c>'Z')       //处理超出字母范围的情况
                c=c-26;
        }
        else if(Character.isLowerCase(c))         //判断是否是小写字母
        {
            c=c+2;
            if(c>'z')       //处理超出字母范围的情况
                c=c-26;
        }
        return(char)c;      //将 int 转换为 char
    }

    public static void main(String args[])
    {
        String line;
        StringBuffer  buf;
        for(;;)
        {
            //调用 4.17 节介绍的类 SimpleInput,读取一行字符
            line=SimpleInput.readString();
            if(line.equals("quit"))               //退出
                break;
            buf=new StringBuffer(line);           //使用 StringBuffer
            for(int i=0;i<buf.length();i++)  //处理每个字母
                buf.setCharAt(i,cipher(buf.charAt(i)));
            System.out.println(buf);
        }
    }
}
```

【程序运行结果】

```
AaBbXxYyZz123456
CcDdZzAaBb123456
quit
```

【程序解析】

(1) cipher()方法用于完成字符的加密处理。

(2) 程序中应用的 isUpperCase()方法是系统提供的 Character 类中的一个静态方法，用于判断参数是否是一个大写字符，除此之外，常用的还有：

public static boolean isLowerCase(char ch)

判断是否是一个小写字母。

public static char toLowerCase(char ch)

将参数转换为一个小写字母。

public static boolean isLetterOrDigit(char ch)

判断是否是一个字母或数字。

public static boolean isLetter(char ch)

判断是否是一个字母。
这几个方法都是静态的，通过类名.方法名(参数)的形式进行调用。
(3) for(;;)循环是一个无限循环，程序通过 break 语句结束该循环。
(4) buf.setCharAt(i, cipher (buf.charAt(i)))完成对 StringBuffer 对象中每个字母的读取、加密和存储处理。
(5) 输入 quit 结束程序的运行。

【例 6-13】 从键盘读入一行文本，识别其中单词的个数并分别输出它们。

通过本章介绍的 String 和 StringBuffer 字符串处理方法，可以解决这个问题。下面的程序给出了另外一种实现方法：通过系统提供的 StringTokenizer 类实现，该类与字符串处理有关，若能灵活运用该类，对某些字符串处理将起到事半功倍的效果。

```
package chapter6;
import java.util.*;
public class SentenceToTokens
{
    public static void main(String args[])
    {
        String line;
        StringTokenizer  token;         //StringTokenizer 是系统提供的类
                //调用 4.17 节介绍的类 SimpleInput,读取一行字符
        System.out.print("请输入一行字符: ");
        line=SimpleInput.readString();
        token=new StringTokenizer(line);
        System.out.print("元素个数: "+token.countTokens()+"\n 符号是 :");
        while(token.hasMoreTokens())
            System.out.print(token.nextToken()+"\t");
    }
}
```

【程序运行结果】

请输入一行字符: I   am   a student

元素个数：4
符号是：I　　　am　　　a　　　student

【程序解析】 java.util 包中的 StringTokenizer 类可以将字符串分解为组成字符串的语言符号。Java 在识别时,是靠语言定界符进行的,典型的定界符是空白字符,包括空格、跳格和换行。

(1) 程序采用 token＝new StringTokenizer(line)生成一个名为 token 的 StringTokenizer 对象,它封装了许多实例变量和方法。

(2) token.countTokens()是使用 StringTokenizer 类的 countTokens()方法,来确定符号化对象 token 中包含的符号个数。

(3) hasMoreTokens()是一个 boolean 类型的方法,用于确定 token 对象是否还带有符号,如果还带有符号,返回值是真,否则为假。

(4) nextToken()方法用于从 token 对象中取得下一个符号,取得以后符号指示器自动向后移动,当符号取完以后,hasMoreTokens()方法将返回 false。

本章主要讨论了字符串的创建和使用。Java 将字符串定义为对象类型,用两个类来表示字符串：String 和 StringBuffer。对于在程序运行中值不会改变的字符串,用 String 类存储；而值会改变的字符串,用 StringBuffer 类存储。这样设计字符串可以提高程序的运行性能。

(1) 比较 String 类与 StringBuffer 类的用途有何不同？
(2) 写出下列程序的运行结果。

```java
public class Class1
{
    public static void main(String[] args)
    {
        float f=2.71828f;
        String s1="Hello ,how are you?",s2;
        StringBuffer sb1=new StringBuffer(s1);
        StringBuffer sb2=new StringBuffer("A String");

        System.out.println("\t sb1="+sb1);
        System.out.println(sb1.charAt(2));
        sb1.setCharAt(0,'X');
        sb1.setCharAt(0,'Y');
        sb1.setCharAt(0,'Z');
        System.out.println("\t sb1="+sb1);
        System.out.println("\t the length of sb1="+sb1.length());
        sb1.append(123);
        sb1.append('|').append(f).append(' ').append("append end!");
        System.out.println("\t sb1="+sb1);
```

```
            sb2.insert(2,'X');
            sb2.insert(4,'Y');
            sb2.insert(6,'Z');
            System.out.println("\t sb2="+sb2);
            sb2.insert(2,f).insert(2,3.14159).insert(2,"Insert end");
            System.out.println("\t sb2="+sb2);
            s2=sb1.toString();
            System.out.println("\t s2="+s2);
        }
    }
```

(3) 编写一个采用随机函数生成句子的游戏。现有 4 个字符串数组：article、noun、verb、preposition，它们的内容分别是：

the、a 、one 、some、any;

boy、girl、dog、town、car;

drove、jumped、ran、walked、skipped 和

to、from、over、under、on。

依照句法要求：article＋noun＋verb＋preposition＋article＋noun，编写程序以产生 20 个句子。

(4) 编写一个程序，输入一行文本，采用 StringTokenizer 类的对象，将该文本符号化，并以逆序输出语言符号。

(5) 日期的常用格式具有如下两种：

2012-11-29 和 November 29, 2012

从键盘读入第一种格式的日期，编程输出第二种格式的日期。

(6) 从键盘输入几行文本并作如下处理：

① 显示各元音字母出现的次数。

② 统计各个单词的长度。

第 7 章 异 常 处 理

所谓异常就是不可预测的不正常情况,Java 语言提供的异常(Exception)处理机制,主要用于处理在程序执行时所产生的各种错误情况,如数组下标越界、除数为 0 等。它采用了一种面向对象的机制,即把异常看作一种类型,每当发生这种事件时,Java 就自动创建一个异常对象,并执行相应的代码去处理该事件。这种机制可以简化程序员的负担。Java 的异常处理机制使得程序更清晰、更健壮、容错性更强。

本章的学习目标:
- ◆ 了解异常的层次结构
- ◆ 掌握异常处理语句的使用
- ◆ 学会自定义异常的方法
- ◆ 了解异常处理中常用的调试方法

7.1 异常的层次结构

Java 的异常处理思想来源于 C++,但与 C++ 提供的异常处理不同,Java 中的异常完全是按类的层次结构进行组织的,而 C++ 提供的比其要多,不但支持类类型,而且支持基本类型,如 int 等数据类型。Java 将异常看作一个类,并且是按层次结构来区别不同的异常,其结构如图 7-1 所示。

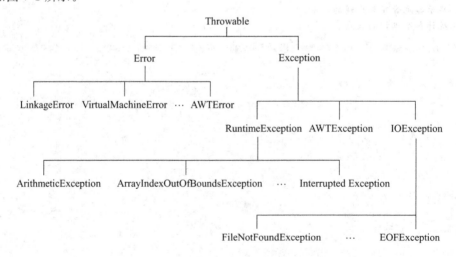

图 7-1 Java 中异常类的层次结构

从图 7-1 可见,Throwable 是异常类的根节点,定义在 java.lang 包中,它的子类也定义在该包中。子类 Error 代表系统错误类,由系统直接处理。Exception 类及其子类是在程序中可捕捉到的异常。下面对常见的异常类型给予解释。

1) java.lang.ArithmeticException 类型

在算术运算中,若 0 作除数(包括模),系统将产生这样的一个异常。例如:

```
int x=0, y;
y= 100/x;
```

2) java.lang.ArrayIndexOutOfBoundsException 类型

当数组下标越界时,将产生这种类型的异常。例如:

```
int a[]=new int[10];
a[10]=0;                    //下标应当位于 0~9 之间
```

3) java.lang.ArrayStoreException 类型

将其他类型的对象存入数组,如果类型不兼容,将产生这种类型的异常。例如:

```
int a[]=new int[10];
boolean b[]=new boolean[10];
System.arraycopy(a,0,b,3,6);    //a,b 数组类型不兼容
```

其中 arraycopy 方法的含义是:将数组 a 中从下标为 0 的元素开始,复制 6 个元素到数组 b 中,在 b 中存储开始位置的下标为 3。

4) java.lang.ClassCastException 类型

对象转换异常。当将对象 A 转换为对象 B 时,如果 A 既不是 B 的同类,也不是 B 的子类,将产生这种类型的异常。例如:

```
Object obj=new Object();
int a[]=(int[]) (obj);
```

5) java.lang.IndexOutOfBoundsException 类型

当下标越界时,将产生这种类型的异常。其中 ArrayIndexOutOfBoundsException 是其子类。例如:

```
char ch="ABC".charAt(99);    //字符串的长度是 3,没有下标为 99 的字符
```

6) java.lang.NegativeArraySizeException 类型

在创建数组对象时,如果数组的大小参数为负数,将产生这种类型的异常。例如:

```
int a[]=new int[-10];
```

7) java.lang.NullPointerException 类型

引用空对象的实例变量或方法时,将产生这种类型的异常。例如:

```
int a[]=null;
System.out.print(a.length);
```

7.2 异常处理语句

异常处理语句是一段可执行的程序代码,可以自己编写,也可以采用系统提供的默认异常处理语句。但是,当默认的异常处理语句执行以后,对于应用程序而言,将显示异常信息,

而后程序结束,对于小应用程序,执行默认的异常处理后,程序虽然可以继续执行,但执行状态混乱,也不能正确运行。总之,程序员应当自己编写异常处理代码。

【例 7-1】 采用 Java 默认异常处理程序举例。

```java
package chapter7;
public class DefaultException
{
    public static void main(String[] args)
    {
        int a,b=0;

        a=100/b;                            //此处有异常
        System.out.println("\t a="+a);      //程序并未输出该行的运行结果
    }
}
```

【程序运行结果】

```
Exception in thread "main" java.lang.ArithmeticException: /by zero
    at chapter7.DefaultException.main(DefaultException.java: 8)
Java Result: 1
```

该程序的运行结果分别显示了异常类型、产生异常的原因、异常所在的方法、行数。

Java 提供的异常捕捉和处理语句有 try、catch、finally、throw 和 throws。异常处理结构的一般形式如下:

```
try{
    程序执行体
}catch(异常类型 1 异常对象 1)
{
    异常处理程序体 1
}catch(异常类型 2 异常对象 2)
{
    异常处理程序体 2
}finally
{
    异常处理结束前的执行程序体
}
```

下面分别讲述各个语句的用法。

【注意】 try、catch、finally、throw 和 throws 均是关键字。

7.2.1 try 和 catch 语句

try 语句用于指明可能产生异常的程序代码段,catch 语句在 try 语句之后,一个 try 语句可以有一个或多个 catch 语句与其相匹配,用于捕捉异常。每一个要捕捉的异常类型对应一个 catch 语句,该语句包含异常处理的代码,在异常处理以后,程序从 try 语句代码段后继续执行。

【例7-2】 程序执行try-catch语句代码段的方式。

```java
package chapter7;
public class TryCatchTest
{
    public static void main(String args[])
    {
        int a=99,b=0,c;

        try{
            System.out.println("产生异常之前");
            c=a/b;                                      //该行有异常
            System.out.println("产生异常之后");
        }catch(ArrayIndexOutOfBoundsException e)   //处理下标越界异常
        {
            System.out.println("处理下标越界异常");
        }catch(ArithmeticException e)              //处理算术异常
        {
            System.out.println("处理算术异常");
        }

        System.out.println("异常处理结束");
    }
}
```

【程序运行结果】

产生异常之前
处理算术异常
异常处理结束

【程序解析】 从执行结果看：程序在c＝a/b这一行产生了异常，我们把该行称为异常的抛出点。由于产生的异常是ArithmeticException类型，因此流程转到相应的catch语句中，处理结束后转到try-catch语句的外部。

注意，catch语句的作用域仅仅限于其前的try语句指定的代码段，若在try语句之前已经产生了异常，那么后面的所有代码，包括try和catch语句本身将不被执行，而是采用默认的异常处理机制进行处理。所以一定要把可能产生异常的语句包含在try语句内部。例如：

```java
a=99; b=0;
c=a/b;                  //此处已经产生了异常,后面的所有语句都不再执行
try{
    a=2/b;
}catch(ArithmeticException e)
{
```

```
            System.out.println("\tDivided by zero");
    }
    System.out.println("\ta="+a);
```

用 catch 语句捕捉异常时，若找不到相匹配的 catch 语句，则系统将执行默认的异常处理，这与不处理异常相同。例如：

```
int a=99,b=0,c;
try{
    c=a/b;        //产生的是 ArithmeticException 类型的异常
}                 //下面捕捉的异常类型与产生的异常类型不一致
catch(ArrayIndexOutOfBoundsException e)
{
    System.out.println("处理异常");
}
```

当有多个 catch 语句时，系统将依照先后顺序逐个对其进行检查，类似于 switch 语句的检查顺序。由于代表各异常的类之间具有继承关系，所以处理子类异常的 catch 语句必须位于父类异常 catch 语句之前。如果有多个 catch 语句与异常对象相匹配，则仅仅执行第一个匹配的 catch 语句，其余的 catch 语句将不再执行。因此，当有多个 catch 语句时，一定要注意类型之间的层次关系。例如：

```
try{
    c=a/b;
}catch(ArithmeticException e)    //请注意异常类型
{
    System.out.println("Divided by zero");
}catch(RuntimeException e)       //注意：ArithmeticException 是 RuntimeException 的子类
{
    System.out.println("Divided by zero");
}
```

由于 ArithmeticException 是 RuntimeException 的子类，所以要把处理 ArithmeticException 的 catch 语句写在前面。

【注意】 如果 try 语句内没有产生异常，程序的流程将不执行 catch 语句，而直接执行 try-catch 的外部语句。

Java 还提供多异常捕获功能，即一个 catch 中可以捕获多种类型的异常。使用多异常捕获时，每个异常类型之间用一条竖线（|）隔开。例如，

```
public class TryCatchTests
{
    public static void main(String[] args)
    {
        try{
            String str[] =new String[1];
            str[0]="a";
```

```java
        int  i =Integer.parseInt(str[0]);
        int  j =Integer.parseInt(args[1]);
        int  r =i/j;
    }catch(IndexOutOfBoundsException|NumberFormatException|ArithmeticException me)
    {              //上面 catch 中包含了 3 种异常,异常对象是 me
        me.printStackTrace( );
    }catch(Exception e)
    {
        e.printStackTrace( );
    }
   }
}
```

7.2.2　finally 语句

有时在编写程序时,要求无论程序产生何种类型的异常,都要执行某些代码,如关闭数据库,这种类型的任务可以用 Java 提供的可选语句 finally 处理。即使没有 catch 语句,或者是没有相匹配的 catch 语句,或者是没有产生异常,也一定会执行用 finally 语句指明的代码。

【例 7-3】　finally 语句在异常处理中的必定要执行。

```java
package chapter7;
public class testFinally
{
    public static void main(String args[])
    {
        int a,b=0;
        for(int i=0;i<4;i++)
        {
            System.out.println("Test No: "+(i+1));
            try{
                switch(i)
                {
                    case 0:
                        a=3/b;      //0 作除数
                        break;
                    case 1:
                        int c[]=new int[10];
                        c[10]=0;    //数组下标越界
                        break;
                    case 2:
                        char ch="ABC".charAt(99);    //字符串的下标越界
                        break;
                    case 3:
                        return;     //通过 return 语句结束程序
                }
```

```
            }catch(ArithmeticException e)
            {
                System.out.println("零作除数!");
            }catch(ArrayIndexOutOfBoundsException e)
            {
                System.out.println("数组下标越界!");
            }catch(IndexOutOfBoundsException e)
            {
                System.out.println("下标越界!");
            }finally
            {
                System.out.println("在 finally 块中!");
            }
        }
    }
}
```

【程序运行结果】

```
Test No: 1
    零作除数!
    在 finally 块中!
Test No: 2
    数组下标越界!
    在 finally 块中!
Test No: 3
    下标越界!
    在 finally 块中!
Test No: 4
    在 finally 块中!
```

【程序解析】 从程序的输出结果可以看出,每次执行 catch 语句时,均要执行 finally 指定的语句块。此外 finally 语句还有一个特点:即使 try 语句块要通过 return 语句退出,Java 也会保证执行 finally 代码段。本例中当循环控制变量 i 的值为 3 时,就属于这种情况。请读者单步跟踪程序的运行。

7.2.3 throw 语句

throw 语句用于指出程序当前行存在异常,当程序执行到 throw 语句时,流程就转向相匹配的异常处理语句,它下面的代码也不再执行,其所在的方法也不再返回值(若有的话)。throw 的执行点也称为异常抛出点。

在一个方法的 catch 语句中所编写的异常处理代码,可能对异常做了一些不完善的处理,或者是处理不了该异常,这时可通过 throw 语句,将该异常对象提交给调用当前方法的方法,以再次进行处理。

【例 7-4】 采用 throw 语句将该异常对象提交给调用者再次处理。

```
package chapter7;
public class ThrowException
{
    public static void Test()
    {
        try{
            int c[]=new int[10];
            c[10]=0;
        }catch(ArrayIndexOutOfBoundsException e)
        {
            System.out.println("\t数组下标越界!");
            throw e;         //将该异常对象提交给main()方法进行再次处理
            //System.out.println("\t产生异常后!");       //该行无法通过编译
        }
    }
    public static void main(String args[])
    {
        try{
            Test();
        }catch(IndexOutOfBoundsException e)         //处理Test方法提交的异常
        {
            System.out.println("\t下标越界!");
        }finally
        {
            System.out.println("\t在finally块中!");
        }
    }
}
```

【程序运行结果】

数组下标越界!
下标越界!
在finally块中!

【程序解析】　Test()方法中的"throw e"语句将异常对象e提交给main()方法进行再次处理,所以又输出了后两行信息。

throw语句不但可以提交由系统引发的异常,还可以提交程序员引发的异常。例如,引用在未被实例化之前,应用时会产生NullPointerException异常。下面是抛出该类异常的格式:

throw new NullPointerException();

或用下列方式:

Exception e=new NullPointerException();
throw e;

在例 7-4 Test()方法中,有一行注释"该行无法通过编译",这是因为,既然其上一行已经明确地采用 throw 语句指出此处有异常,那么该行后面的代码就不可能执行。

7.2.4 throws 语句

如果一个方法中抛出的异常类型未出现在任何 catch 子句中,Java 会立即退出该方法。有时,在一个方法中没有编写异常处理代码,但调用该方法的其他方法已经编写了相应的异常处理代码,那么可采用 throws 语句指明方法中可能要产生的异常类型,并由调用者进行异常处理。

【例 7-5】 从键盘读取一个整数。

```java
package chapter7;
import java.io.*;          //要引入 io 包
public class testThrows
{
    public static String readString()
    {
        int ch;
        String r="";
        boolean done=false;
        System.out.print("请输入一个整数:");
        while(!done)
            try{
                ch=System.in.read();
                if(ch<0||ch==10)           //处理回车符中第一个符号
                    done=true;
                else
                    r=r+(char)ch;
            }catch(IOException e)
            {
                System.out.println("产生了输入输出异常");
                done=true;
            }
        return r;                          //返回读入的字符串
    }
    public static void main(String args[])
    {
        String str;
        str=readString();
        System.out.println("整数是:"+Integer.parseInt(str));
    }
}
```

【程序运行结果】

请输入一个整数:5678

整数是：5678

【程序解析】 上例程序从键盘读入一个字符串，然后采用 parseInt()方法将其转换为一个相应的整数。注意，readString()方法完成从键盘读入一个字符串，其中的 try 语句处理逐个连接读入的字符，直至到达行尾或文件尾。但该方法可能会产生输入输出异常。如果抛出该异常，就跳过 if 语句，并把 done 设为真。如果发生输入输出异常，调用者并不想知道异常的具体情况，而只想使用目前已读入的多个字符，那么采用 throws 语句指明即可。

【例 7-6】 从键盘读取一个整数，采用 throws 语句指明方法中可能要产生的异常。

```java
package chapter7;
import java.io.*;
public class testThrows
{
        //当前方法有异常，采用 throws 指明
    public static String readString() throws IOException
    {
        int ch;
        String r="";
        boolean done=false;
        System.out.print("请输入一个整数：");
        while(!done)
        {
            ch=System.in.read();
            if(ch<0||ch==10)         //处理回车符中的第一个符号
                done=true;
            else
                r=r+(char)ch;
        }
        return r;
    }
    public static void main(String args[])
    {
        String str;
        try{
            str=readString();
        }catch(IOException e)         //处理异常
        {
            System.out.println("产生了输入输出异常");
            return;
        }
        System.out.println("整数是："+Integer.parseInt(str));
    }
}
```

【程序解析】
（1）throws 语句的作用是指明当前方法中可能会产生异常，具体处理由调用者负责。

(2) System.in.read()语句的功能是读入一个字符,并返回读入字符的 ASCII 码。

(3) if(ch<0||ch==0xd)语句中的条件分别处理文件结束和按 Enter 键的情况。0xd 是 Enter 键的第一个 ASCII 码,因为它的 ASCII 码有两个:0xd 和 0xa。

(4) Integer.parseInt(str)是从一个字符串获取一个相应的整数表示,同样采用 Double.valueOf(str).doubleValue()、Double.valueOf(str).floatValue() 和 Long.parseLong(str) 分别用于获取相应的 double、float 和 long 类型的值。

(5) 在多人合作写程序时,一个方法中产生的异常,最好在该方法中进行捕捉处理,不要将异常传递给其他人进行处理。

(6) 我们在前面章节多次使用在 4.17 节给出的应用程序输入类 SimpleInput,请读者此时阅读理解此例。

7.3 自定义异常类

自定义异常类可以通过继承 Exception 类或它的子类实现(见图 7-1),必须采用 throw 语句抛出异常。总体上分为如下两步:

(1) 定义异常类。例如:

```
class userException extends Exception        //自定义异常
{
    int n=0;                                  //每产生一个异常,计数器就加 1
    userException() { n++; }                  //无参构造函数
    userException(String s)                   //有参构造函数
    {
        super(s);
        n++;
    }
    String show() { return "自定义异常对象:"+n; }
}
```

上例通过继承 Exception 类定义了一个异常类型 userException。

【注意】 通常定义的异常类型都有两个构造函数:一个是无参的默认构造函数,如上例中的第一个构造函数;另一个具有一个字符串参数的构造函数,通过 super 将该参数传递给 Exception 类中的相应构造函数,如上例中的第二个构造函数。

(2) 定义异常对象,并抛出该对象。在 userException 类的基础上,下面给出了一个完整的程序。其中 userException 类见上面的定义,在此不再给出。

【例 7-7】 自定义异常类。

```
package chapter7;
public class testException
{
    static void Test() throws userException
    {
        userException e;
```

```
            e=new userException("自定义异常");
            throw e;        //自定义异常必须采用 throw 语句抛出
        }
        public static void main(String args[])
        {
            try{
                Test();
            }catch(userException e)        //捕捉异常
            {
                System.out.println(e.show());
            }
        }
    }
```

在 Test()方法中采用 new 产生了一个异常对象,然后 throw 语句将该异常对象抛出。需要对 Test()方法中的下列 3 行作一下说明:

```
userException e;
e=new userException("自定义异常");
throw e;        //将异常对象 e 抛出
```

可以结合写成:

```
throw new userException("自定义异常");
```

此时将一个无名的异常对象抛出。

【注意】 创建异常对象的格式是:异常类型 对象名＝new 异常构造函数([参数])。

7.4 异常处理常用调试方法

在 Java 异常处理中,有一些方法可以辅助我们进行程序调试:
(1) 在程序中添加输出变量的信息。

这是一种常用的程序调试方法,通过向代码中添加大量的输出语句,观察输出项的值,判断程序的出错范围。例如:

```
System.out.println("x="+x);
```

如果 x 是一个数值,则可以转换为相应的字符串。如果 x 是一个对象,则 Java 调用它的 toString()方法。Java 类库中的大多数类都覆盖了 toString()方法,这对调试程序很有帮助。用户在编写自己的类时,也应该这么做。
(2) 在非静态方法中,通过 this 输出当前对象的状态。例如:

```
System.out.println("当前对象: "+this);
```

实际上通过调用当前类的 toString()方法,从而给出了辅助理解程序的信息。

【注意】 在静态方法中不能使用 this,这是因为静态方法属于整个类,不属于某个对象,见 4.11.2 节。

(3) 采用 printstackTrace()方法输出异常对象调用栈的信息,采用 getMessage()方法获取异常信息,采用 getClass()和 getName()获取异常类名。

【例7-8】 通过 printstackTrace()和 getMessage()方法找出异常产生的代码。

```java
package chapter7;
class userException extends Exception          //自定义异常类
{
    public userException()
    {
        super("自定义异常");           //通过构造函数设置异常信息
    }
}

public class getMessages
{
    public static void m1() throws userException
    {
        m2();
    }
    public static void m2() throws userException
    {
        throw new userException();         //抛出异常
    }
    public static void main(String args[])
    {
        try{
            m1();
        }catch(userException e)
        {
            System.out.println(e.getMessage());        //输出异常信息
            e.printStackTrace();           //输出调用栈的信息
                //输出异常类型
            System.out.println("异常类型:"+e.getClass().getName());
        }
    }
}
```

【程序运行结果】

自定义异常
异常类型:chapter7.userException
chapter7.userException: 自定义异常
        at chapter7.getMessages.m2(getMessages.java: 17)
        at chapter7.getMessages.m1(getMessages.java: 13)
        at chapter7.getMessages.main(getMessages.java: 22)

【程序解析】 在 main()方法中,程序通过异常对象 e 分别输出了异常信息、调用栈信息和异常类型。其中调用栈信息描述了产生异常的方法、异常所在的文件及其出现在文件中的行数(例如"getMessages.java：17",其中的 17 就是行号)。通过这种信息可以很容易地确定异常的踪迹。

【注意】 在程序中加上 throws 语句可以提高程序的可读性,使读者容易知道该方法中可能要产生何种类型的异常。

本章主要讲述了 Java 的异常处理机制,主要由几个语句构成,它们是 try、catch、finally、throw 和 throws。异常处理是 Java 的一个优点,可以使程序员方便地进行错误处理,不至于因发生异常就导致系统崩溃,从而使系统更加健壮和友好。

(1) Java 是怎样处理异常问题的?

(2) 定义一个 circle 类,其中包含计算圆周长和面积的方法,若输入的半径小于 0,就要抛出一个自定义异常。

(3) 定义一个对象类型的引用,并将其初始化为 null,然后通过这个引用调用某个方法,并通过 try-catch 语句捕捉出现的异常。

(4) 利用继承性定义一个异常超类,然后定义几个异常子类。编写程序验证 catch 语句是如何捕捉各类异常的。

(5) 在 Java 中,若将捕捉超类异常的 catch 语句放在捕捉子类异常的 catch 语句之前,那么将会出现编译错误。编写一个程序验证这一点。

第8章 输入与输出处理

前面章节所列举的示例基本上都不能进行数据交换,仅仅对程序中已有的数据进行处理。在实际应用中,程序和用户之间往往需要进行交互,如将数据写入文件,或从文件中读入数据,有时还需要通过网络进行数据读写。Java 提供了许多类型的数据输入和输出类,并将它们抽象为流,采用统一的方式进行管理。

本章的学习目标:

◆ 理解流的层次结构
◆ 掌握输入输出流、数据输入输出流、文件输入输出流及其常见的使用方法
◆ 理解随机访问流
◆ 理解对象流以及对象序列化
◆ 学会输入输出中的异常处理

8.1 流的层次结构

Java 中的输入和输出是由一组类来实现的,将读取数据的对象称为输入流,能向其写入数据的对象称为输出流。java.io 包中定义了许多类,其中的抽象类是 InputStream 和 OutputStream。InputStream 类及其子类可用于实现数据流的输入处理,OutputStream 类及其子类可用于实现数据流的输出处理。当进行输入输出操作时,是通过调用这些类中的方法实现的。若要在程序中利用这些类,则必须在程序的开头加上语句 import java.io.*。

java.io 包的主要成分是几个类,它们是 InputStream 类、OutputStream 类、File 类、RandomAccessFile 类和 FileDescriptor 类。其中,InputStream 和 OutputStream 类结构如图 8-1 和图 8-2 所示。

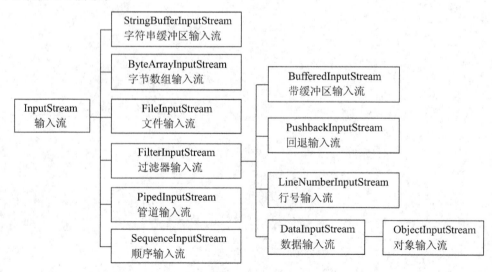

图 8-1 数据输入流的类层次结构

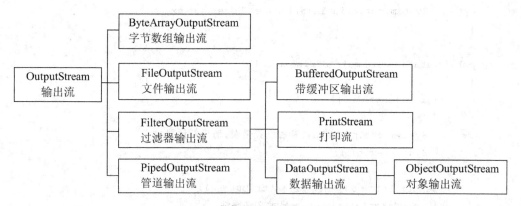

图 8-2　数据输出流的类层次结构

Java 将流操作中常见的异常也定义为类的形式，主要有 EOFException 类、FileNotFoundException 类、IOException 类和 InterruptedIOException 类。

可以发现，Java 提供的输入和输出类十分丰富，本书仅仅介绍一些常用的类，具体请参见 Java API 手册（docs.oracle.com/javase/7/docs/api/）。

8.2　File 类

File 类与 InputStream/OutputStream 类同属于 java.io 包中的类，它不允许访问文件内容，没有用于读写文件的方法。File 类主要用于命名文件、查询文件属性和处理文件目录。这些文件属性主要包括文件是否存在、是否可读、是否可写、是否是一个目录，但不支持：是否隐藏、是否为系统文件、是否为档案文件。

【例 8-1】 采用命令行参数输出文件的属性。

```java
package chapter8;
import java.io.*;
public class fileAttributes
{
    void show(String fileName)          //显示文件属性
    {
        File f=new File(fileName);
        if(f.exists())                   //测试文件是否存在
        {
            System.out.println("Attributes of "+fileName);
            System.out.println("Exist: "+f.exists());        //测试文件是否存在
            System.out.println("Can read: "+f.canRead());    //是否可读
            System.out.println("Can write: "+f.canWrite());  //是否可写
            System.out.println("Is file: "+f.isFile());      //是否是文件
            System.out.println("Is director: "+f.isDirectory());  //目录吗
            //是否为绝对路径
            System.out.println("Is absolute path: "+f.isAbsolute());
        }else
```

```
            System.out.println(fileName+" does not exist!");
        }
        public static void main(String args[])
        {
            if(args.length!=1)
            {
                System.out.println("参数设置错误,请重新设置!");
                System.exit(1);
            }
            fileAttributes obj=new fileAttributes();
            obj.show(args[0]);        //显示文件属性
        }
}
```

采用 6.2.4 节介绍的命令行参数设置方式,采用该程序测试其.class 字节码。

【程序运行结果】

```
Attributes of fileAttributes.class
Exist: true
Can read: true
Can write: true
Is file: true
Is director: false
Is absolute path: false
```

【程序解析】 fileAttributes 是一个类,在 main() 方法中通过对象 obj 调用各方法。isAbsolute()方法测试是否为绝对路径,例如,D:/myjava/fileTest.java 就给出了 fileTest.java 文件的绝对路径。

8.3 InputStream 类和 OutputStream 类

InputStream 类和 OutputStream 类都是抽象类,不能创建这种类型的对象,必须通过其子类实现实例化。

8.3.1 InputStream 类的常用方法

InputStream 类是所有输入数据流类的祖先类,它有 6 个子类,可具体实现各种输入数据流的处理。其中常用的几个方法如下。

1) public abstract int read()

从输入流中读取一个字节的数据,返回值是高位补 0 的 int 类型值。该方法是一个抽象的方法,子类必须提供此方法的一个实现。

2) public int read(byte b[])

从输入流中读取 b.length 个字节的数据,存放到 b 数组中。返回值是读取的字节数。该方法实际上是调用下一个方法,即是由 read(b, 0, b.length)实现的。

3) public int read(byte b[], int off, int len)

从输入流中最多读取 len 个字节的数据,存放到偏移量为 off 的 b 数组中。返回值是实际读取的字节数。若在输入数据时,输入流还没有送出数据或者送出的数据不足,那么程序将堵塞,直到输入足够的数据为止。

4) public int available()

返回输入流中可以读取的字节数。注意:若输入阻塞当前线程将被挂起。

5) public long skip(long n)

忽略输入流中的 n 个字节,返回值是实际忽略的字节数(若到达文件尾部,返回的字节数可能小于 n)。

6) public int close()

关闭输入流,释放与该流关联的所有系统资源。

如果发生 I/O 错误,上述各方法都会抛出 IOException 类异常。

8.3.2 OutputStream 类的常用方法

OutputStream 类是所有输出数据流类的祖先类,它有 4 个子类,可具体实现各种输出数据流的处理,在这些处理中也要注意捕捉 IOException 异常。常用的几个方法如下。

1) public abstract void write(int b)

先将 int 转换为 byte 类型,舍掉高位字节,即 b 的 24 个高位将被忽略,把低位字节写入输出流中。

2) public void write(byte b[])

将参数 b 中的 b.length 个字节写到输出流。

3) public void write(byte b[], int off, int len)

将参数 b 中的从偏移量 off 开始的 len 个字节写到输出流中。

4) public void flush()

由于系统在写数据时,会在主存中开辟一块缓冲区,在读写时,先将数据送到缓冲区,等到缓冲区填满了以后再把数据送到输出流。flush()方法就是将数据缓冲区中的数据全部输出,然后清空缓冲区。

5) public void close()

关闭输出流并释放与流相关的系统资源。

【注意】 在数据输入输出处理中要捕捉 IOException 类型的异常,上述各方法都有可能引起这种类型的异常。

由于 InputStream 和 OutputStream 类都是抽象类,因此不能创建这种类型的对象,可以利用多态性,将其引用指向它的一个子类对象,然后再调用各种实现方法。

8.3.3 FileInputStream 类

FileInputStream 类是 InputStream 类的子类,可以用来处理以文件作为数据输入源的数据流。创建一个 FileInputStream 对象有两种方法。

方法 1:

File fin=new File("d:/abc.txt");   //注意路径的写法,也可写成"d:\\abc.txt"

```
FileInputStream in=new FileInputStream(fin);
```

方法2：

```
FileInputStream in=new FileInputStream("d:/abc.txt");
```

无论采用哪种方法都将创建一个对象in,它代表了以参数标识符表示的一个文件。

【注意】 FileInputStream 类对象代表了一个实际存在的文件,否则将引发未找到文件FileNotFoundException 异常,也就是说,在 Java 程序中应当捕捉异常,或者采用 throws 语句指明可能要产生的异常类型。

【例 8-2】 从文件读取指定位置处的数据。

```java
package chapter8;
import java.io.*;
class showFile
{
    void showInfo() throws Exception       //必须采用 throws 指明异常类型
    {
        int size=0;
            //下行可能会产生异常,例如在 d:/abc.txt 文件不存在的情况下
        FileInputStream fin=new FileInputStream("d:/abc.txt");
        try{
            size=fin.available();          //判断可读取的字节数
            System.out.println("file size="+size);

            System.out.println("Read the first 1/4");
            byte b[]=new byte[size/4];
            fin.read(b);                   //读取文件 1/4 的内容
            String str=new String(b);
            System.out.println("The first 1/4 is:"+str);

            System.out.println("Skip the next 1/2 of the file");
            fin.skip(size/2);              //跳过文件 1/2 的内容
            System.out.println("Still available is: "+fin.available());
        }catch(FileNotFoundException e)
        {
            System.out.println("File not found: "+e);
            throw e;                       //将异常对象提交给 main 进行再次处理
        }finally
        {
            fin.close();                   //关闭输入流
        }
    }
}

public class fileReadTest
{
    public static void main(String args[])
```

```
        {
            showFile obj=new showFile();
            try{
                obj.showInfo();
            }catch(Exception e)
            {
                System.out.println("File not found: "+e);
                e.printStackTrace();
            }
        }
    }
```

【程序运行结果】 假设 abc.txt 文件的内容如下：

abcdefg1234567890ABCDEFG0987654321

则执行上述程序的输出结果如下：

```
file size=34
Read the first 1/4
The first 1/4 is: abcdefg1
Skip the next 1/2 of the file:
Still available is: 9
```

【注意】 showInfo()方法必须采用 throws 指明异常，这是因为在生成文件输入流对象 fin 时，执行 new FileInputStream("D：/abc.txt")语句可能会出现文件不存在的情况。

8.3.4 FileOutputStream 类

FileOutputStream 类是 OutputStream 类的子类，用来处理以文件作为数据输出的数据流。创建一个文件流对象也有两种方法。

方法 1：

```
File f=new File("d:/abc.txt");                    //注意路径的写法
FileOutputStream out=new FileOutputStream (f);
```

方法 2：

```
FileOutputStream out=new FileOutputStream("d:/abc.txt");
```

在向文件中写数据时，若文件已经存在，则覆盖存在的文件。在数据输出的操作中，也应当捕捉异常。

【例 8-3】 向文件写入数据。

```
package chapter8;
import java.io.*;
class fileWriteInfo
{
    void writeInfo()throws IOException
    {
```

```java
        byte b[]=new byte[6];          //创建一个文件输出对象
        FileOutputStream fout=new FileOutputStream("d: /abc.txt");

        try{
            System.out.print("Enter 6 chars: ");
            for(int i=0;i<6;i++)        //从键盘读 6 个字节
                b[i]=(byte)System.in.read();
            fout.write(b);              //将数组的内容一次写到文件
        }catch(IOException e)
        {
            System.out.print("file IOexception!");
        }finally
        {
            fout.close();
        }
    }
}

public class fileWriteTest
{
    public static void main(String args[])
    {
        fileWriteInfo obj=new fileWriteInfo ();
        try{
            obj.writeInfo();
        }catch(IOException e)
        {
            System.out.println("File not found: "+e);
            e.printStackTrace();
        }
    }
}
```

【注意】 writeInfo()方法必须采用 throws 指明 IOException 异常,这是因为在生成文件输出流对象 fout 时,执行 new FileOutputStream("D:/abc.txt")语句可能会出现异常。

当流的读/写操作结束后,应调用 close()方法关闭流,这有两个原因:其一,因为流占用系统资源,如果某应用程序打开了许多流而未及时关闭,系统资源将被耗尽;其二,输出缓冲区被用来临时存放字符,当字符个数足够多时,将这些字符分成包后再发送至输出流。如果不关闭输出流,最后一组不满一包的字符将永远不会被输出。关闭输出流将把输出缓冲区中的所有数据输出到输出流中。

8.3.5 DataInputStream 类和 DataOutputStream 类

DataInputStream 和 DataOutputStream 分别是 InputStream 和 OutputStream 类的子类。采用 DataInputStream 类对象可以读取各种类型的数据,DataOutputStream 类对象可以写入各种类型的数据。当创建这两类对象时,必须使新建立的对象指向构造函数中的参数对象,在调用 read()方法读取数据或者调用 write()方法写入数据时,就相当于由其指向的对象去读/写数据。例如：

```
FileInputStream in=new FileInputStream("d: /abc.txt");
DataInputStream din=new DataInputStream(in);        //创建一个数据输入流对象
FileOutputStream out=new FileOutputStream("d: /abc.txt");
DataOutputStream dout=new DataOutputStream(out);    //创建一个数据输出流对象
```

java.io 包中有一个接口 DataInput,其中定义了读取不同数据类型的方法,DataInputStream 类实现了 DataInput 接口。常用方法如下。

1) public final int skipBytes(long n)

跳过当前输入流中 n 个字节的数据,返回值是实际跳过的字节数。

2) public final byte readByte()

从数据输入流中读取 1 个字节的数据,返回值是读取的字节。

3) public final char readChar()

从数据输入流中读取 1 字符的数据,返回值是读取的字符。

4) public final int readInt()

从数据输入流中读取 4 字节的数据,返回值是读取的整数。

5) public final long readLong()

从数据输入流中读取 8 字节的数据,返回值是读取的长整型整数。

6) public final String readLine()

从数据输入流中读取一行,并且包括换行符。

7) public final void readFully(byte b[])

从数据输入流中读取 b.length 个字节的数据,并将其读入 b 数组中。在读取的过程中,由于数据不足,可能会堵塞。

java.io 包中的另外一个接口是 DataOutput,其中定义了输出不同数据类型的方法,DataOutputStream 类实现了 DataOutput 接口。

1) public final int size()

返回写入输出流中的字节数。

2) public final void writeBytes(String s)

将字符串 s 中的字符依次写入输出流中,写入时忽略高 8 位。

3) public final void writeChars(String s)

将字符串 s 中的字符依次写入输出流中。

4) public final void writeInt(int v)

将参数 v 按 4 个字节的形式写入输出流中。

8.4 RandomAccessFile 类

RandomAccessFile 类不是 InputStream 或 OutputStream 的子类,但它能同时完成两者的功能。这是因为 RandomAccessFile 类实现了 DataOutput 和 DataInput 接口,可用来读写各种数据类型,并对文件进行随机访问。RandomAccessFile 的两个构造函数为:

（1）public RandomAccessFile(String name, String mode)
                throws FileNotFoundException

利用指定的文件名 name 与模式 mode 创建一个 RandomAccessFile 对象。mode 的取值只能为"r"、"rw"、"rws"或"rwd"，其中第一个代表只读，后面 3 个是读写模式。若是其他模式则抛出 IllegalArgument Exception 异常。

（2）public RandomAccessFile(File file, String mode)
                throws FileNotFoundException

利用指定的 File 对象与模式创建一个 RandomAccessFile 对象。mode 的取值为"r"或"rw"，分别代表只读和读写模式。若是其他模式则抛出 IllegalArgumentException 异常。

【注意】 构造函数后面的 throws 语句指明在读写期间可能会产生 FileNotFoundException。

【例 8-4】 从键盘读入一个文件名，然后将指定的数据写入文件，并显示其内容。

```java
package chapter8;
import java.io.*;
public class randFile
{
    final static int DoubelSize=8;          //定义一个常量

    void randomFileTest(String fileName) throws IOException
    {
            //randomFileTest 后面必须带上 throws 语句，这是因为采用下面的构造
            //函数生成 RandomAccessFile 对象 rf 时，可能会产生异常
        RandomAccessFile rf=new RandomAccessFile(fileName, "rw");
        for(int i=0; i<10; i++)              //写入 10 个数据
            rf.writeDouble(i * 1.0);
        rf.seek(5 * DoubelSize);             //调整文件读写指针
        rf.writeDouble(98.0001);             //写入一个新数据
        rf.close();

        rf=new RandomAccessFile(fileName, "r");
        for(int i=0; i<10; i++)
            System.out.println("Value "+i+": "+rf.readDouble());
        rf.close();
    }

    public static void main(String args[])
    {
        BufferedReader stdin=new BufferedReader(
                        new InputStreamReader(System.in));
        String fileName=null;
        randFile obj=null;

        try{
```

```
            System.out.print("Enter a file name and press Enter: ");
            fileName=stdin.readLine();           //从键盘读取文件名
            obj=new randFile();
            obj.randomFileTest(fileName);        //测试文件
        }catch(IOException e)
        {
            System.out.println("File not found: "+e);
            e.printStackTrace();
        }
    }
}
```

【程序运行结果】

```
Enter a file name and press Enter: abc.txt
Value 0: 0.0
Value 1: 1.0
Value 2: 2.0
Value 3: 3.0
Value 4: 4.0
Value 5: 98.0001
Value 6: 6.0
Value 7: 7.0
Value 8: 8.0
Value 9: 8.0
```

【程序解析】 程序运行后,将在 NetBeans 设定的工作目录下,生成一个名为"abc.txt"文件。程序首先在 randFile 类中定义一个常量 DoubelSize=8,这是因为一个 double 类型的值占据 8 个字节。采用 rf.seek(5 * DoubelSize)将文件读写指针调整到第 6 个数的位置,然后将此位置上的数据修改为 98.0001。

【例 8-5】 采用命令行参数复制一个文件,然后输出该文件的内容。

```java
package chapter8;
import java.io.*;
public class copyAndShow
{
    //文件复制方法
    void copy(String fromFile, String toFile)throws IOException
    {
        File src=new File(fromFile);         //获得要复制的文件对象
        File dst=new File(toFile);

        if(!src.exists())
        {
            System.out.println(fromFile+" does not exist!");
            System.exit(1);                  //结束
        }
```

```java
        if(!src.isFile())
        {
            System.out.println(fromFile+" is not a file!");
            System.exit(1);
        }

        if(!src.canRead())
        {
            System.out.println(fromFile+" is unreadable!");
            System.exit(1);
        }

        if(dst.exists())                    //若目标存在,确认是否可刷新
        {
            if(!dst.canWrite()){
                System.out.println(toFile+" is unwriteable!");
                System.exit(1);
            }
        }
            //执行复制操作
        FileInputStream fin=null;           //采用文件输入流
        FileOutputStream fout=null;

        try{
            fin=new FileInputStream(src);        //创建输入流对象
            fout=new FileOutputStream(dst);      //创建输出流对象
            byte buffer[]=new byte[4096];        //设置读取文件的缓冲区
            int bytesRead;                       //从缓冲区读入的字节数
                //一次读取多个字节到缓冲区,然后写入文件
            while((bytesRead=fin.read(buffer))!=-1)
                fout.write(buffer,0,bytesRead);
        }finally       //无论成功与否,均要执行的部分
        {
            if(fin!=null)
                try{
                    fin.close();         //关闭文件
                    fout.close();
                }catch(IOException e)
                {
                    System.out.println("关闭文件异常");
                }
        }
    }
        //显示文件内容方法
    void showContents(String fileName)throws IOException
    {
```

```
        File f=new File(fileName);
        RandomAccessFile fin=new RandomAccessFile(f,"rw");      //采用随机文件
        System.out.println("File length: "+fin.length());       //文件长度
        System.out.println("Pointer position: "+fin.getFilePointer());
            //按行显示文件内容
        while(fin.getFilePointer()<fin.length())
            System.out.println(fin.readLine());
        fin.close();
    }

    public static void main(String args[])
    {
        if(args.length!=2)
        {
            System.out.println("使用方式错误");
            System.exit(1);
        }
        try{
                //生成一个 copyAndShow 类对象
            copyAndShow obj=new copyAndShow ();
            obj.copy(args[0],args[1]);          //文件复制
            obj.showContents(args[1]);          //显示文件内容
        }catch(IOException e)
        {
            System.out.println(e.getMessage());
        }
    }
}
```

【程序解析】 读者首先在 NetBeans IDE 6.9.1 环境下,要将参数设置正确,否则不容易运行该程序。读者在命令行下,先通过 javac 命令将源文件编译成字节码文件,然后采用如下方式,也可实现文件的复制:

"java copyAndShow.class 源文件 目标文件"

(1) 程序采用循环语句一次读取多个字节到缓冲区,然后将缓冲区中的字节写入文件,这是一种文件处理中很常用的方法。

```
while((bytesRead=fin.read(buffer))!=-1)
    fout.write(buffer,0,bytesRead);
```

(2) 程序中的 fin= new FileInputStream(src)语句指明 fin 对象是通过包装(wrap)File 对象 src 生成的,这种方法可以提高系统执行的效率。

(3) 在 showContents()方法中,通过包装 File 对象生成一个随机文件对象。

```
File f=new File(fileName);
RandomAccessFile fin=new RandomAccessFile(f,"rw");
```

(4) fin.length()以字节为单位给出文件的长度;fin.getFilePointer()给出文件位置指

针，当位置指针未指向文件尾部时，通过循环输出文件内容：

```
while(fin.getFilePointer()<fin.length())
    System.out.println(fin.readLine());
```

File 类很少单独使用，它往往要和其他类结合在一起应用。上例中的复制文件的方法就综合应用了 File 类及 FileInputStream 和 FileOutputStream 类。

8.5 对象流和对象序列化

8.5.1 对象流的概念

若要存储同类型的数据，最好使用定长格式，例如，将姓名都定义为 20 个字符。但在实际应用中，创建的对象很少具有相同的类型。例如，数组 staff 是雇员类型的数组，其元素不但可以表示雇员对象，而且还可以表示其子类的对象，如经理。

Java 提供的对象输入流 ObjectInputStream 和对象输出流 ObjectOutputStream 可以方便地实现对象的读写操作，它们分别是 InputStream 和 OutputStream 的子类。ReadObject() 方法可以实现对象的读取，并且要捕捉 IOException 异常和 ClassNotFoundException 异常。

【注意】 数组和字符串也是对象，但基本类型，如 int 等，必须通过 DataInput 中的 readInt 方法读取，不能使用 ReadObject() 方法。

例如，从一个采用对象输出流创建的文件中读取数据：

```
FileInputStream istream=new FileInputStream("t.tmp");   //创建一个对象输入流
ObjectInputStream ois=new ObjectInputStream(istream);
int i=ois.readInt();
String today=(String)ois.readObject();      //读取一个 String 对象
Date date=(Date)ois.readObject();           //读取 Date 对象
ois.close();
```

ObjectOutputStream 类提供的 writeObject() 方法可以实现对象的写入，但基本类型的变量，如 int 等，必须通过 DataOutput 中的 writeInt() 方法写入数据，而不能使用 writeObject() 方法。例如向一个文件中写入数据：

```
FileOutputStream ostream=new FileOutputStream("t.tmp");
ObjectOutputStream out=new ObjectOutputStream(ostream);
out.writeInt(12345);                //写入基本类型数据
out.writeObject("Today");           //写入对象类型数据
out.writeObject(new Date());        //写入对象
out.flush();                        //刷新缓冲区
out.close();
```

通过 writeObject() 方法实现写入对象时，必须捕捉 IOException 异常。

【注意】 Date 类位于 java.util 包中，通过它可以获取时、分、秒方面的信息。

读取对象时，必须仔细记录已保存的对象个数、顺序和类型。每调用一次 readObject() 方法，就读入一个对象，然后需将该对象转换为其正确类型。如果不需要或忘记了确切类型,则可将其转换为超类类型,或者就将其保留为 Object 类型。例如,e2 是个雇员类对象,但实际代表经理类对象。如果需要动态查询对象的类型,可用第 4 章介绍的 getClass() 方法。对象内部的实例变量(例如,雇员对象的工资)将被自动存储和恢复。

8.5.2 对象序列化

Java 的对象序列化(Object Serialization),可以将那些实现了 Serializable 接口的对象转换成一系列字节,并可在以后完全恢复回原来的样子。这一过程也可通过网络进行,这意味着序列化机制能自动补偿操作系统间的差异。换句话说,可以先在 Windows 机器上创建一个对象,对其进行序列化,然后通过网络将序列化后的对象发送给一台 UNIX 机器,然后在那里准确无误地重新"装配"对象。从而不必关心数据在不同机器上如何表示,也不必关心字节的顺序或其他细节。

对象序列化是一个非常有意义的操作。通过序列化一个对象,将其写入磁盘,以后在程序重新调用时再恢复那个对象,就能实现对象"持久"的效果。

对象的序列化处理非常简单,只需对象实现了 Serializable 接口即可(该接口仅是一个标记,不带任何方法)。为序列化一个对象,首先要创建一个 OutputStream 对象,然后将其封装到 ObjectOutputStream 对象内。此时,只需调用 writeObject() 方法即可完成对象的序列化,并将其发送给 OutputStream。相反的过程是将一个 InputStream 封装到 ObjectInputStream 内,然后调用 readObject() 方法。

【例 8-6】 测试对象类。首先向磁盘写入一个对象数组,该数组含有两个雇员,一个经理,然后再从磁盘恢复这些数组。一旦恢复数据,就立即将雇员的工资提高 50%。不是慷慨,而根据不同的 raiseSalary() 方法,可容易地区分出雇员对象和经理对象,这可证明正确地恢复了对象。

```
package chapter8;
import java.io.*;
import java.util.*;
class employee implements Serializable     //Serializable 是一个接口
{
    private String name;         //姓名
    private double salary;       //薪水
    private Date hireDate;       //雇佣日期
    public employee(String n,double s,Date d)
    {
        name=n;
        salary=s;
        hireDate=d;
    }
    public employee(){ }
    public void raiseSalary(double percent)
    {
        salary *=1+percent/100 ;
    }
```

```java
        public int hireYear()          //获取雇佣年份
        {
            return hireDate.getYear();
        }
        public String getInfo()        //获取雇员的信息
        {
            return name+"\t"+salary+"\t"+hireYear();
        }
    }
    class manager extends employee     //定义 manager 类
    {
        private String secretaryName;  //增加的实例变量 secretaryName
        public manager(String n,double s,Date d)
        {
            super(n,s,d);              //调用父类的构造函数
            secretaryName="";
        }
        public manager(){ }            //默认构造函数
        public void raiseSalary(double percent)
        {
            Date today=new Date(2004,1,12);
            double honus=0.5*(today.getYear()-hireYear());
            super.raiseSalary(honus+percent);
        }
        public void setSecretaryName(String n)
        {
            secretaryName=n;
        }
        public String getSecretaryName()
        {
            return secretaryName;
        }
            //该方法覆盖了父类中的同名方法
        public String getInfo()
        {
            return super.getInfo()+"\t"+secretaryName;
        }
    }

    public class ObjectTest
    {
        public static void main(String args[])
        {
            employee staff[]=new employee[3];    //定义一个对象数组
```

```
        staff[0]=new employee("John",1000,new Date(2010,10,1));      //雇员对象
        manager m=new manager("Smith",1500,new Date(2010,6,12));     //经理对象
        staff[2]=new employee("Tony",1000,new Date(2010,4,26));      //雇员对象
        m.setSecretaryName("Anna");        //设置经理的秘书名
        staff[1]=m;

        try{
            //创建序列化对象文件
            FileOutputStream ostream=new FileOutputStream("test.dat");
            ObjectOutputStream out=new ObjectOutputStream(ostream);
            out.writeObject(staff);
            out.close();

            //从对象文件中读取数据
            FileInputStream istream=new FileInputStream("test.dat");
            ObjectInputStream in=new ObjectInputStream(istream);
            employee newStaff[]= (employee[]) in.readObject();        //读取对象
            for(int i=0;i<newStaff.length;i++)
                newStaff[i].raiseSalary(50);         //工资增加 50%
            for(int i=0;i<newStaff.length;i++)
                System.out.println(newStaff[i].getInfo());
            in.close();
        }catch(Exception e)
        {
            System.out.println("Exception: "+e);
            System.exit(0);
        }
    }
}
```

【程序运行结果】

```
John    1500.0    2010
Smith   2205.0    2010    Anna
Tony    1500.0    2010
```

【程序解析】 程序中的 employee newStaff[]＝(employee[]) in.readObject()语句,之所以采用类型强制转换,因为 readObject()方法的返回值是 Object 类型,必须将其转换为 employee 的数组类型。在输出结果的第二行,不但输出了 Smith 经理的信息,同时也输出了其秘书的姓名,这是因为 newStaff[1]调用了 manager 类中的 getInfo()方法,而 newStaff[0]和 newStaff[2]调用了 employee 类中的 getInfo()方法。

8.6 Java 中的文件新特性

新版 Java 通过对文件访问 API 的改进,解决了老版本中诸如不支持文件移动、复制、查看目录或文件等问题,并具有诸多灵活选项设置,可以实现多种文件操作。

8.6.1 文件路径操作

Paths 类能够返回文件路径 Path 的实例,它提供了两种方法,使用方法如下:

(1) public static Path get(String path):通过指定路径字符串返回该路径的一个 Path 实例。

(2) public static Path get(URI uri):通过指定路径的 URI 返回一个 Path 实例。

下面的例子说明了 Paths 类的基本用法。

【例 8-7】 获取文件路径。

```
public class PathsTest
{
    public static void main(String[] args)
    {
        Path path=Paths.get("E:/Java/PathsTest.java");
        System.out.println(path);                                  //带路径的文件名
        System.out.println(path.getFileName());                    //文件名,不带路径
        System.out.println(path.getNameCount());                   //目录以及文件名数目
        System.out.println(path.getName(path.getNameCount()-1));//不带路径的文件名
    }
}
```

【程序运行结果】

```
E:\Java\PathsTest.java
PathsTest.java
2
PathsTest.java
```

8.6.2 遍历文件和目录

Java 提供了 FileVisitor 来实现对文件目录的遍历操作,具体的使用方法有以下 4 种:

(1) preVisitDirectory(T dir, BasicFileAttributes attrs):在访问文件目录中的条目之前调用该方法,返回一个 FileVisitResult 类型的枚举值。

(2) visitFile(T file, BasicFileAttributes attrs):在当前目录中有文件被访问时调用该方法,返回一个 FileVisitResult 类型的枚举值。

(3) visitFileFailed(T file, IOException exc):当访问文件失败时调用该方法,返回一个 FileVisitResult 类型的枚举值。

(4) postVisitDirectory(T dir, IOException exc):完成对目录及其子目录的访问后,调用该方法,当目录访问成功时,异常参数为空。该方法返回一个 FileVisitResult 类型的枚举值。

以上 4 种方法都会返回一个 FileVisitResult 类型的枚举类,代表访问文件后的行为。该类定义了如下几种行为:

CONTINUE:继续访问。

TERMINATE：终止访问。
SKIP_SIBLINGS：继续访问，但是不访问该文件（或目录）的兄弟文件（或兄弟目录）。
SKIP_SUBTREE：继续访问，但是不访问该文件（或目录）的子目录。

8.6.3 获取文件属性

不同操作系统中的文件系统对于文件属性的支持是不同的，为了避免特定运行平台造成的文件属性获取困难的问题，Java 对文件属性进行了抽象，采用文件属性视图的概念，使得用户可以方便地获取文件属性。不同的属性视图对应有包含真实属性信息的属性类，主要视图接口包含以下几类：

（1）java.nio.file.attribute.AttributeView：所有属性视图的父接口。
（2）java.nio.file.attribute.BasicFileAttributes：用于获取不同文件系统中的通用属性，如最后修改时间、最后访问时间、创建时间等。这一属性视图在所有平台上均可使用。
（3）FileOwnerAttributeView：用于获取并设置特定文件的所有者。
（4）DosFileAttributeView：用于获取或修改文件 DOS 属性，如文件是否是系统文件，是否可读，是否隐藏等。

下面的例子简单演示了访问文件属性的方法。

【例 8-8】 获取文件属性。

```
public class FileAttributeTest
{
    public static void main(String[ ] args) throws Exception
    {
        Path path=Paths.get("D:/test/test.txt");
                            //假设在 D 盘 test 目录下有一个 test.txt 文件
        BasicFileAttributeView basicview = Files.getFileAttributeView (path, BasicFileAttributeView.class);
        BasicFileAttributes basicfile=basicview.readAttributes();
        System.out.println("文件创建时间："+ new Date(basicfile.creationTime().toMillis()));
        System.out.println("文件大小："+basicfile.size());
        DosFileAttributeView dosview = Files.getFileAttributeView (path, DosFileAttributeView.class);
        dosview.setHidden(true);
        dosview.setReadOnly(true);
        System.out.println("文件读写属性："+dosview.readAttributes().isReadOnly());
    }
}
```

【程序运行结果】

文件创建时间：Mon Sep 08 14:30:41 CST 2014
文件大小：47
文件读写属性：true

8.7　IOException 类

输入和输出操作中的错误都由 IOException 的子类报告。编程中经常用到的 4 个具体子类如下：

(1) public class EOFException extends IOException

当到达输入结尾时,由数据流接口中的方法抛出。

(2) public class FileNotFoundException extends IOException

当提供的文件名找不到时,由文件流的构造函数抛出。

(3) public class InterruptedIOException extends IOException

当 I/O 操作被中断时,由任意一个流抛出。

(4) public class UTFDataFormatException extends IOException

当正在读取的字符串中有 UTF 语法格式错误时,由 DataInputStream.readUTF()方法抛出。

在编写程序时,要通过异常对象捕捉异常信息,并通过 printStackTrace()方法跟踪异常。

本章主要讲述了输入输出流的概念和处理方法,包括 InputStream/OutputStream、File、FileInputStream/FileOutputStream、DataInputStream/DataOutputStream、RandomAccessFile 类等。其中 RandomAccessFile 类不是 InputStream 或 OutputStream 的子类,但它能同时完成两者的功能。这是因为 RandomAccessFile 类实现了 DataOutput 和 DataInput 接口。本章最后还讲述了输入输出操作中常见的异常信息。

(1) 编写一个程序,从一个文本文件中读取数据,一次读取一行文本,将它们存储在一个数组中,然后逆序输出这个数组。

(2) 修改(1),采用命令行参数指定文本文件名。

(3) 在(2)的基础上,将数组内的字符都变成大写,然后逆序输出这个数组。

(4) 编写一个程序,采用命令行参数输入一个文本文件名和一个字符串,在这个文件内查找这个字符串。要求输出具有该字符串的所有文本行。

(5) 编写一个程序,比较两个文本文件的内容是否相同。

第 9 章 多 线 程

Java 语言支持多线程，即一个程序中可以有多个并行运行的线程，这是传统的编程语言 C 所不具备的一个功能。多线程提高了资源的利用率，减少了用户等待的时间。例如，Java 的垃圾回收器就是一个低优先级的线程，当将对象设置为 null 时，就将该对象标记为垃圾，然后由垃圾回收器自动处理。

本章的学习目标：
◆ 理解多线程的概念
◆ 理解线程的生命周期
◆ 掌握多线程编程中的常量和方法
◆ 理解线程调度方法
◆ 理解资源冲突与协调
◆ 掌握线程之间的通信

9.1 Java 中的多线程的基本概念

在多线程模型中，如基于 Windows 95/98 或 Windows NT 的 Java 平台上，多个线程共存于同一块内存中，且共享资源。CPU 的时间被划分为多个片段，每个线程分配有限的时间片来处理任务。由于 CPU 在各个线程之间的切换速度非常快，因此用户感觉不到，从而认为它们在并行运行。Java 的多线程机制依赖于平台，一个多线程应用程序在不同平台上的表现也不尽相同。

多线程的特点

多个线程同时驻留在内存中，并且同时运行，它们往往表现为如下特点：

（1）多个线程在运行时，系统自动在各个线程之间进行切换。

（2）由于多个线程共存于同一块内存中，线程之间的通信非常容易。

（3）Java 将线程视为一个对象来管理。Java 定义了一个类 Thread 和一个接口 Runnable，Java 线程要么是 Thread 类的对象，要么是实现接口 Runnable 类的对象。

（4）Java 根据各个线程的优先级确定线程之间的切换。优先级是 1~10 之间的整数，当多个线程并行执行时，具有较高优先级的线程将获得较多的 CPU 时间片。

（5）优先级仅仅表示了线程之间的相对关系，当仅仅有一个线程时，优先级无关紧要。

（6）由于多个线程同存于一块内存，共享一组资源，因此有可能在运行时产生冲突。采用 synchronized 关键字可以协调资源，保护共享变量和方法，使每一次只有一个线程访问它们，从而实现线程同步（参见 9.3 节）。

9.2 线程类

Java 中的线程类 Thread 定义在 java.lang 包中,它封装了关于线程控制的功能,在编写多线程程序时,应当掌握一些常用的方法。

9.2.1 多线程编程中常用的常量和方法

Thread 类包含的常量有:

(1) public static final int MAX_PRIORITY:线程的最大优先级,值是 10。
(2) public static final int MIN_PRIORITY:线程的最小优先级,值是 1。
(3) public static final int NORM_PRIORITY:默认优先级,值是 5。

表 9-1 总结了多线程的一些常用方法,并给出了功能解释。

表 9-1 多线程处理的基本方法

方 法 名	功 能 描 述
currentThread()	返回当前运行的线程对象,是一个静态方法
sleep(int n)	使当前运行的线程睡眠 n 个毫秒,然后继续执行,也是静态方法
yield()	使当前运行的线程放弃执行,切换到其他线程,是一个静态方法
isAlive()	判断这个线程是否处于运行状态,返回一个布尔值,true 表示该线程处于运行状态,false 表示该线程已停止运行
start()	使调用该方法的线程开始执行
run()	该方法只能由 start()方法自动调用,不能由对象直接调用
stop()	使调用的线程停止执行,并退出可执行状态
suspend()	使调用的线程暂停执行,不退出可执行状态
resume()	将暂停的线程继续执行,与方法 suspend()相对
setName(String s)	赋予调用线程一个名字,一般在调试程序时使用
getName()	获得调用线程的名字
getPriority()	获得调用线程的优先级,返回一个 1~10 之间的整数
setPriority(int p)	将参数 n 设置为调用线程的优先级
join(long millis)	指定一个以毫秒为单位的等待时间,直到该线程死亡。若等待时间设置为 0,表示一直等待。若其他线程中断了该线程,将抛出异常
join(long millis, int nanos)	指定以毫秒和纳秒为单位的等待时间,直到该线程死亡。若等待时间设置为 0,表示一直等待。若其他线程中断了该线程,将抛出异常
join()	等待线程死亡,若其他线程中断了该线程,将抛出异常

说明:

(1) join()方法的原型为 public final void join([参数]) throws InterruptedException,其中 InterruptedException 是中断异常。

(2) 在上述方法中 start()和 run()方法最为重要,当创建一个对象后,调用 start()方法执行线程,但对一个线程不能调用该方法两次,否则将产生异常。run()方法往往由程序员自己实现,是线程真正执行的程序代码。

(3) 在创建线程对象时,默认的线程优先级是 5,一般设置优先级在 4~6 之间,不要设置为 10,否则其他线程将执行不到。Java 的调度器能使高优先级的线程始终运行,一旦时间片有空闲,具有同等优先级的线程将轮流使用时间片。

9.2.2 线程的生命周期

当启动一个程序时,就已经启动了一个 main 线程,本书前面的例子都是单线程。一个线程的生命周期如图 9-1 所示。

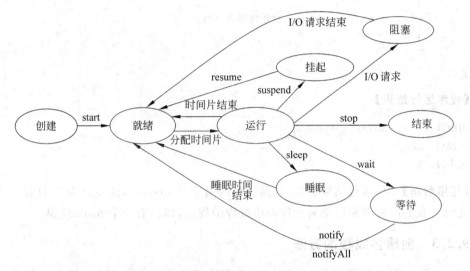

图 9-1 线程的生命周期

从图 9-1 可以发现,当处于运行状态的线程发出 I/O 请求时,便进入阻塞状态,当其等待的 I/O 操作结束时,就进入就绪状态。线程调用 sleep()方法进入睡眠状态,当预期时间结束进入就绪状态。线程调用 suspended()方法,进入挂起状态,当另外一个线程调用 resume()方法时,挂起的线程进入就绪状态。线程调用 wait()方法,进入等待状态,它将按时间次序排在等待队列中,当与某对象相关的另一个线程调用 notify()方法时,等待队列中相应该对象的第一个线程便进入就绪状态。处于运行状态的线程,若运行时间结束,转入就绪状态。

【例 9-1】 获取当前运行的线程。

```
package chapter9;
public class getThreadInfo
{
    public static void main(String args[])
    {
        String name;
        int p;
        Thread curr;      //定义一个线程类引用
```

```
        curr=Thread.currentThread();        //创建一个线程对象
        System.out.println("当前线程："+curr);
        name=curr.getName();        //通过getName方法获得线程的名字
        p=curr.getPriority();       //获得线程的优先级
        System.out.println("线程名："+name);
        System.out.println("优先级："+p);

        try{
            Thread.sleep(100);
        }catch(InterruptedException e)      //捕捉睡眠期间的中断异常
        {
            System.out.println("处理异常！");
        }
    }
}
```

【程序运行结果】

当前线程：Thread[main,5,main]
线程名：main
优先级：5

【程序解析】 从运行结果可知,当前线程的名字是 main,其优先级为 5,这是一个默认的优先级。我们前面的程序都属于这种单线程的程序,即只有一个 main 线程。

9.2.3 创建多线程的方法

例 9-1 是一个单线程的例子,Java 实现多线程的方法有两种,一种方法是通过创建 Thread 类的子类实现多线程;另一种方法是定义一个实现 Runnable 接口的类。

通过创建 Thread 类的子类实现多线程的步骤如下：

(1) 定义一个 Thread 类的子类。
(2) 声明子类中的方法 run(),从而实现覆盖父类 Thread 中的方法 run()。
(3) 创建该子类的一个线程对象。
(4) 通过 start()方法启动线程。start()方法是从 Thread 类中继承而来的,它将自动调用方法 run()。因此,方法 run()是最为关键的方法,是线程执行的核心代码。

【例 9-2】 通过继承 Thread 类实现多线程。

```
package chapter9;
class UserThread extends Thread        //通过继承 Thread 定义多线程类
{
    int sleepTime;
    public UserThread(String id)        //构造函数
    {
        super(id);                      //调用父类构造函数,设置线程名
        sleepTime=(int)(Math.random()*1000);    //产生随机数,睡眠 0~1 秒
        System.out.println("线程名："+getName()+",睡眠："+sleepTime+"毫秒");
```

```java
    public void run()          //无论是实现 runnable 接口或继承 Thread 类均要设置 run
    {
        try{                               //通过线程睡眠模拟程序的执行
            Thread.sleep(sleepTime);       //sleep()方法可能会产生异常
        }catch(InterruptedException e)
        {
            System.err.println("运行异常："+e.toString());
        }
        System.out.println("目前运行的线程是："+getName());
    }
}

public class multThreadTest              //主类
{
    public static void main(String args[])
    {
        UserThread t1, t2, t3, t4;        //定义 4 个线程引用
        t1=new UserThread("NO 1");        //创建一个名为 NO 1 的线程
        t2=new UserThread("NO 2");
        t3=new UserThread("NO 3");
        t4=new UserThread("NO 4");
        t1.start();                       //启动 4 个线程
        t2.start();
        t3.start();
        t4.start();
    }
}
```

【程序运行结果】 由于该程序采用了随机数设置线程睡眠时间,故每次运行结果不同。在作者的计算机上,第一次运行结果如下：

线程名：NO 1,睡眠：885 毫秒
线程名：NO 2,睡眠：66 毫秒
线程名：NO 3,睡眠：203 毫秒
线程名：NO 4,睡眠：294 毫秒
目前运行的线程是：NO 2
目前运行的线程是：NO 3
目前运行的线程是：NO 4
目前运行的线程是：NO 1

第二次运行结果如下：

线程名：NO 1,睡眠：842 毫秒
线程名：NO 2,睡眠：270 毫秒
线程名：NO 3,睡眠：667 毫秒
线程名：NO 4,睡眠：94 毫秒

目前运行的线程是：NO 4
目前运行的线程是：NO 2
目前运行的线程是：NO 3
目前运行的线程是：NO 1

【程序解析】 从上面两次运行程序所得到的输出结果可知：由于多个线程同时运行，每个线程的睡眠时间不定，因此每次运行的结果不全相同。

【注意】 Thread 类中的 run()方法具有 public 属性，因此继承该类的子类在覆盖该方法时，前面也必须带上 public 修饰符。

通过实现 Runnable 接口创建多线程的步骤如下：

(1) 定义一个实现 Runnable 接口的类。

(2) 定义该类中的方法 run()。Runnable 接口中有一个空方法 run()，实现它的类必须覆盖此方法。

(3) 创建该类的一个线程对象，并将该对象作为参数传递给 Thread 类的构造函数，从而生成 Thread 类的一个对象。

(4) 通过 Thread 类的对象调用 start()方法启动线程。start()方法是从 Thread 类继承而来，它将自动调用方法 run()。

【例 9-3】 通过实现 Runnable 接口，创建 Thread 类对象实现多线程。

```java
package chapter9;
class UserMultThread implements Runnable          //通过实现接口,定义一个线程类
{
    int num;
    UserMultThread(int n) {    num=n; }           //构造函数
    public void run()                             //必须实现该方法
    {
        for(int i=0;i<3;i++)                      //每个线程循环 3 次
            System.out.println("运行线程："+num);
        System.out.println("结束："+num);
    }
}
public class multThreadZero
{
    public static void main(String args[]) throws InterruptedException
    {
        Thread mt1=new Thread(new UserMultThread(1));
        Thread mt2=new Thread(new UserMultThread(2));
        mt1.start();
        mt2.start();
        mt1.join();                               //等待线程死亡
        mt2.join();
    }
}
```

【程序运行结果】

运行线程：1
运行线程：1
运行线程：2
运行线程：1
运行线程：2
结束：1
运行线程：2
结束：2

【程序解析】 若再次运行该程序，输出结果可能与上一次不同。通过实现接口创建多线程也是一种实现多线程的方法。

程序中的 mt1.join()是等待线程死亡的方法，对该方法必须捕捉异常，或通过 throws 关键字指明可能要发生的异常。但需要说明的是，本例采用的这种仅指明异常而不对异常进行处理的方法不是一种好的做法。因为在多人合作编写程序时，若你自己编写的方法产生了异常，应当由自己处理，而不应该提交给别人处理，别人可能不了解产生该类异常的具体原因，所以一个好的程序应当采用 try-catch 语句进行异常处理。

无论通过哪一种方法创建多线程，都必须通过 start()方法启动线程。在启动之前，虽然线程已经存在，但还不能运行。但一个线程不能启动两次，否则会产生非法线程状态异常 IllegalThreadStateException。

【注意】 Runnable 接口中的 run()方法具有 public 属性，因此实现该接口的类在覆盖该方法时，前面也必须带上 public 修饰符。

9.3 线程的基本操作

本节主要介绍线程的几种基本操作方法。

9.3.1 线程的启动

创建一个线程之后，可以使用 start()方法启动该线程。

【例 9-4】 启动线程。

```java
public class ThreadTest extends Thread
{
    public void run()
    {
        System.out.println("当前线程名："+ this.getName());
    }

    public static void main(String[ ] args)
    {
        ThreadTest  t1=new ThreadTest();
```

```
        ThreadTest   t2=new ThreadTest();
        t1.start();
        t2.start();
    }
}
```

【程序运行结果】

当前线程名:Thread-0
当前线程名:Thread-1

9.3.2 线程的休眠

线程的休眠可以利用 sleep( )方法来完成,该方法需要一个参数来指定线程休眠的时间,以毫秒为单位。sleep( )方法的基本使用方法如下:

```
try{
    Thread.sleep(1000);
}catch(InterruptedException)
{
    e.printStackTrace();
}
```

下面的实例演示了 sleep( )方法的基本使用方法。

【例 9-5】 线程休眠。

```
public class ThreadTest extends Thread
{
    public void run()
    {
        for (int i=1; i <=10; i++)
        {
            try {
                Thread.sleep(1000);              //休眠 1000 毫秒,即 1 秒
                System.out.print("线程第"+i+"次休眠,睡眠 1 秒!\n");
            }catch (InterruptedException e)
            {
                e.printStackTrace();
            }
        }
    }

    public static void main(String[ ] args)
    {
        ThreadTest   t=new ThreadTest();
        t.start();
    }
}
```

【程序运行结果】

线程第 1 次休眠，睡眠 1 秒！
线程第 2 次休眠，睡眠 1 秒！
线程第 3 次休眠，睡眠 1 秒！
线程第 4 次休眠，睡眠 1 秒！
线程第 5 次休眠，睡眠 1 秒！
线程第 6 次休眠，睡眠 1 秒！
线程第 7 次休眠，睡眠 1 秒！
线程第 8 次休眠，睡眠 1 秒！
线程第 9 次休眠，睡眠 1 秒！
线程第 10 次休眠，睡眠 1 秒！

9.3.3 线程的停止

停止一个线程可以使用 stop( ) 方法来实现，但是现在一般不建议使用该方法，而是在 run( ) 方法中使用 while 循环的形式，采用一个布尔型标记控制循环的停止与运行。基本的形式如下：

```java
public class Interrupted extends Thread
{
    private boolean isContinue=false;

    public void run( )
    {
        while(true)
        {
            //…
            if(!isContinue)
            {
                break;                        //终止 while 循环
            }
        }
    }

    public void setContinue(boolean par)
    {
        this.isContinue =par;
    }
}
```

除了上述的启动、休眠等操作外，线程还可以完成多种操作，这些操作都对应有不同的 API 接口，要灵活运用线程，具体见表 9-1 中的基本方法。

9.4 资源的协调与同步

9.4.1 线程调度模型

Java 对线程的调度是依据优先级进行的。Java 中的每个线程都有一个优先级。默认情况下,线程继承其父类的优先级,但可用 setPriority()方法重新设置线程的优先级。当线程调度程序挑选新线程时,将选择处于就绪状态且优先级最高的线程。优先级最高的线程将一直运行,直到:

(1) 调用 yield()方法退出。

(2) 不再是可运行的(处于消亡或进入阻塞状态)。

(3) 被其他优先级更高的线程替代(具有更高优先级线程可能已休眠了指定的时间段,或其 I/O 操作已结束,或者调用了 resume()或 notify()方法)。

此时,调度程序就选择运行一个新的线程。所选线程是在可运行线程中优先级最高的一个。如果多个进程具有相同的优先级,它们将被轮流调度。即仅当同优先级的所有其他线程至少被调度了一次以后,才重复执行具有同样优先级的一个线程。

【例 9-6】 Java 对多线程的调度方法。

```java
package chapter9;
class threadTest extends Thread        //定义一个 thread 的子类
{
    threadTest(String str)
    {
        super(str);                    //调用父类构造函数设置线程的名字
    }

    public void run()
    {
        try{
            Thread.sleep(2);           //通过睡眠模拟程序的执行
        }catch(InterruptedException e)
        {
            System.err.println(e.toString());
        }
        //输出线程的名字和优先级
        System.out.println(getName()+" "+getPriority());
    }
}

public class multThreadOne                 //定义一个主类
{
    public static void main(String args[])
    {
        Thread one=new threadTest("one");  //定义 3 个线程对象
```

```
        Thread two=new threadTest("two");
        Thread three=new threadTest("three");
        one.setPriority(Thread.MIN_PRIORITY);        //设置各个线程的优先级
        two.setPriority(Thread.NORM_PRIORITY);
        three.setPriority(Thread.MAX_PRIORITY);
        one.start();                                 //首先启动 one 线程
        two.start();
        three.start();
    }
}
```

【程序运行结果】

```
three 10
two 5
one 1
```

【思考】 子曰:"学而不思则罔,思而不学则殆。"在 run()方法中,通过线程睡眠 2 个毫秒来模拟程序的执行。如果不睡眠,程序的运行结果就不一定与上述输出结果相同,你知道可能输出什么吗?如果上述示例在一个多核计算机上运行,程序的结果也可能不是这样,你可运行该程序多次,思考为什么?

9.4.2 资源冲突

多个线程同时运行可以提高程序的执行效率,但是,由于它们位于同一个内存区中,共享一组资源,因此在运行时,可能因为资源冲突引起死锁。

【注意】 此处所说的"多个线程同时运行"是相对的,对于只有一个单核 CPU 的计算机来讲,在每个时刻,CPU 中只有一个线程在运行。由于机器的运行速度和切换速度很快,我们感觉不出这些线程在顺序执行,就认为它们是在同时运行。

【例 9-7】 多线程导致的资源冲突。

```java
package chapter9;
class UserThread
{
    void Play(int n)
    {
        System.out.println("运行线程 NO: "+n);
        try{
            Thread.sleep(3);                         //采用睡眠模拟程序的运行
        }catch(InterruptedException e)
        {
            System.out.println("线程异常,NO: "+n);
        }
        System.out.println("结束线程 NO: "+n);
    }
}
```

```java
class UserMultThread implements Runnable
{
    UserThread UserObj;
    int num;
    UserMultThread(UserThread o,int n)
    {
        UserObj=o;
        num=n;
    }
    public void run()
    {
        UserObj.Play(num);
    }
}

public class multThreadTwo
{
    public static void main(String args[])
    {
        UserThread Obj=new UserThread();        //定义对象 Obj
            //采用 Obj 定义线程对象
        Thread t1=new Thread(new UserMultThread(Obj,1));
        Thread t2=new Thread(new UserMultThread(Obj,2));
        Thread t3=new Thread(new UserMultThread(Obj,3));
        t1.start();
        t2.start();
        t3.start();
    }
}
```

【程序运行结果】

运行线程 NO: 1
运行线程 NO: 3
结束线程 NO: 1
结束线程 NO: 3
运行线程 NO: 2
结束线程 NO: 2

【程序解析】 由于 3 个线程都调用了同一个对象 Obj 的同一个方法，就产生了竞争现象。3 个线程的同时执行，导致信息混合在一起。从结果可以发现，一个线程的开始与结束与其他线程的信息混合在一起。那么，如何实现线程同步呢？即如何避免信息混合呢？

9.4.3 同步方法

在 Java 语言中通过关键字 synchronized 可以实现线程的同步化。这时，在某个时刻只能有一个线程可以访问会发生冲突的资源。当对一个对象使用了 synchronized 关键字后，这个对象便被锁定或者说进入了监视器(monitor)。这就可以保证,在一个时刻只能有一个线程进入监视器来访问被锁定的对象,其他要访问的线程将被挂起,直到前一个线程退出监视器,这时该监视器才会打开刚才锁定对象的锁,让优先级较高并处于就绪状态的线程调用 synchronized,从而实现对冲突资源的访问。

Java 中的每个对象都与一个监视器相连,如果不使用同步关键字,监视器就不会真正地被分配。为了实现同步,必须使用关键字 synchronized。采用 synchronized 加锁一般有两种方法,一种方法是锁定冲突的对象;另一种方法是锁定冲突的方法。

1. 锁定冲突的对象

锁定对象的语法格式如下:

```
synchronized (ObjRef)
{
    Block                    //需要同步执行的语句体
}
```

锁定对象的语句可以出现在任何一个方法中,当执行该语句时,线程在继续执行之前,必须将对象 ObjRef 锁定。例如,将例 9-5 中的方法 run()修改如下:

```
public void run()
{
    synchronized(UserObj)      //锁定对象
    {
        UserObj.Play(num);
    }
}
```

修改后的运行结果如下:

```
运行线程 NO: 1
结束线程 NO: 1
运行线程 NO: 2
结束线程 NO: 2
运行线程 NO: 3
结束线程 NO: 3
```

从结果中可以看到线程 1、2、3 已经按照启动的先后顺序执行。第二种方法是锁定冲突的方法。

每个对象都有一个标志位,其值可以是 0 或 1。当线程运行过程中遇到同步块时,会首先查看该对象的标志位,标志位值为 0 表示有其他线程正在占用当前对象,当前线程无法访问,线程处于就绪状态,直到同步块中的代码被释放,对象标志位修改为 1,该线程才能执行代码,并再次将对象的标志位修改为 0。

2. 锁定冲突的方法

锁定方法的语法格式比较简单,只需要将该关键字加到方法定义之前即可:

synchronized 方法的定义

当线程 a 在执行同步方法时,如果另外一个线程 b 也要执行该方法,那么线程 b 将被阻塞,直到线程 a 退出或线程 a 调用 wait()方法释放监视器。例如,将例 9-5 中的方法 Play()修改如下:

synchronized void Play(int n)
{
　　…　　　　　　　　　//中间的程序代码略
}

这种方法也能使线程按照启动的先后顺序执行,从而解决冲突,这是一种常用的加锁方法。

【注意】 对方法 run()无法加锁,这并不是说对 run()加锁存在语法错误,而是无法避免冲突。Java 提供的另外一种方法是调用 wait()和 notify()方法,将在下面讲述,但要注意的是,这两个方法必须成对出现,这样才能使等待的线程结束等待。此外,不允许对构造函数加锁,否则会出现语法错误。

9.5 线程间通信

要求若干个线程之间能进行正常通信,是多线程编程中经常遇到的问题。实现多线程通信的有效方法是通过 Java 提供的系统方法实现,主要有如下 3 种方法:

(1) wait()方法:使一个线程进入等待状态,直到被唤醒。只能从同步方法内调用该方法。如果当前线程不是对象的监视器的拥有者,该方法将抛出非法监视器状态异常 IllegalMonitorStateException。

(2) notify()方法:通知等待监视器的线程,该对象的状态已经发生了改变。只能从同步方法内调用该方法。如果当前线程不是该对象监视器拥有者,此时调用 notify()方法,将抛出一个非法监视器状态异常类异常。

(3) notifyAll()方法:唤醒从同一个监视器中用 wait()方法退出的所有线程,使它们按照优先级的顺序重新排队。

【例 9-8】 通过 java.lang.Object 类提供的 wait()和 notify()方法实现多个线程同步。

```
package chapter9;
class comm
{
    private int n;
    private boolean bool=false;
    synchronized void produce(int i)
    {
        if(bool)            //bool 是共享变量,用于控制读取
        {
            try{
                wait();     //线程运行到此,将进入等待队列
            }catch(InterruptedException e)
            {
```

```java
            System.out.println("comm中出现了异常");
        }
    }
        //如果该线程没有进入等待状态,即bool的值为false,将继续执行
    n=i;
    bool=true;
    System.out.print("产生数据："+n);
    notify();        //唤醒另外一个线程
    }

    synchronized void readout()
    {
        if(!bool)        //bool是共享变量,用于控制读取
        {
            try{
                wait();        //当前线程进入了等待队列
            }catch(InterruptedException e)
            {
                System.out.println(" comm中出现了异常");
            }
        }
            //如果该线程没有进入等待状态,即bool的值为false,将继续执行
        bool=false;
        System.out.println(",\t读取数据："+n);
        notify();        //唤醒另外一个线程
    }
}

class dataProducer implements Runnable
{
    comm cm;
    dataProducer (comm c) {    cm=c;        }
    public void run()
    {
        try{
            for(int i=0;i<5;i++)
            {
                cm.produce((int)(Math.random() * 100));
                Thread.sleep(5);        //延迟10个毫秒模拟程序执行
            }
        }catch(InterruptedException e)
        {
            System.out.println("dataProducer中出现了异常");
        }
    }
```

```
    }

    class dataConsumer implements Runnable
    {
        comm cm;
        dataConsumer(comm c) {    cm=c;        }
        public void run()
        {
            try{
                for(int i=0;i<5;i++)
                {
                    cm.readout();
                    Thread.sleep(10);        //延迟10个毫秒模拟程序执行
                }
            }catch(InterruptedException e)
            {
                System.out.println(" dataConsumer 中出现了异常");
            }
        }
    }

    public class multThreadThree
    {
        public static void main(String args[])
        {
            comm cm=new comm();
            Thread t1=new Thread(new dataProducer (cm));
            Thread t2=new Thread(new dataConsumer(cm));
            t1.start();
            t2.start();
        }
    }
```

【程序运行结果】 程序采用了随机数，它的一个可能的输出结果如下：

产生数据：98,　　读取数据：98
产生数据：70,　　读取数据：70
产生数据：63,　　读取数据：63
产生数据：72,　　读取数据：72
产生数据：86,　　读取数据：86

【程序解析】 下面对线程调度方法提出几点建议：

(1) 如果一个类有一个或多个同步的方法，则该类的每个对象就有一个队列，在此队列中有多个线程，这些线程等待执行该对象的某个同步方法。

(2) 线程可采用两种方式进入队列。①当线程 a 正在使用一对象时，线程 b 调用该对象的同步方法，则线程 b 进入队列；②调用 wait()方法使线程进入队列。

(3) 当一个同步方法（前面带 synchronized 关键字的方法）调用返回时，或一个方法调用了 wait()方法时，另一线程就可访问冲突的对象。

(4) 线程调度程序在队列中选取优先级最高的线程。

(5) 如果一个线程因调用 wait()而进入队列，则必须调用 notify()才能"解冻"该线程，然后，该线程才能被调度、执行。因此，wait()和 notify()方法必须成对出现。

线程的调度规则比较复杂，编写程序时应遵循下列规则：

(1) 如果有多个线程访问同一对象，就要将执行修改操作的方法声明为 synchronized。

(2) 如果线程必须等待某个对象改变状态，则应在同步方法内调用 wait()方法。

(3) 每当一个方法改变了某个对象的状态，就应该调用 notify()方法。这样，等待线程就有机会检查环境是否发生了变化。

在编写程序时应当充分利用 Java 提供的一些多线程控制机制，实现合理的资源利用，不能将原来过程化程序设计（如 C 语言）中的一些思想生搬硬套过来。

本章首先讲述了多线程的概念，并给出了创建多线程的方法。然后讲述了线程不同状态之间的转换方式。本章后半部分讲述了线程之间的资源冲突和协调方法。

多线程是 Java 语言的一大特色，通过在语言级支持多线程，体现了程序的并发特性，同时也提高了程序的效率。

(1) 编程验证：高优先级的线程能抢占低优先级的线程。

(2) 编程验证：若高优先级的线程睡眠，那么低优先级的线程将能获得运行的机会。

(3) 创建一个 Thread 类的子类，并覆盖 run()方法。要求：

① 在构造函数中输出一条线程已启动的信息。

② 在 run()方法内，输出一条信息，以表明执行了 run()方法，然后调用 sleep()，将这两条语句重复 6 次，然后从 run()返回。

③ 覆盖 finalize()方法，输出一条线程结束的信息。

(4) 编写一个具有两个线程的程序，第一个线程求 10～20 之间的素数和它们的和，第二个线程求 1000～2000 之间的素数和它们的和。

第 10 章 小　程　序

在第 1 章曾介绍过小程序是一种可以嵌入 Web 页面上、通过兼容 Java 的网络浏览器运行的程序。有些文献将这种程序称为小应用程序,本书称为小程序,也称为 Applet 程序。通过 Applet 程序可以在网页中添加丰富多彩的动态画面,不但可以看图片、听音乐、播放动画,还可以处理鼠标事件和键盘事件,创建包含按钮、标签、文本框、下拉列表等组件的图形用户界面(Graphics User Interface,GUI),并能实现网络通信,真正实现程序与用户之间的动态交互。

每个 Applet 程序都必须是继承 java.applet.Applet 或 javax.swing.JApplet 类的子类,其中后者属于原 Java 2 引入的成分。抽象窗口工具箱(AWT)是进行 GUI 程序设计的基础,Swing 是 Java 2 在 AWT 的基础上扩充形成的,它的功能要比 AWT 多。

本章的学习目标:
◆ 了解 Applet 程序的基本知识
◆ 了解 Applet 程序的生命周期和常用方法
◆ 了解输出中的颜色控制方法
◆ 掌握组件和容器直接的关系
◆ 学会使用 Swing 和 AWT 分别设计常用组件的方法

10.1 小程序的基本知识

10.1.1 小程序与应用程序的区别

【例 10-1】 回顾第 1 章的一个 Applet 程序。

```java
package chapter10;
import java.awt.Graphics;
import java.applet.Applet;
public class sayHello extends Applet
{
    public void paint (Graphics g)
    {
        g.drawString ("Hello Java !",35,30);
    }
}
```

从例 10-1 可以看出,Applet 程序与应用程序的区别主要表现如下:
(1) 每个 Applet 程序都至少要用到 java.awt 和 java.applet(或 javax.swing)两个包。
(2) 每个 Applet 都必须继承系统定义的一个类 Applet(或 JApplet)。

(3) 继承 Applet(或 JApplet)的类是程序主类,在定义时要声明为 public。浏览器是从主类开始执行的,而不是从 main()方法开始执行的。

(4) Applet 程序由支持 Java 的浏览器在调用网页时执行,并以图形方式处理输出结果。

(5) 每个 Applet 程序必须有一个 HTML 文件,作为 applet 的标签。

【注意】 Applet 程序中没有 main()方法。同样也不能采用应用程序的输入输出方法。如果在 Applet 程序中采用 System.out.println 方法输出,那么这些结果在 NetBeans IDE 的"小程序查看器"中无法看到。

10.1.2 小程序标签的语法格式

一个 Applet 程序必须有一个对应的 HTML 文件,HTML 文件的常用格式如下,其中最左边的行号不是 HTML 文件的内容,是为了便于读者理解增加的。

```
1   <html>
2      <head>
3         <meta http-equiv="Content-Type" content="text/html; charset=GBK">
4         <title>Applet 演示</title>
5      </head>
6      <body>
7         <APPLET
8         CODEBASE=路径名
9         CODE=".class 文件名">
10         WIDTH=宽度   HEIGHT=高度>
11         VSPACE=pixels   HSPACE=pixels
12         <PARAM NAME=参数名   value=参数值>
13         </APPLET>
14      </body>
15   <html>
```

其中第9、10行的 CODE、WIDTH 和 HEIGHT 是必须有的参数,其他参数均是可选的。HTML 文件不区分大小写,例如 CODE 可以写成 code。

【注意】 CODE 指定的 class 文件名必须和 java 文件名一致。

下面对 HTML 文件的格式加以解释。

(1) CODEBASE:指明 class 文件的目录,若默认该项,应当将 class 文件和 HTML 文件存放在同一个目录中。

(2) CODE:指明 class 文件名。

(3) WIDTH:以像素为单位指明 Applet 程序的宽度。

(4) HEIGHT:以像素为单位指明 Applet 程序的高度。

(5) VSPACE 和 HSPACE:指明 Applet 程序上下要留多少空白。

(6) PARAM NAME:向 Applet 程序传递参数的名称。

(7) value:参数具体值。

在 HTML 文件中,可以指明一些要传递给 Applet 程序的参数,以便程序根据参数进行必要的处理，Applet 程序用 getParameter()方法获得需要的参数。

【例 10-2】 在 HTML 文件中，向 Applet 程序传参数。

```java
package chapter10;
import java.awt.*;
import java.applet.*;
public class sayhello1 extends Applet
{
    String str;

    public void paint(Graphics g)
    {
        str=getParameter("who");        //获得参数 who
        if(str==null)
           str="";                      //若获取参数失败
        g.drawString("Hello Java !",30,30);
        g.drawString(str,30,50);        //输出获得参数的内容
        str=getParameter("date");       //获得参数 date
        if(str==null)     str="";
        g.drawString(str,60,70);
    }
}
```

HTML 文件的命名不受限制，假设其名称为 sayhello1.html，代码如下：

```html
<APPLET
    CODE="sayhello1.class"
    WIDTH=200           HEIGHT=100>
    <param name=who value="I love China">
    <param name=date value="2012-06-01">
</APPLET>
```

【程序解析】 在小程序中，getParameter()方法的参数是一个代表参数名称的字符串，返回值是 HTML 文件 value 指定的值。若在 HTML 文件中找不到指定的参数，则该方法将返回 null。

【注意】 在 HTML 文件中指定的参数名称，应当与小程序中的参数名称一致。例如，java 文件中的参数名称是 who 和 date，相应的 HTML 文件中的参数也是 who 和 date。

在目前的 NetBeans 集成开发环境中，不需要自己定义 HTML 文件，系统会自动生成一个。该 HTML 文件位于当前工程的 build 文件夹中，采用记事本修改生成的 HTML 文件即可。例如，将传递参数的 2 行加入到该文件，然后保存、运行即可。

10.2 小程序的生命周期

小程序的生命周期是指一个 Applet 程序从被下载起到被系统回收所经历的过程。在 java.applet.Applet 类中定义有几个控制小程序载入、执行、刷新、结束和删除等操作的方

法，它们完成小程序生命周期中最重要的、改变 Applet 状态的事件。在写小程序时，用户可以覆盖这些方法。首先说明这几个方法的作用。

1) public void init()

当浏览器执行 Applet 程序时，首先执行的就是 init()方法。该方法的任务是执行初始化操作，包括组件的定义和生成，以及对 Applet 自身的初始化。例如，定义文本框对象、读入数据和创建线程等。init()方法执行以后将启动 Applet，开始运行程序。程序员常常要覆盖该方法，以满足自己的需要。

【例 10-3】 修改例 10-2，覆盖部分系统方法。实现自己要求的功能。

```
package chapter10;
import java.awt.*;
import java.applet.*;
public class exam extends Applet
{
    String str1, str2;
    public void init()            //比例 10-2 好在这个地方
    {
        str1=getParameter("who");
        str2=getParameter("date");
        if(str1==null)     str1="";
        if(str2==null)     str2="";
    }
    public void paint(Graphics g)
    {
        g.drawString("Hello Java !",30,30);
        g.drawString(str1,30,50);
        g.drawString(str2,60,70);
    }
}
```

【程序解析】 该程序的运行结果和修改前一样，但是，对象的初始化是在 init()方法中完成的，例如对 str1 和 str2 的赋值。若在 paint()方法中执行变量初始化，那么每当 Applet 受到破坏，就要调用 paint()方法对输出界面进行重新输出，这样变量的初始化就要执行多次。显然对变量进行多次初始化是不需要的，这无疑增大了系统的开销。

【注意】 init()方法在小程序的生命周期中，仅被调用一次。

2) public void start()

在 init()方法执行后，就自动调用 start()方法。一般在 start()方法中实现线程的启动工作。当用户离开该页面去看其他页面后，再返回到该页面，则浏览器直接执行该方法，重新载入 Applet，而不再执行 init()方法。

3) public void stop()

此方法用于结束 Applet 程序。当用户离开 Applet 页面，去查看其他页面时，将调用这一方法，停止小程序的运行。但要注意的是，此时 Applet 并没有结束所有的工作，而是处于一种休息待命的状态。当用户再次进入该页面时，浏览器将执行 start()方法。如果覆盖了

start()方法,也应当覆盖 stop()方法。例如在 start()方法中启动线程,在 stop()方法中终止线程。

4) public void destroy()

这是一个真正结束 Applet 程序生命的方法。用户退出 Applet 时,调用这一方法,该方法用于释放分配给 Applet 的资源。

在小程序的生命周期中,一个 Applet 程序只会调用一次 init()方法和 destroy()方法,但可能多次调用 start()和 stop()方法。这 4 个方法之间的关系如图 10-1 所示。

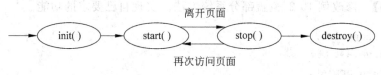

图 10-1 小程序的生命周期

5) public void paint(Graphics g)

此方法完成在网页上输出 Applet 程序的执行结果。每当网页遭到"破坏"时,就自动调用此方法,这个方法的使用频率比较高。方法的入口参数是一个 Graphics 类对象,该对象由系统自动创建,在程序中直接调用。

6) public void update(Graphics g)

此方法的入口参数也是一个 Graphics 类对象。该方法的功能是先用背景色填充 Web 页面,以达到清除画面的目的,然后自动调用 paint()方法重新输出。

7) public void repaint()

此方法强制小程序重新输出,本质上通过调用 update()方法实现。repaint()方法有 4 种重载形式,它们分别是:

(1) public void repaint():立即调用 update()方法清除画面。

(2) public void repaint(long tm):在 tm 毫秒内调用 update()方法清除画面。

(3) public void repaint(int x, int y, int width, int height):立即调用 update()方法清除一个矩形画面。x 和 y 是矩形的左上角坐标,width 和 height 分别是矩形的宽和高。

(4) public void repaint(long tm, int x, int y, int width, int height):在 tm 毫秒内调用 update()方法清除画面。x 和 y 是矩形的左上角坐标,width 和 height 分别是矩形的宽和高。

【注意】 repaint()方法往往由用户调用,达到重新输出画面的目的。这 3 个方法之间的调用关系是:repaint()自动调用 update(),update()自动调用 paint()。

【例 10-4】 编制时钟小程序,每秒更新一次。

```
package chapter10;
import java.applet.*;
import java.util.Date;          //获取当前时间
import java.text.DateFormat;    //将时间转换为一个字符串

public class clock extends Applet implements Runnable
{
    DateFormat timeFormat;
```

```
    Thread timer;                    //更新时间的线程
    boolean running;                 //停止线程的运行

    public void init()
    {
        timeFormat=DateFormat.getDateTimeInstance();     //日期时间格式
    }

    public void start()
    {
        running=true;
        if(timer==null)              //如果还没有启动线程,创建一个时间线程
        {
            timer=new Thread(this);  //创建线程
            timer.start();           //启动线程
        }
    }

    public void run()                //覆盖了接口 Runnable 中的 run()方法
    {
        while(running)
        {
            showStatus(timeFormat.format(new Date()));   //获取最新日期时间
            try{
                Thread.sleep(1000);  //睡眠 1 秒
            }catch(InterruptedException e)
            {
                System.exit(0);
            }
            timer=null;              //如果线程退出,将其变成垃圾,这样再次调用 start()方法时,
                                     //可以重新创建新线程
        }
    }

    public void stop()
    {
        running=false;
        timer.stop();                //终止线程
    }
}
```

【程序解析】 为了实现时钟的功能,clock 类实现了接口 Runnable,创建了运行 run()方法的 Thread 线程。程序调用 start()方法启动线程,调用 stop()方法停止线程。

对程序需要说明以下两点:

(1) getDateTimeInstance 的原型是 public static final DateFormat getDateTimeInstance(),

它的返回值是一个日期时间格式。

（2）DateFormat 类的 format() 方法是用于将一个 Date 对象转换为 StringBuffer 对象。程序采用 showStatus() 方法输出日期时间。该程序的输出形式如图 10-2 所示。

图 10-2 小程序输出时间的格式

10.3 小程序常用方法

在 java.awt 包中有一个抽象类 Graphics，它包括许多用于图形处理的方法和静态实例变量，所以在写 Applet 程序时要引入 java.awt 包。

Graphics 类与其他类相比，具有一个特殊之处：该类对象由系统自己创建，通过参数传递给小程序，通过该类对象（常用的名称如 g）可以直接调用 Graphics 类的各种方法。例如，例 10-2 中 paint() 方法的参数 g 就属于这种情况。

Graphics 类提供的方法可以用于输出字符、输出图形和图像、设置字体和颜色。

10.3.1 常用的输出方法

Graphics 类常用的输出字符的方法有：

(1) drawString(String str, int x, int y) 方法

采用当前的字体和颜色输出字符串，输出字符的开始位置由 (x,y) 坐标指定。此处的坐标是以像素为单位。

(2) drawChars(char data[], int offset, int n, int x, int y)

该方法类似方法(1)，其功能是从偏移量 offset 开始，输出字符数组 data 中的 n 个字符。

(3) drawBytes(byte data[], int offset, int length, int x, int y)

该方法用于输出一个字节数组，其余同方法(2)。

【例 10-5】 Java 输出字符常用的方法。

```
package chapter10;
import java.awt.*;
import java.applet.*;

public class drawChars extends Applet
{
    private String s="Hello,Java";
    private char c[]={'H','e','l','l','o'};
    private byte b[]={65,66,67,68,69,70,71,72};        //字符'A'的ASCII码是65

    public void paint(Graphics g)
    {
        g.drawString(s,30,30);              //输出字符串"Hello,Java"
        g.drawChars(c,1,3,30,50);           //输出字符数组中的 ell
        g.drawBytes(b,1,5,30,70);           //输出字节数组 BCDEF
    }
```

}

【程序解析】 我们已经通过注释的方式给出了它们的输出结果。上述 3 个方法必须通过 Graphics 类的对象调用,绝对不可随意在一个方法内调用;drawBytes()方法在输出字节数组时,将字节数组提供的 ASCII 码转换成相应的字符后输出。

Graphics 类常用的输出图形的方法有:

(1) public final void drawLine(int x1, int y1, int x2, int y2)

采用当前颜色,从坐标(x1,y1)到坐标(x2,y2)输出一条线段。

(2) public void drawRect(int x, int y, int width, int height)

采用当前颜色,以(x,y)为左上角,输出一个宽度为 width,高度为 height 的矩形。

(3) public void drawOval(int x, int y, int width, int height)

采用当前颜色输出一个椭圆,其余各参数同方法 drawRect()。

(4) public void fillRect(int x, int y, int width, int height)

采用当前颜色,以(x,y)为左上角,输出一个宽为 width,高为 height 的实心矩形。

(5) public void fillOval(int x, int y, int width, int height)

采用当前颜色,以填充方式输出一个椭圆,其余各参数同方法 fillOval()。

(6) public void clearRect(int x, int y, int width, int height)

采用当前背景色,从(x,y)开始,清除一个宽为 width,高为 height 的矩形区域。

(7) public void drawRoundRect(int x, int y, int width, int height, int arcWidth, int arcHeight)

采用当前颜色输出一个圆角空心矩形:该矩形以(x,y)为左上角,宽为 width,高为 height,arcWidth 和 arcHeight 分别指明包含圆弧的矩形的宽和高。

(8) public void fillRoundRect(int x, int y, int width, int height, int arcWidth, int arcHeight)

采用当前颜色填充一个圆角空心矩形:该矩形以(x,y)为左上角,宽为 width,高为 height,arcWidth 和 arcHeight 分别指明包含圆弧的矩形的宽和高。

(9) public void draw3DRect(int x, int y, int width, int height, boolean raised)

采用当前颜色输出一个三维矩形,若 raised 为 true,则矩形凸起,否则凹陷。矩形以(x,y)为左上角,宽度为 width,高度为 height。

(10) public void fill3DRect(int x, int y, int width, int height, boolean raised)

以填充方式输出一个三维矩形,其余各参数含义同方法(9)。

【注意】 上述各方法很少单独使用,往往要和颜色设置一起应用。

10.3.2 输出中的颜色控制

java.awt 包中的 Color 类提供有各种颜色,可用于设置 Graphics 类和其他类的颜色。有两种使用 Color 类的方式:第一种方式是直接使用 Color 类中提供的静态颜色变量;第二种方式是通过颜色的 RGB 值(红/绿/蓝)来描述颜色。一个 RGB 值可描述为三元组的形式,三元组的每个元素是 0~255 之间的整数,分别代表红色、绿色和蓝色的含量。表 10-1 给出了 Color 类提供的 13 种颜色常量的 RGB 值。

表 10-1　静态颜色变量和对应的 RGB 值

颜色的静态变量	RGB 值	对应的颜色	颜色的静态变量	RGB 值	对应的颜色
Color.black	(0,0,0)	黑色	Color.magenta	(255,0,255)	紫红色
Color.blue	(0,0,255)	蓝色	Color.orange	(255,200,0)	橙色
Color.cyan	(0,255,255)	青色	Color.pink	(255,175,175)	粉红色
Color.darkGray	(64,64,64)	深灰色	Color.red	(255,0,0)	红色
Color.gray	(128,128,128)	灰色	Color.white	(255,255,255)	白色
Color.green	(0,255,0)	绿色	Color.yellow	(255,255,0)	黄色
Color.lightGray	(192,192,192)	浅灰色			

下面列出了一些和颜色有关的方法：

(1) public Color(int r, int g, int b)

此方法是一个构造函数，利用 RGB 值创建一种颜色，其中参数 r,g 和 b 为 0~255 之间的整数，分别代表红、绿、蓝颜色的含量。

(2) public void setColor(Color c)

采用参数 c 设置颜色。

(3) public Color getColor()

返回当前设置的颜色。

【例 10-6】　采用不同的颜色输出 6 种图形。

```
package chapter10;
import java.awt.*;
import java.applet.*;

public class drawGraphics extends Applet
{
    public void paint(Graphics g)
    {
        for(int i=0;i<6;i++)        //每次输出一种图形
            showGraphics(i, g);
    }

    public void showGraphics(int n,Graphics g)
    {
        g.clearRect(0,0,200,200);
        switch(n)
        {
            case 0:         //输出一条黑色直线
                g.setColor(Color.black);
                g.drawLine(30,30,160,160);
                break;
            case 1:         //输出一个蓝色空心矩形
                g.setColor(Color.blue);
                g.drawRect(30,30,160,160);
```

```
                break;
        case 2:              //输出一个深灰色圆角矩形
                g.setColor(Color.darkGray);
                g.drawRoundRect(30,30,160,160,20,120);
                break;
        case 3:              //输出一个绿色椭圆
                g.setColor(Color.green);
                g.drawOval(30,30,160,160);
                break;
        case 4:              //以填充方式输出一个橙色椭圆
                g.setColor(Color.orange);
                g.fillOval(30,30,160,160);
                break;
        case 5:              //输出一个凸起的三维矩形
                g.setColor(Color.magenta);
                g.draw3DRect(30,30,160,160,true);
                break;
        }
        try{                 //为了便于观察,让线程睡眠 2 秒钟
            Thread.sleep(2000);
        }catch(InterruptedException e)
        {
            System.exit(0);
        }
    }
}
```

【程序解析】 paint()方法通过循环每次调用方法 show Graphics()输出一种图形,为了便于观察,让线程睡眠 2 秒钟。

【注意】 上例对图形设置的颜色均是系统提供的 13 种颜色常量之一,也可以设置自己喜欢的颜色,只需用 Color 构造函数即可,例如,g.setColor(new Color(200,200,200))就是一种作者自己设置的颜色。

10.4 常用组件

Java 库提供有两种类型的组件,一组是 AWT,表示抽象窗口工具箱;另一组是 Swing。这两种技术都在 JFC(Java Foundation Component)框架中。AWT 是第一代组件,而 Swing 是第二代组件。对于应用程序建议采用 Swing 组件,因为 Swing 建立在 AWT 之上,能够间接使用 AWT 组件,显然 Swing 组件要比上一代更加丰富。对于小程序,则问题比较复杂,因为大多数 Web 浏览器的嵌入平台通常不兼容它的运行环境。因此,建议应用程序采用 Swing 组件,而小程序采用 AWT 组件。在本节的示例中,我们将对这两种组件的使用方法都作介绍。

Java 提供的 AWT(Abstract Window Toolkit)可以生成各种窗口组件。它的包分为两个部分，一个部分是图形支持，包括输出图形、设置填充模式、操作图形和使用字体等；另一个部分是生成图形应用程序的组件和支持类。Swing 组件所支持的功能要比 AWT 多，它提供的组件除了包括 AWT 所有的按钮、标签等基本组件外，还有一些特殊的窗口支持功能。

10.4.1 组件和容器的关系

图形用户界面(GUI)的各种元素可以分为两大类：基本组件和容器。

基本组件是构成 GUI 的基本元素。在用户界面中，基本组件表现为按钮、文本框等直观的图形，并能接受用户的输入而产生相应的响应。基本组件在 Java 中是按类的形式进行组织的，屏幕上的每个组件都是由不同类所生成的对象。AWT 包含的基本组件有按钮、标签、画布、复选框、下拉列表、列表、文本框和文本域等。这些类都是 Component 类的子类。

容器是一种包含对象。组件自身不能构成独立的图形界面，必须放到容器对象中。容器可以容纳其他组件，包含其他容器。常用的容器有对话框、框架(Frame)、窗口和面板(Panel)。这些类都是 Container 类的子类。上述各类之间的关系如图 10-3 所示。

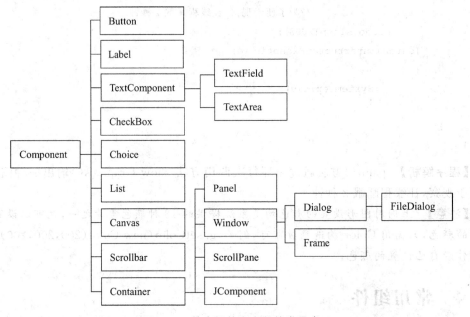

图 10-3 基本组件和容器的类层次

从图 10-3 可以看出，Component 类是所有组件的直接或间接父类，它规定了组件所具备的一系列功能和属性。

【注意】 容器和组件之间具有一种包含和被包含的关系。例如，Panel 类对象可以包含标签、按钮和另外一个面板对象。也就是说，一个容器对象可以包含另外一个容器对象，但组件对象不能包含其他对象，因为这种类型的对象是 GUI 的基本组成元素。

10.4.2 按钮

按钮 Button 对象是程序设计中用得比较多的一种组件,它在屏幕上通常表现为一个具有边界的矩形区域,按钮上面一般会用文字说明该按钮的功能。

在 AWT 中,通过 Button 类定义这种类型的对象。该类的构造函数有两个:

(1) public Button()。这是一个无参构造函数,生成一个没有标记的按钮。

(2) public Button(String label)。这是一个具有一个 String 类型参数的构造函数,该参数用于设置按钮的标记。

Button 类还定义了一系列用于对按钮进行操作的方法,如设置和获取按钮状态,处理按钮产生的事件等。主要的方法有:

(1) public void setLabel(String label)。设置按钮的标记。

(2) public String getLabel()。获取按钮的标记。

(3) public void addActionListener(ActionListener l)。将参数 l 对象指定为按钮的监听者。

(4) public void removeActionListener(ActionListener l)。将参数 l 对象从监听者中去掉。

(5) protected void processActionEvent(ActionEvente)。处理按钮产生的 ActionEvent 类型的事件。

(6) protected void processEvent(AWTEvente)。处理按钮产生的所有类型的事件。

Swing 组件定义在 javax.swing.Jcomponent 类中,它定义的方法很多,读者可以参考有关的 API 手册。JButton 类是 Swing 中提供的一个类,它的构造函数比 AWT 提供的 Button 类构造函数要多。我们通过示例说明这两种方法的使用。

【例 10-7】 采用 Button 类和 JButton 类定义按钮对象的方法。

```
package chapter10;
import java.awt.*;
import java.applet.Applet;
import javax.swing.*;
public class showButton extends Applet
{
    Button b1;
    JButton b2;
    public void init()
    {
        b1=new Button("Button1");
        b2=new JButton("Button2");
        add(b1);
        add(b2);
    }
}
```

【程序解析】 程序定义了两个按钮对象 b1 和 b2,并分别将它们加入到 applet 中。程序中的第一条语句 import java.awt.* 是为了使用 AWT 组件,如程序中的 b1 对象。程序中的第三条语句 import javax.swing.* 是为了引入 Swing 组件,如程序中的 b2 对象。

【注意】 在 NetBeans 环境中运行时,请读者注意这两个按钮外观上的区别。

10.4.3 标签

标签 Label 是一个用来显示静态文本的组件,一般用它显示提示信息。它与后面介绍的 TextField 对象不同,标签显示的文本不能被用户修改,只能在编写程序时改动。

标签显示字符串时,有 3 种对齐方式:左对齐、右对齐和居中对齐,分别采用 3 个静态常量 Label.LEFT、Label.RIGHT 和 Label.CENTER 表示。在默认情况下为左对齐。Label 类常用的方法如下:

(1) public Label()。生成一个空的标签,不显示任何文本。
(2) public Label(String S)。生成一个带有指定文本的标签,即标签显示 S 的内容。
(3) public Label(String S, int alignment)。生成一个带有指定文本和对齐方式的标签。
(4) public String getText()。返回标签的文本。
(5) public void setText(String S)。采用参数 S 设置标签的文本。
(6) public String getAlignment()。返回标签的对齐方式。

同样,JLabel 类是 Swing 中提供的一个类,它也有 3 种对齐方式:左对齐、右对齐和居中对齐,采用的 3 个静态常量是 JLabel.LEFT、JLabel.RIGHT、JLabel.CENTER。下面通过示例说明这两种方法的使用。

【例 10-8】 采用 Label 类和 JLabel 类定义标签对象。

```java
package chapter10;
import java.awt.*;
import java.applet.Applet;
import javax.swing.*;
public class showLabel extends Applet
{
    private Label L1;
    private JLabel L2;
    public void init()
    {
        L1=new Label();              //定义一个无标记的标签
        L1.setText("AWT 标签");      //设置标签的标记
        L1.setAlignment(Label.LEFT);
        L2=new JLabel("Swing 标签",JLabel.RIGHT);
        setLayout(new GridLayout(3,3));    //一种布局方式,第 11 章介绍
        add(L1);
        add(L2);
    }
}
```

【程序解析】 上例定义了两个标签对象,并通过不同的对齐方式设置其显示的文本和对齐方式。其中 setLayout(new GridLayout(3,3))语句用于设置布局格式,将在第 11 章对其作相关介绍。

10.4.4 文本框

在 AWT 中提供有两种显示文本的组件,文本框 TextField 类和下面要讨论的文本域 TextArea,它们都是 TextComponent 类的子类。TextField 类用来生成一个单行的文本域,可以接受用键盘输入的信息,当在文本框中输入数据并按 Enter 键后,数据就可以在程序中使用了。

TextField 类提供的常用方法有:

(1) public TextField()。生成一个空的文本框对象,显示宽度为 3 个字符的大小。

(2) public TextField(int cols)。生成一个指定列数为 cols 的文本框。

(3) public TextField(String text)。生成一个带有初始文本 text 的文本框。

(4) public TextField(String text, int cols)。采用参数 text 设置文本框的显示内容,并采用 cols 设置文本框的显示宽度。

(5) public void addActionListener(ActionListener l)。将参数 l 对象指定为文本框的 ActionEvent 事件监听者。

(6) public void removeActionListener(ActionListener l)。将参数 l 对象从文本框监听者中去掉。

(7) public void setEchoChar(char c)。设置用户输入的响应字符,防止他人偷看。例如,采用该方法将每个要显示的字符设置为'*',则在输出时,屏幕上就以 * 代替输入的字符。

(8) public char getEchoChar()。获取响应字符。

JTextField 是 Swing 提供的对应类型的组件类,与 AWT 提供的 TextField 相似,它提供的构造函数有:

(1) public JTextField()。

(2) public JTextField(int cols)。

(3) public JTextField(String text)。

(4) public JTextField(String text, int cols)。

(5) public JTextField(Document doc, String text, int cols)。

其中最后一个构造函数是 Swing 提供的新方法,读者可参考 Java API 了解该方法的用法,在此不作讨论。

JTextField 类有一个子类 JPasswordField,将在屏幕上把输入的文本掩盖起来,这与 TextField 类提供的 setEchoChar() 方法的功能相似。JPasswordField 提供的构造函数与 JTextField 提供的构造函数相似,有如下 5 个:

(1) public JPasswordField ()。

(2) public JPasswordField (int cols)。

(3) public JPasswordField (String text)。

(4) public JPasswordField (String text, int cols)。

(5) public JPasswordField (Document doc, String text, int cols)。

JPasswordField 提供的特性主要用于口令输入。

【例 10-9】 采用 TextField 类、JTextField 类和 JPasswordField 类定义对象。

```
package chapter10;
```

```java
import java.awt.*;
import java.applet.Applet;
import javax.swing.*;
public class Applet_1 extends Applet
{
    private TextField t1;
    private JPasswordField pass;
    public void init()
    {
        t1=new TextField(20);
        t1.setEchoChar('*');           //设置 t1 对象的显示字符
        pass=new JPasswordField(20);
        pass.setEchoChar('#');         //设置 pass 对象的显示字符
        add(new TextField(20));
        add(t1);
        add(new JTextField("Hello",20));
        add(pass);
    }
}
```

【程序解析】 程序中的 add(new TextField(20))语句用于生成一个 TextField 类的无名对象,并将其加入到容器对象 Applet 中;同样 add(new JTextField("Hello",20))语句用于生成一个 JTextField 类的无名对象,并将其加入到容器对象 Applet 中。

10.4.5 文本域

AWT 提供的 TextArea 类可用来生成一个多行的文本区域,当显示的内容超出其显示范围时,可以为其加上滚动条实现滚动显示。TextArea 提供的滚动方式有 4 种:不带滚动条、仅在垂直方向带滚动条、仅在水平方向带滚动条和两个方向都带滚动条。这 4 种滚动方式采用一组静态的常量表示:SCROLLBARS_NONE、SCROLLBARS_VERTICAL_ONLY、SCROLLBARS_HORIZONTAL_ONLY 和 SCROLLBARS_BOTH。

TextArea 类还提供了一些方法用于获取和设置多行文本区域的状态,以及进行文本编辑操作。下面列出了其常用方法,其中(1)~(5)是构造函数,其余的是操作方法。

(1) public TextArea()。生成一个空的文本域。

(2) public TextArea(String text)。生成一个带有指定文本的文本域。

(3) public TextArea(int rows, int columns)。生成一个空的、具有 rows 行、cols 列的文本域。

(4) public TextArea(String text, int rows, int columns)。生成一个具有指定文本以及指定行数和列数的文本域。

(5) public TextArea(String text, int rows, int columns, int scrollbars)。生成一个具有指定文本、行数和列数以及滚动方式的文本域。

(6) public void append(String str)。向 TextArea 对象追加文本。

(7) public int getColumns()。获取 TextArea 对象的行数。

（8）public int getRows()。获取 TextArea 对象的列数。

（9）public int getScrollbarVisibility()。返回前面提到的 4 个静态常量之一，分别表示不同的滚动条信息。

（10）public void insert(String str, int pos)。在指定位置插入文本。

（11）public void replaceRange(String str, int start, int end)。采用 str 替换由 start 和 end 指定范围内的文本。

（12）public void setColumns(int columns)。设置 TextArea 对象的列数。

（13）public void setRows(int rows)。设置 TextArea 对象的行数。

同样，JTextArea 是 Swing 提供的与 TextField 对应类型的组件，它的构造函数有：

（1）public JTextArea()。

（2）public JTextArea(int rows, int columns)。

（3）public JTextArea(String text)。

（4）public JTextArea(String text, int rows, int columns)。

（5）public JTextArea(Document doc)。

（6）public JTextArea(Document doc, String text, int cols)。

【注意】 JTextArea 和 JList 组件一样，必须放在 JScrollpane 中。TextArea 的使用方法与 TextField 的使用方法类似。

【例 10-10】 采用 Swing 中的 JTextArea 对象，显示文本文件的内容。

```
package chapter10;
import java.awt.*;
import javax.swing.*;
import javax.swing.text.*;
import java.io.*;

public class testJArea
{
    public static void main(String args[])
    {
        testJArea obj=new testJArea ();
        obj.testArea();
    }

    public void testArea()
    {
        JFrame frame=new JFrame("Test");
        Container contentPane=frame.getContentPane();
        JTextArea ta=new JTextArea(5,30);
        JScrollPane pane=new JScrollPane(ta);        //支持滚动的容器组件
        contentPane.add(pane,BorderLayout.CENTER);
        try{    //打开文件
                //必须确保文件存在，否则会产生异常
            Reader reader=new FileReader("d:/myjava/testJArea.java");
```

```
            ta.read(reader,null);
        }catch(Exception e)      //处理失败的文件操作
        {
            System.out.println(" 文件不存在!");
            System.exit(0);
        }
        frame.setSize(200,200);     //设置框架大小
        frame.setVisible(true);     //显示框架
    }
}
```

【程序运行结果】 如图 10-4 所示。

【注意】 read()方法中的第二参数是辅助性的描述,其中框架的名字是"Test"。框架 JFrame 和容器 Container 将在第 11 章作详细介绍。

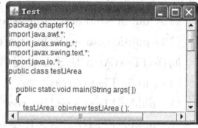

图 10-4 采用框架显示 JTextArea 组件

10.4.6 选择框

在程序与用户的交互过程中,如果需要用户在程序给出的有限信息中进行选择,这就要用到选择框。Java 提供的选择框有复选框和单选按钮两种类型,前者是在给出的一组信息中,用户可以从中选出多项,而后者是一组互斥性的信息,用户只能从中选择一项。最新推出的 Java 提供的复选框和单选按钮组件,与过去相比有较大的区别,下面讲述新版本的内容。

复选框是一种具有两个状态的组件,其状态为 on 或 off。当用户用鼠标单击时,它的状态就要进行转换,在屏幕上表现为其前面的小方框内的标记发生变化。

在 Swing 中,复选框采用 JCheckBox 实现。常用构造函数如下:

(1) public JCheckBox()。创建一个没有标签的 JCheckBox 对象,并且其初始化状态是未选中的。

(2) public JCheckBox(Icon icon)。创建一个带图标的 JCheckBox 对象,并且其初始化状态是未选中的。

(3) public JCheckBox(Icon icon,boolean selected)。创建一个带图标的 JCheckBox 对象,并且指定其初始化状态。selected 为 true 表示选中,否则代表未选中。

(4) public JCheckBox(String S)。创建一个带标签的 JCheckBox 对象,并且其初始化状态是未选中。

(5) public JCheckBox(String S,boolean selected)。创建一个带图标的 JCheckBox 对象,并且指定其初始化状态。

在程序与用户的交互过程中,有时需要用户在提供的多条信息中只能选择一条,这时复选框就不能再使用了。JRadioButton 也是 Swing 提供的一种组件,专门用于单选。它的常用构造函数与 JCheckBox 相似:

(1) public JRadioButton()。创建一个没有标签的 JRadioButton 对象,其初始化状态是未选中。

（2）public JRadioButton(Icon icon)。创建一个带图标的 JRadioButton 对象，其初始化状态是未选中。

（3）public JRadioButton（Icon icon，boolean selected）。创建一个带图标的 JRadioButton 对象，并且指定其初始化状态。selected 为 true 表示选中，否则代表未选中。

（4）public JRadioButton(String S)。创建一个带标签的 JRadioButton 对象，并且其初始化状态是未选中。

（5）public JRadioButton（String S，boolean selected）。创建一个带图标的 JRadioButton 对象，并且指定其初始化状态。

除此之外，还有一个与 JRadioButton 配合使用的 ButtonGroup 类。ButtonGroup 的目的是为相互独立的 JRadioButton 组件提供一个管理范围，使若干个 JRadioButton 构成一个组。ButtonGroup 类的常用方法有：

（1）public ButtonGroup()。该方法是构造函数。

（2）public void add(AbstractButton b)。将一个按钮组件添加到 ButtonGroup 组件中。

（3）public int getButtoncount()。返回 ButtonGroup 组件中包含的按钮个数。

（4）public void remove(AbstractButton b)。将一个按钮组件从 ButtonGroup 组件中移除。

【例 10-11】 Swing 中的几种选择框的用法。

```
package chapter10;
import java.awt.*;
import java.applet.Applet;
import javax.swing.*;

public class testBoxButton extends Applet
{
    JCheckBox jcb1,jcb2;            //定义复选框对象
    JRadioButton jr1,jr2,jr3;       //定义单选按钮对象
    ButtonGroup group;              //定义管理单选按钮的 ButtonGroup 对象
    public void init()
    {
        jcb1=new JCheckBox("I love Java",true);         //创建对象
        jcb2=new JCheckBox("I love C++",true);
        jr1=new JRadioButton("Lisp",true);
        jr2=new JRadioButton("C ",false);
        jr3=new JRadioButton("Ada",true);
        group=new ButtonGroup();
        group.add(jr2);             //将单选按钮对象 jr2 和 jr3 并入一组
        group.add(jr3);             //由 group 对象管理
        setLayout(new GridLayout(5,1));         //设置布局管理
        add(jcb1);                  //将各按钮对象加入到 Applet
        add(jcb2);
```

```
            add(jr1);
            add(jr2);
            add(jr3);
    }
}
```

【程序运行结果】 如图 10-5 所示。需要说明的是,jr1 没有加入到 group,它属于一个单独的按钮。jr2 和 jr3 属于一组,在某个时刻,二者之中只能有一个按钮被选中。

图 10-5 采用小程序显示选择框组件

此外,读者要注意,采用 add()方法不能将 group 对象加入到 Applet 中。

10.4.7 下拉列表

当 GUI 空间很挤时,可以用一个紧凑的下拉列表组件来替代一组互斥的单选按钮。Java 提供的下拉列表有两种,一种是采用 AWT 提供的 Choice 类;另一种是采用 Swing 提供的 JComBox 类,它们都可以生成下拉列表对象。

下拉列表在使用上表现为弹出式菜单,即在用户界面上表现为一个带箭头的文本框,当用户用鼠标单击它时,就会弹出一个列表。如果表中的选项太多,还会出现滚动条,因此这种组件适合选项较多的情况。表中的每一项称为列表项,它们在下拉列表中有一个统一的编号,编号从 0 开始。用户在列表中单击某个选项后,列表会自动消失,该选项就会出现在文本框中。AWT 的下拉列表是采用 Choice 类实现的,该类提供的常用方法如下:

(1) public Choice()。创建一个下拉列表对象,不包含任何选项。

(2) public void add (String item)。在下拉列表中加入 item 选项。

(3) public void addItem(String item)。同上一个方法。

(4) public void addItemListener(ItemListener l)。将参数 l 加入到下拉列表的监听者中。

(5) public int countItems()。返回当前下拉列表中选项的个数。

(6) public String getItem(int index)。返回参数 index 指定的选项。

(7) public int getSelectedIndex()。返回当前选项的下标。

(8) public String getSelectedItem()。返回当前选项。

(9) public void select(int pos)。选中 pos 参数指定的选项。

(10) public void select(String item)。选中参数 item 指定的选项。该方法采用 equals()方法检查相等性。

Swing 提供的 JComBox 类的常用方法如下:

(1) public JComBox()。创建一个下拉列表对象,不包含任何选项。

(2) public JComBox(Object object[])。创建一个下拉列表,并采用对象数组初始化该列表。

(3) public String getSelectedItem()。方法同 Choice 类。

(4) public int getSelectedIndex()。方法同 Choice 类。

(5) public Object[] getSelectedObjects()。返回项目所在的数组。

【例 10-12】 演示 Choice 对象和 JComBox 对象的使用。

```
package chapter10;
```

```java
import java.awt.*;
import java.applet.Applet;
import javax.swing.*;
public class choiceComBox extends Applet
{
    Choice choice;          //AWT 提供的组件
    JComboBox jbox;         //Swing 提供的组件
    String str[]={"Ace","Deuce","Three","Four"};        //String 数组

    public void init()
    {
        setLayout(new GridLayout(3,2));
        choice=new Choice();            //生成一个 Choice 对象
        choice.addItem("Java ");        //将参数加入对象
        choice.addItem("C++");
        choice.addItem("C");
        choice.addItem("C#");
        add(choice);
        choice.select(2);               //初始设定下标为 2 的选项
        jbox=new JComboBox(str);        //采用对象数组生成下拉列表对象
        jbox.setMaximumRowCount(3);
        add(jbox);
    }
}
```

【**程序运行结果**】 如图 10-6 所示。

【**程序解析**】 程序中 choice.select(2)是选中 choice 列表中索引为 2 的选项,因此,程序显示的是"C",在默认情况下,将选中索引为 0 的选项。jbox.setMaximumRowCount(3)是用于设置该列表在显示时,一次最多显示 3 个选项。

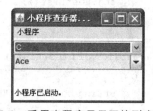

图 10-6 采用小程序显示下拉列表组件

【**注意**】 下拉列表适合选项比较少的情况,例如,3～20 个选项。如果只有两个选项,最好使用单选按钮;如果选择项比较多,最好使用 List 或 JList 组件。

10.4.8 列表

列表是用于在多个列表项中进行选择的组件,列表项也是从 0 开始编号。但是,列表与下拉列表的不同之处表现在下列 3 个方面:

(1) 列表不仅允许多选一,而且允许同时选中多项。

(2) 列表中的所有选项都显示在屏幕上,如果显示的区域不够,将出现滚动条,而下拉列表只是在用户单击时才显示。

(3) 选中的列表项将高亮显示,而不是出现在文本框中。

Java 提供了两种创建列表对象的方法,第一种方法是采用 AWT 的 List 类创建列表对

象;第二种方法是采用 Swing 提供的 JList 类。首先看看 AWT 的 List 类的常用方法。

(1) public List()。创建一个空的 List 对象,仅允许选中一个选项。

(2) public List(int rows)。创建一个空的 List 对象,并指定其显示的项数。

(3) public List(int rows, boolean multipleSelections)。创建一个具有 rows 行的 List 对象,如果 multipleSelections 为真,则可以从列表中选择多个选项。

Swing 提供的 JList 类有两个常用的构造函数:

(1) public JList()。

(2) public JList(Object object[])。

【注意】 List 组件在默认方式下不允许选择多个选项,而 JList 组件在默认方式下允许选择多个选项。JList 组件必须放在 JScrollPane 中,否则不具有滚动功能,此时在屏幕上放不下内容时,将不再显示。

【例 10-13】 JList 对象的使用。

```
package chapter10;
import java.awt.*;
import javax.swing.*;

public class testJList
{
    public static void main(String args[])
    {
        testJList obj=new testJList();
        obj.testList();
    }

    public void testList()
    {
        String colors[]={"Red","Blue","Green","Yellow"};
        JList list=new JList(colors);
        JFrame frame=new JFrame("TestList");
        Container contentPane=frame.getContentPane();
        list.setVisibleRowCount(3);
        JScrollPane pane=new JScrollPane(list);
        contentPane.add(pane,BorderLayout.CENTER);
        frame.setSize(200,200);
        frame.setVisible(true);
    }
}
```

【程序运行结果】 如图 10-7 所示。

【例 10-14】 List 对象的使用。

```
package chapter10;
import java.awt.*;
```

```
import java.applet.Applet;
public class testList extends Applet
{
    String str[]={"Red","Blue","Green","Yellow"};
    List list;
    public void init()
    {
        list=new List();
        for(int i=0;i<str.length;i++)
            list.add(str[i]);
        list.setMultipleMode(true);         //设置多选模式
        list.select(1);
        list.select(3);
        add(list);
    }
}
```

【程序运行结果】 如图 10-8 所示。

图 10-7 采用应用程序显示 JList 组件　　　　图 10-8 采用小程序显示 List 组件

本章首先讲述了小程序和应用程序之间的区别,然后详细介绍了小程序的生命周期,主要包括控制小程序载入、执行、刷新、结束和删除的几个方法。接着讲述了在 GUI 程序设计中经常使用的颜色控制。最后对 AWT 和 Swing 组件设计分别作了详细的讲述。这些组件是 Java 程序设计的基础,它与第 11 章密切相关。

(1) 编程:在屏幕上画出 5 个圆,它们的位置和半径都是随机的,圆之间间隔 10 个像素。
(2) 编程:模拟屏幕保护程序,在屏幕上随机画线,它们的位置和颜色都是随机的。一旦画了 100 根,就清除屏幕,然后重新开始画线(在清除屏幕时,注意观察屏幕的变化)。

第 11 章　Swing 图形界面设计

图形用户界面(GUI)是目前大多数程序不可或缺的一部分,它便于用户和程序交互。本章首先介绍 GUI 设计中的容器,然后介绍组件,最后介绍事件处理。容器的功能就是容纳各种组件和其他容器。组件在容器中的位置和大小是由容器的布局管理器进行管理和控制的。本章先介绍 Java 的 Swing 容器和支持 GUI 的布局管理器,最后介绍各种常见的事件处理。

本章的学习目标:
◆ 了解 Swing 常用容器:框架和面板
◆ 了解布局管理器:FlowLayout、BorderLayout、GridLayout 和 CardLayout
◆ 理解基于委托的事件处理模型
◆ 掌握常用的组件事件处理方法
◆ 掌握鼠标和键盘事件处理
◆ 掌握事件处理中的 Adapter 类和内隐类
◆ 理解事件处理的综合应用

11.1　Swing 常用容器

AWT 和 Swing 都提供了容器。如前所述,Swing 是在 AWT 基础上引入的成分,无论在功能方面或者在技术方面,它都强于前面章节介绍的 AWT 容器,因此,本书讲述的是 Swing 提供的常用容器。本节将重点介绍经常用到的框架和面板。

11.1.1　框架

框架(JFrame)是一种独立存在的容器,在 Swing 中,采用 JFrame 定义框架。JFrame 类是 Frame 类的子类,JFrame 类对象包含边框。JFrame 类的常用构造函数如下:

(1) public JFrame()。创建一个框架。
(2) public JFrame(String title)。创建一个具有指定标题的框架。

【注意】 通过 Swing 创建的框架一开始是不可见的,必须调用 Window 类的 show()方法或 Component 类的 setVisible()方法来显示该框架。

无论是 AWT 的 Frame 或 Swing 的 JFrame,单击框架的图标关闭窗口时,并不会终止应用程序。对于 Frame,什么也不执行,对于 JFrame,则把框架隐藏。

在编程时,一般不直接定义 JFrame(或 Frame)类对象,而是先定义一个 JFrame 类的子类,然后在该类的构造函数中调用 JFrame 类的构造函数,并将需要的组件或面板加入到该框架。例如定义一个 JFrame 子类:

```
//将该类写在 subJFrame.java 文件中,我们在后面要多次使用该类
import javax.swing.*;
public class subJFrame extends JFrame
{
    public subJFrame(){    }
    public subJFrame(String title)
    {
        super(title);
    }
    protected void frameInit()
    {
        super.frameInit();
            //调用 JFrame 类的方法,关闭框架
        setDefaultCloseOperation(EXIT_ON_CLOSE);
    }
}
```

【注意】 setDefaultCloseOperation()是 JFrame 类中的一个方法,它通过调用 system.exit(0)结束程序。

【例 11-1】 给出了一个简单的 JFrame 对象应用程序,它由两个类构成。其中,subJFrame 类已在前面定义,showJFrame 类是整个程序的主类。

```
package chapter11;
import java.awt.*;
import javax.swing.*;
public class showJFrame
{
    public static void main(String args[])
    {
        showJFrame obj=new showJFrame();
        obj.testJFrame();
    }
    public void testJFrame()
    {
        JFrame frame=new subJFrame("TestJFrame");      //生成一个带标题的框架
        Container contentPane=frame.getContentPane();   //取得内容格
        contentPane.setLayout(new FlowLayout());        //设置布局管理器
        contentPane.add(new JButton(" OK "));           //添加组件
        contentPane.add(new JTextField(10));
        frame.setSize(200,100);      //设置框架显示的页面
        frame.setVisible(true);      //显示框架
    }
}
```

【程序运行结果】 如图 11-1 所示。

在 testJFrame()方法中的第一行如下:

图 11-1 JFrame 框架

```
JFrame frame=new subJFrame("TestJFrame");
```

它用于生成一个 subJFrame 对象，单击窗口的"关闭"按钮时，将关闭该程序。如果直接从 JFrame 派生子类，则需要添加下列语句：

```
frame.setDefaultCloseOperation(JFrame.EXIT_ON_CLOSE);
```

JFrame 内部由各种组件构成。处理框架时，通常不是直接处理框架，而是处理内部的组件，这就要用到其中的内容格。通过 getContentPane()方法取得内容格，返回一个可用的 Container，并在其中设置布局管理器和添加组件。

【注意】 JFrame 的父类 AWT 的 Frame 内部没有结构，直接处理框架，不处理内容格。

11.1.2 面板

面板在 Swing 中采用 JPanel 定义，在 AWT 中采用 Panel 定义。面板必须包含在另一个容器中。同时，在它的内部，还可以布置其他组件和面板。JPanel 类提供的常用构造函数如下：

(1) public JPanel()。创建一个面板，使用默认的布局管理器。

(2) public JPanel(boolean isDoubleBuffered)。创建一个采用指定缓冲方式绘制组件的面板。

(3) public JPanel(LayoutManager layout)。创建一个使用指定布局管理器的面板。

(4) public JPanel(LayoutManager layout，boolean isDoubleBuffered)。创建一个使用指定的布局管理器和缓冲方式绘制组件的面板。

与 Container 相比，JPanel 中的组件以双缓冲方式绘制，并且其周围还可以放置边框。

【例 11-2】 定义两个面板，在面板中设置了不同的前景色和背景色。

```
package chapter11;
import java.awt.*;
import javax.swing.*;
public class testJPanel
{
    private void fillComponent(Container c)
    {
        for(int i=0;i<3;i++)
            c.add(new JButton(""+i));          //JButton 对象的显示文本
    }
    public testJPanel()
    {
        JFrame frame=new subJFrame("testJPanel");      //定义一个框架
        Container contentPane=frame.getContentPane();  //获取框架的内容格
        JPanel jp1=new JPanel();                //定义一个面板
        fillComponent(jp1);                     //向面板添加组件
        jp1.setBackground(Color.BLUE);          //设置面板的背景色
        jp1.setForeground(Color.ORANGE);        //设置面板的前景色
        JPanel jp2=new JPanel();                //定义一个面板
```

```
        fillComponent(jp2);         //向面板添加组件
        jp2.setBackground(Color.GRAY);      //设置面板的背景色
        jp2.setForeground(Color.BLACK);     //设置面板的前景色
        contentPane.add(jp1,BorderLayout.NORTH);   //将面板 jp1 放在内容格的北边
        contentPane.add(jp2,BorderLayout.SOUTH);   //将面板 jp2 放在内容格的南边
        frame.setSize(200,100);
        frame.setVisible(true);    //显示框架
    }
    public static void main(String args[])
    {
        testJPanel obj=new testJPanel();
    }
}
```

【程序运行结果】 如图 11-2 所示。

【程序解析】 程序将两个面板放置在框架上,并通过布局管理器设置它们的位置。

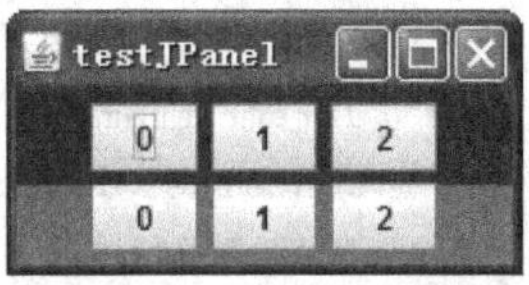

图 11-2 JPanel 容器

11.2 布局管理器

为了保持 GUI 程序的平台独立性,也为了使基本组件的排列更加有规范,Java 提供了布局管理器来完成上述功能。常用组件布局样式有 FlowLayout、BorderLayout、CardLayout、GridLayout、GridBagLayout、BoxLayout 和 SpringLayout。

当一个容器选取了某种布局管理器时,实际上就创建了这个布局管理器类的一个对象,并采用此对象的布局来安排其他容器和基本的组件。下面详细讨论经常使用的 FlowLayout、BorderLayout、CardLayout、GridLayout 这 4 种布局管理器。

【注意】 每种容器都有一个默认的布局管理器,如 FlowLayout 默认为 Applet、Panel 和 JPanel 的布局;而 BorderLayout 默认为 JApplet 和 JFrame 的布局。

在指定布局管理器以后,就可以使用相应的 add()方法将基本组件和其他容器加入到该容器中。关于各种布局管理器下的 add()方法,请参考后面的程序代码。

11.2.1 FlowLayout 布局

FlowLayout 布局是将组件按加入的先后顺序从左至右排列,一行排满之后就转到下一行,继续从左至右排列。在默认方式下,FlowLayout 布局是将组件放在每行的中央,但可以通过构造函数的参数指定组件的对齐方式。FlowLayout 的构造函数有 3 个参数:align、hor 和 ver。其中,align 指定对齐方式,hor 和 ver 分别指定组件间的水平间隔和垂直间隔。它的构造函数如下:

(1) public FlowLayout()。生成一个 FlowLayout 布局对象,居中对齐,垂直和水平间隔均为 5。

(2) public FlowLayout(int align)。生成一个指定对齐方式的 FlowLayout 对象,垂直和水平间隔均为 5。

(3) public FlowLayout(int align,int hor,int ver)。生成一个 FlowLayout 布局对象，并指定对齐方式、垂直和水平间隔。

【注意】 FlowLayout 布局的对齐方式有左、中和右 3 种，采用 3 个常量表示：FlowLayout.LEFT、FlowLayout.RIGHT、FlowLayout.CENTER。

【例 11-3】 采用 FlowLayout 布局管理器，每隔 1 秒动态地调整组件的对齐方式。

```java
package chapter11;
import java.awt.*;
import javax.swing.*;
public class testFlowLayout
{
    JFrame frame;
    Container contentPane;
    JPanel jp;
    FlowLayout layout;
    public static void main(String args[])
    {
        testFlowLayout obj=new testFlowLayout();
        obj.testFlow();
        obj.changeAlign();
    }
    private static void fillComponent(Container c)
    {
        for(int i=0;i<3;i++)
            c.add(new JButton("Button "+i));
    }
    public void testFlow ()
    {
        frame=new subJFrame("testFlowLayout");
        contentPane=frame.getContentPane();
        jp=new JPanel();            //定义一个面板
        layout=new FlowLayout();
        fillComponent(jp);          //向面板中添加组件
        contentPane.add(jp);
        layout=new FlowLayout(FlowLayout.CENTER,20,50);
        contentPane.setLayout(layout);
        frame.setSize(400,200);
        frame.setVisible(true);
    }
    public void changeAlign()
    {
        for(int i=0;i<100;i++)      //循环 100 次,每次显示一种布局
        {
            try{
                Thread.sleep(1000); //睡眠 1 秒
            }catch(Exception e)
            {
```

```
            e.printStackTrace();
        }
        switch(i%3)        //3种布局,选择一种显示
        {
            case 0:
                layout.setAlignment(FlowLayout.LEFT);
                break;
            case 1:
                layout.setAlignment(FlowLayout.CENTER);
                break;
            case 2:
                layout.setAlignment(FlowLayout.RIGHT);
                break;
        }
        layout.layoutContainer(contentPane);         //重新排列有关的组件
    }
  }
}
```

【程序运行结果】 如图 11-3 所示。注意：这仅仅是运行过程中的界面之一。

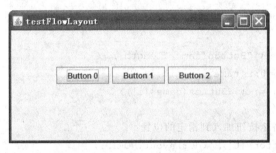

图 11-3 FlowLayout 布局管理器

【程序解析】 整个程序由两个类构成,其中 subJFrame 类在前面已定义,testFlowLayout 类是整个程序的主类。其中 for 循环中的语句：layout.setAlignment(FlowLayout.LEFT)是重新设置布局管理器的对齐方式；而 layout.layoutContainer(contentPane)按照新的对齐方式重新排列上面的各个组件。

11.2.2 BorderLayout 布局

BorderLayout 布局是将容器的空间划分为东、西、南、北、中 5 个区域。当容器缩放时,中间组件的大小变化最大,其余部分的组件只是需要时才发生变化来填满容器的空间。BorderLayout 的构造函数如下：

(1) public BorderLayout()。生成一个 BorderLayout 类的布局管理器对象,其中组件的垂直和水平间隔为 0。

(2) public BorderLayout(int hgap, int vgap)。生成一个 BorderLayout 类布局管理器对象,并指定组件的垂直和水平间隔。

【注意】 在向 BorderLayout 类的布局管理器对象加入组件时,必须指定组件所处的位

置。这 5 个位置是："EAST"、"WEST"、"SOUTH"、"NORTH"和"CENTER"。

若把基本组件放入 BorderLayout 对象,必须采用下面的语句格式:

```
add(position, object);
```

其中,position 是上述 5 个位置之一,object 代表要加入的组件对象。

【例 11-4】 在例 11-3 的基础上,采用 BorderLayout 布局管理器,每隔 1 秒动态地隐藏组件,直到隐藏全部的组件,然后按相反顺序重新显示组件。

```java
import java.awt.*;
import javax.swing.*;

public class testBorderLayout
{
    JFrame frame;
    Container contentPane;
    BorderLayout layout;
    JButton buttons[];
    String names[]={"North","South","East","West","Center"};

    private void fillComponent(Container c)
    {
        buttons=new JButton[names.length];
        for(int i=0;i<names.length;i++)
        buttons[i]=new JButton(names[i]);

            //将各个按钮加入到指定的位置
        c.add(buttons[0],BorderLayout.NORTH);
        c.add(buttons[1],BorderLayout.SOUTH);
        c.add(buttons[2],BorderLayout.EAST);
        c.add(buttons[3],BorderLayout.WEST);
        c.add(buttons[4],BorderLayout.CENTER);
    }

    public void testBorder()
    {
        frame=new subJFrame("testBorderLayout");
        contentPane=frame.getContentPane();
        layout=new BorderLayout(5,5);         //定义一个布局管理器
        contentPane.setLayout(layout);        //设置内容格的布局
        fillComponent(contentPane);           //向内容格中添加组件
        frame.setSize(300,200);
        frame.setVisible(true);
    }
```

```java
    public void hideButton()                    //隐藏按钮
    {
        for(int i=0;i<names.length;i++)
        {
            try{
                Thread.sleep(1000);             //睡眠 1 秒
            }catch(Exception e)
            {
                e.printStackTrace();
            }
            buttons[i].setVisible(false);
            layout.layoutContainer(contentPane);
        }
    }

    public void showButton()                    //重新显示按钮
    {
        for(int i=names.length-1;i>=0;i--)
        {
            try{
                Thread.sleep(1000);             //睡眠 1 秒
            }catch(Exception e)
            {
                e.printStackTrace();
            }
            buttons[i].setVisible(true);
            layout.layoutContainer(contentPane);
        }
    }

    public static void main(String args[])
    {
        testBorderLayout obj=new testBorderLayout();
        obj.testBorder();
        obj.hideButton();        //隐藏按钮
        obj.showButton();        //显示各个按钮
    }
}
```

【程序运行结果】 运行中共有 11 个界面。图 11-4 仅仅是其中的一个。

【程序解析】 整个程序由两个类构成,subJFrame 类在前面已定义,testBorderLayout 类是程序的主类。testBorder()方法没有定义面板,而是直接将组件加入到内容格,这和例 11-3 不同。

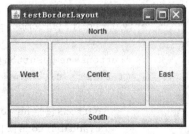

图 11-4 BorderLayout 布局管理器

11.2.3 GridLayout 布局

GridLayout 布局是将容器空间划分为网格状,各个组件占据大小相同的区域。GridLayout 类的构造函数如下:

(1) public GridLayout ()。生成一个 GridLayout 类的布局管理器对象,其行数为 1。

(2) public GridLayout (int rows, int cols)。生成一个 GridLayout 类的布局管理器对象,并指定行数和列数。

(3) public GridLayout (int rows, int cols, int hgap, int vgap)。生成一个 GridLayout 类的布局管理器对象,并指定行数、列数、水平和垂直间隔。

【注意】 在后两个构造函数中,rows 或 cols 为 0 表示可以包含任意数量的行或列,但二者不能同时为 0。

【例 11-5】 在例 11-4 的基础上,采用 GridLayout 布局管理器,每隔 1 秒动态重新设置组件的布局。

```
package chapter11;
import java.awt.*;
import javax.swing.*;
public class testGridLayout
{
    JFrame frame;
    Container contentPane;
    GridLayout grid1,grid2;              //定义两个 GridLayout 引用
    JButton buttons[];
    String names[]={"one","two","three","four","five","six"};
    boolean change;                      //改变布局的标记
    public testGridLayout()              //构造函数
    {
        frame=new subJFrame("testGridLayout");
        contentPane=frame.getContentPane();
        grid1=new GridLayout(2,3,5,5);   //定义一个 2 行 3 列的布局管理器
        grid2=new GridLayout(3,2);       //定义一个 3 行 2 列的布局管理器
        contentPane.setLayout(grid1);    //设置内容格的布局
        fillComponent(contentPane);      //向内容格中添加组件
        change=true;                     //设置改变标记为 true
        frame.setSize(220,200);
        frame.setVisible(true);
    }
    private void fillComponent(Container c)
    {
        buttons=new JButton[names.length];
        for(int i=0;i<names.length;i++)
        {
            buttons[i]=new JButton(names[i]);
            c.add(buttons[i]);           //将按钮加入容器
        }
```

```
    }
    public void testGrid()
    {
        while(true)
        {
            try{
                Thread.sleep(1000);         //睡眠 1 秒
            }catch(Exception e)
            {
                e.printStackTrace();
            }
            if(change)
                contentPane.setLayout(grid1);       //采用 grid1 设置内容格的布局
            else
                contentPane.setLayout(grid2);       //采用 grid2 设置内容格的布局
            change=!change;             //反转标记
            contentPane.validate();     //使改变后的布局有效
        }
    }
    public static void main(String args[])
    {
        testGridLayout obj=new testGridLayout();
        obj.testGrid();
    }
}
```

【程序运行结果】 如图 11-5 所示。在运行中这两个界面轮流反转显示。

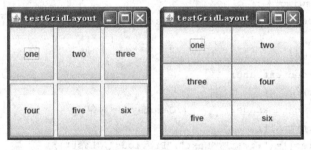

图 11-5 GridLayout 布局管理器

【程序解析】 testGrid()方法中的 contentPane.validate()的功能是：在容器包含的组件改变(增加或删除组件)后，重新布局各组件。如果程序缺少这一行，除非采用鼠标拖动窗口的边框会改变按钮的布局，否则程序不会自动改变。程序的其他地方都很清晰，请读者留心注释语句。

11.2.4 CardLayout 布局

CardLayout 布局管理器是比较复杂的布局管理策略之一。有时，程序需要使用多种组件，但是屏幕的大小有限制，不可能将其同时显示，这就需要将这些组件分成组，每组放在一个面板中,而后将这些面板按照 CardLayout 方式布置在程序的窗口中。这样,就可以在窗口的同一显示区放置多个不同的组件,而每一时刻只显示其中的一组。

由于 CardLayout 相对比较复杂,下面给出使用 CardLayout 对象的步骤,具体请参见例 11-6,其操作步骤如下:

(1) 创建一个 CardLayout 对象和一个承载该对象的面板。
(2) 采用 CardLayout 对象设置面板的布局管理器。
(3) 调用 add()方法将组件加入到面板对象中。

与 CardLayout 有关的常用方法如下:

① public CardLayout()。生成一个 CardLayout 对象,各卡片之间的垂直和水平间隔为 0。

② public CardLayout(int hgap, int vgap)。生成一个 CardLayout 对象,并指定卡片之间的垂直和水平间隔。

③ public void first(Container parent)。显示第一张卡片。

④ public void last(Container parent)。显示最后一张卡片。

⑤ public void next(Container parent)。显示下一张卡片。当显示了最后一张卡片时,它就循环回到第一张。

⑥ public void previous(Container parent)。显示前一张卡片。当显示了第一张卡片时,它就循环回到最后一张。

【例 11-6】 在例 11-5 的基础上修改而成。采用 CardLayout 布局管理器,通过鼠标单击实现卡片之间的切换。

```
package chapter11;
import java.awt.*;
import java.awt.event.*;
import javax.swing.*;
public class testCardLayout implements ActionListener
{
    JFrame frame;
    Container contentPane;
    JPanel deck;
    CardLayout cardManager;         //CardLayout 对象
    JButton buttons[];
    String names[]={"First","Next","Previous","Last"};

    public testCardLayout()         //testCardLayout 的构造函数
    {
        frame=new subJFrame("testCardLayout");
        contentPane=frame.getContentPane();
        deck=new JPanel();
        cardManager=new CardLayout();           //定义一个布局管理器
        deck.setLayout(cardManager);            //设置内容格的布局
        JPanel card1=new JPanel();              //定义第一张卡片
        JLabel lab1=new JLabel("卡片一");        //上面仅有一个标签
        card1.add(lab1);
```

```java
        deck.add(card1,lab1.getText());          //将第一张卡片加入deck面板
        JPanel card2=new JPanel();               //定义第二张卡片
        JTextField field=new JTextField("卡片二");
        card2.add(field);
        deck.add(card2,field.getText());         //将第二张卡片加入deck面板
        JPanel card3=new JPanel();               //定义第三张卡片
        JLabel lab3=new JLabel("卡片三");
        card3.setLayout(new BorderLayout());
        card3.add(new JButton("北"),BorderLayout.NORTH);
        card3.add(new JButton("南"),BorderLayout.SOUTH);
        card3.add(new JButton("西"),BorderLayout.WEST);
        card3.add(new JButton("东"),BorderLayout.EAST);
        card3.add(lab3,BorderLayout.CENTER);
        deck.add(card3,lab3.getText());          //将第三张卡片加入deck面板
        //创建控制面板
        JPanel controls=new JPanel();
        controls.setLayout(new GridLayout(2,2));
        buttons=new JButton[names.length];
        for(int i=0;i<names.length;i++)
        {
            buttons[i]=new JButton(names[i]);
            buttons[i].addActionListener(this);
            controls.add(buttons[i]);            //将按钮加入controls面板
        }
            //将controls和deck加入到内容格
        contentPane.add(controls, BorderLayout.WEST);
        contentPane.add(deck, BorderLayout.EAST);
        frame.setSize(350,200);
        frame.setVisible(true);
    }

    public void actionPerformed(ActionEvent evt)
    {
        if(evt.getSource()==buttons[0])          //显示第一张卡片
            cardManager.first(deck);
        else if(evt.getSource()==buttons[1])     //显示下一张卡片
            cardManager.next(deck);
        else if(evt.getSource()==buttons[2])     //显示前一张卡片
            cardManager.previous(deck);
        else if(evt.getSource()==buttons[3])     //显示最后一张卡片
            cardManager.last(deck);
    }

    public static void main(String args[])
    {
```

```
            new testCardLayout();
        }
    }
```

【程序运行结果】 如图 11-6 所示。

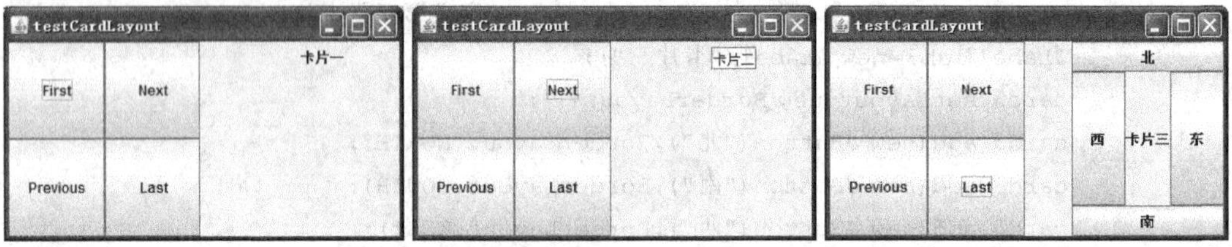

图 11-6 CardLayout 布局管理器

【程序解析】 整个程序由两个类构成,其中,subJFrame 类在前面已定义,testCardLayout 类是整个程序的主类。这个程序的整体思路是：创建一个带控制按钮的 deck 面板,再创建一个带 3 组组件的面板 contentPane,而 contentPane 实际上来自于 frame 框架的内容格。每当用户用鼠标单击 deck 面板上的按钮对象时,将显示 contentPane 面板上的组件。CardLayout 布局管理器显示卡片的样式和许多应用程序提供的选项卡不同。有时,我们希望通过单击卡片头的方式来选择一个卡片,但是 CardLayout 不允许这样做,Java 提供的 JTabbedPane 容器可以实现这个功能。

【注意】 actionPerformed()方法用于处理按钮事件,将在 11.4 节讲述。

【例 11-7】 JTabbedPane 容器的使用方法。整个程序由两个类构成,其中,subJFrame 类在前面已定义,testTabbedPane 类是整个程序的主类。

```
package chapter11;
import java.awt.*;
import javax.swing.*;

public class testTabbedPane
{
    JFrame frame;
    Container contentPane;
    JTabbedPane jtp;

    testTabbedPane()          //testTabbedPane 的构造函数
    {
        frame=new subJFrame("testTabbedPane");
        contentPane=frame.getContentPane();
        jtp=new JTabbedPane();
        contentPane.add(jtp, BorderLayout.CENTER);
        for(int i=0;i<5;i++)
        {
            JButton button=new JButton("按钮 "+i);
            jtp.add(" "+i,button);
        }
```

```
            frame.setSize(300,200);
            frame.setVisible(true);
        }
        public static void main(String args[])
        {
            new testTabbedPane();
        }
    }
```

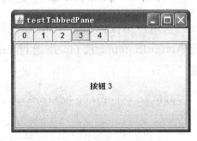

图 11-7　JTabbedPane 容器

【程序运行结果】　如图 11-7 所示。

11.3　委托事件处理模型

　　GUI 是基于事件驱动的，即当用户与 GUI 交互时，这些构件就产生事件。例如，移动鼠标、单击按钮、在文本框中输入字符、关闭一个窗口等，这些都是事件。GUI 的事件信息存储在 java.awt.AWTEvent 的子类中，这些常用的子类有 ActionEvent、ItemEvent、ComponentEvent、ContainerEvent、InputEvent、KeyEvent 和 MouseEvent。

　　事件处理机制中有 3 个组成部分：事件源、事件对象和事件监听者。事件源就是与用户交互的 GUI 构件，基本组件和容器都可以作为事件源；事件对象封装了关于事件的若干信息，主要有事件源引用和监听者处理事件的特有信息；事件监听者是某种监听者类的对象，当发生事件时，事件源通知监听者，并提供给监听者一个事件对象，监听者利用此对象响应事件。事件源提供了注册和注销管理监听者的方法，从而能对注册的监听者对象进行管理。

　　Java 对事件处理采用的是基于事件源、事件对象和监听者的委托事件处理模型，其基本原理是：每个事件源可以发出若干种不同类型的事件。在程序中为每个事件源指定一个或多个事件监听者，它可以对某种事件进行监听。如果发生某种事件，就调用相应监听者中的方法。

　　从委托事件处理模型的基本原理可以看出，这种方法的实质是将用户界面和事件处理分开，从而使程序的结构清晰、自然。

　　在 GUI 程序设计中，程序员对事件处理必须做好两件事情：注册监听者和实现事件处理方法。注册监听者可以采用事件源的 addXXXListener() 方法实现，例如：

　　A.addXXXListener(B);

将 B 对象注册为 A 对象的监听者。当 A 发生 XXX 事件时，对象 B 能得到通知，并将调用相应的方法处理该事件。下面对常用的组件事件、鼠标事件、键盘事件分别进行讨论。

11.4　组件事件处理

　　在第 10 章中讲述了常用组件，限于当时的知识背景，没有对组件事件进行讨论。下面分别讨论 Java 中的常用组件事件处理。

11.4.1　JButton 事件处理

当用户用鼠标单击 JButton 对象时，仅仅产生一种 ActionEvent 事件。监听者必须实现 ActionListener 接口，并通过 addActionListener()方法向事件源注册。ActionListener 接口仅有一个方法，它的定义是：

```
public interface ActionListener extends EventListener
{
    public void actionPerformed(ActionEvent e);
}
```

监听者按钮必须定义一个实现接口的类。

【例 11-8】 演示 JButton 事件的处理方法。

```
package chapter11;
import java.awt.*;
import java.awt.event.*;
import javax.swing.*;
    //为了响应 JButton 事件处理，testEventButton 类必须实现 ActionListener 接口
public class testEventButton implements ActionListener
{
    JFrame frame;
    Container contentPane;
    JButton button1,button2;
    JLabel label;
        //必须实现 ActionListener 接口中的方法 actionPerformed()
    public void actionPerformed(ActionEvent e)
    {
        label.setText("You pressed Button: "+e.getActionCommand());
    }

    public testEventButton()          //定义构造函数
    {
        frame=new subJFrame("testEventButton");
        contentPane=frame.getContentPane();
        contentPane.setLayout(new BorderLayout(5,5));      //设置内容格的布局
        label=new JLabel(" ");      //生成一个没有显示文本的标签
        contentPane.add(label,BorderLayout.CENTER);
            //创建两个按钮对象
        button1=new JButton("A");
        button2=new JButton("B");
        contentPane.add(button1,BorderLayout.NORTH);
        contentPane.add(button2,BorderLayout.SOUTH);
            //将当前对象作为 button1 和 button2 对象的监听者
        button1.addActionListener(this);
        button2.addActionListener(this);
```

```
        frame.setSize(200,150);
        frame.setVisible(true);
    }

    public static void main(String args[])
    {
        new testEventButton();
    }
}
```

【程序运行结果】 如图 11-8 所示。

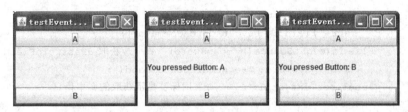

图 11-8　JButton 事件处理

【程序解析】 subJFrame 类在 11.1.1 节已定义，testEventButton 类是整个程序的主类。actionPerformed()方法中的 e.getActionCommand()是获取与此动作有关的命令名。testEventButton()构造函数中的 button1.addActionListener(this)是将当前对象(this 指代的对象)注册为 button1 对象的事件监听者，每当 button1 对象被单击时，将调用 actionPerformed()进行事件处理。

11.4.2　JTextField 和 JPasswordField 事件处理

JTextField 和 JPasswordField 都是处理单行文本的，当在这些对象中输入数据并按了 Enter 键时，将触发一个事件。如果程序注册了一个事件监听者，那么监听者就可以处理这个事件，并可以使用此时输入的文本数据。

当有多个事件源时，可以使用 ActionEvent 参数的 getSource()方法来确定用户到底与哪一个 GUI 构件进行了交互操作，通过这个方法可以获得事件产生的对象。

【例 11-9】 演示 JTextField 和 JPasswordField 的事件处理。

```
package chapter11;
import java.awt.*;
import java.awt.event.*;
import javax.swing.*;
public class testEventField          //主类
{
    JFrame frame;
    Container contentPane;
    JTextField field1,field2,field3;
    JPasswordField password;
    JLabel label;
```

```java
            //此类为了响应文本事件处理,实现了ActionListener接口
    private class fieldEventHandler implements ActionListener          //内隐类
    {
        public void actionPerformed(ActionEvent e)
        {
            String str="";
                //判断用户是否在 field1 文本框中按了 Enter 键
            if(e.getSource()==field1)         //通过 getSource()获取事件
                str="field1: "+e.getActionCommand();
            else if(e.getSource()==field2)
                str="field2: "+e.getActionCommand();
            else if(e.getSource()==field3)
                str="field3: "+e.getActionCommand();
            else if(e.getSource()==password)       //获取 JPasswordField 文本
                str="password: "+e.getActionCommand();
            label.setText(str);            //采用标签显示获取的文本信息
        }
    }

    public testEventField()
    {
        frame=new subJFrame("testEventField");
        contentPane=frame.getContentPane();
        contentPane.setLayout(new GridLayout(2,3,10,10));          //设置内容格的布局
            //生成 3 个文本框
        field1=new JTextField(10);          //文本框的宽度为 10
        field2=new JTextField(" Enter text here");        //具有默认文本
        field3=new JTextField(" Uneditable this text",20);
        field3.setEditable(false);
        password=new JPasswordField("Hide this text",20);         //生成口令文本框
            //生成一个没有显示文本的标签
        label=new JLabel(" I am a label");
        contentPane.add(label);
            //将 4 个文本对象加入到内容格
        contentPane.add(field1);
        contentPane.add(field2);
        contentPane.add(field3);
        contentPane.add(password);
            //生成一个监听者,并将其注册为 4 个文本对象的监听者
        fieldEventHandler handler=new fieldEventHandler();
        field1.addActionListener(handler);
        field2.addActionListener(handler);
        field3.addActionListener(handler);
        password.addActionListener(handler);
        frame.setSize(400,100);
```

```
        frame.setVisible(true);
    }

    public static void main(String args[])
    {
        new testEventField();
    }
}
```

【程序运行结果】 如图 11-9 所示。注意：这仅仅是运行过程中的一个界面。

图 11-9　JTextField 和 JPasswordField 事件处理

【程序解析】

（1）程序引入了内隐类。程序中 fieldEventHandler 类定义在主类 testEventField 内部，这是一种定义内隐类的方法，它表明此类只能在 testEventField 内部使用。

（2）在内隐类内部，可以使用主类 testEventField 定义的实例变量。例如，内隐类使用的 label 对象，本来定义在 testEventField 类中，但可以在内隐类中使用。

（3）内隐类 fieldEventHandler 实现了 ActionListener 接口，这是因为后面的内隐类对象要处理文本框事件。

（4）在 actionPerformed()方法中，通过 getActionCommand()方法可以获取文本框中的内容。前面介绍过，对于 JButton 按钮，通过此方法可以获取按钮表面的信息。

（5）在构造函数中，field1.addActionListener(handler)是将 handler 注册为 field1 对象的监听者。一个 handler 对象可以同时监听多个事件源，为了区别当前事件是由哪个事件源引起的，在 actionPerformed()方法中，通过 if-else 语句进行了事件源判别。

【注意】 虽然 field3 对象不可被编辑，但仍然可以响应事件。当用鼠标选中该对象后，按 Enter 键同样可以获取该对象的文本信息。JTextArea 虽然也是与文本有关的组件，它支持多行文本，但在其区域按 Enter 键不会产生事件。

【思考】 Java 的事件处理到底是如何实现的？

下面从两个方面讲解 Java 的事件处理思想，首先将这个问题细化，分解为如下两个小问题：

（1）事件 handler 是如何注册的？
（2）GUI 组件是怎么知道在众多的方法中，应该调用 actionPerformed()方法？

首先分析第一个问题。以例 11-9 中的 field1 为例，它是 JTextField 的一个对象，而 JTextField 是 JComponent 的子类，每个 JComponent 对象的内部都包含一个 listenerList 变量，所有注册的监听者都存储在 listenerList 中。当执行 field1.addActionListener (handler)语句时，就在 field1 对象的 listenerList 中将 handler 记录下来。

对于第二个问题：每个 JComponent 对象都支持多个不同类型的事件，如鼠标事件、键盘事件等。当用户与组件交互时所产生的事件都有一个唯一的事件 ID，用于指定事件类型。GUI 组件采用这个 ID 来确定应当将该事件传递给哪一个监听者，以及应当调用哪一个方法。Java 通过这种机制实现了事件处理。

11.4.3 JCheckBox 和 JRadioButton 事件处理

JCheckBox 对象支持复选框，它的状态要么是 on 要么是 off。当用鼠标单击时，它的状态就要进行转换。JRadioButton 专门用于单选，它与 ButtonGroup 类配合使用，该类用于将相互独立的 JRadioButton 组件构成一个组。

当用户对这两种类型的按钮对象进行操作时，都要产生选择项事件。在编程中必须实现接口 ItemListener，并编写 ItemStateChanged()方法，才能处理这种类型的事件。

【例 11-10】 演示 JCheckBox 和 JRadioButton 事件处理，该程序综合了框架的应用、组件前景色和背景色的应用、复选框和单选按钮的应用，以及事件处理。

```java
package chapter11;
import java.awt.*;
import java.awt.event.*;
import javax.swing.*;
public class testEventBoxRadio
{
    JPanel jp1,jp2;                                    //定义两个面板
    JFrame frame;
    Container contentPane;
    JTextField field1,field2;                          //两个文本框
    JCheckBox backGroundBox,foreGroundBox;             //两个复选框
    JRadioButton backGroundRadio,foreGroundRadio;      //两个单选按钮
    ButtonGroup radioGroup;                            //单选按钮组
    //定义一个处理 JCheckBox 事件的内隐类，它实现了 ItemListener 接口
    private class BoxEventHandler implements ItemListener
    {
        private Color defaultBackGround,defaultForeGround;    //两个颜色变量
            //实现 itemStateChanged()方法
        public void itemStateChanged(ItemEvent e)
        {
            if(e.getSource()==backGroundBox)
                if(e.getStateChange()==ItemEvent.SELECTED)
                    defaultBackGround=Color.blue;
                else
                    defaultBackGround=Color.white;
            if(e.getSource()==foreGroundBox)
                if(e.getStateChange()==ItemEvent.SELECTED)
                    defaultForeGround=Color.YELLOW;
                else
                    defaultForeGround=Color.BLACK;
```

```java
            //设置 field1 文本框的前景色和背景色
            field1.setForeground(defaultForeGround);
            field1.setBackground(defaultBackGround);
        }
    }
        //定义一个处理 JRadioButton 事件的内隐类,它实现了 ItemListener 接口
    private class RadioEventHandler implements ItemListener
    {
        private Color defaultBackGround,defaultForeGround;           //两个颜色变量
            //实现 itemStateChanged()方法
        public void itemStateChanged(ItemEvent e)
        {
            if(e.getSource()==backGroundRadio)
                    defaultBackGround=Color.BLUE;
            else
                defaultBackGround=Color.white;
            if(e.getSource()==foreGroundRadio)
                defaultForeGround=Color.BLACK;
            else
                defaultForeGround=Color.YELLOW;
                //设置 field2 文本框的前景和背景
            field2.setForeground(defaultForeGround);
            field2.setBackground(defaultBackGround);
        }
    }

public testEventBoxRadio()            //构造函数
{
    frame=new subJFrame("testEventBoxRadio");        //定义一个框架
    contentPane=frame.getContentPane();              //获取框架的内容格
    contentPane.setLayout(new FlowLayout());
    jp1=new JPanel();                                //定义一个面板
    field1=new JTextField("field1: Watch the foreground and background change");

    jp1.add(field1);
    backGroundBox=new JCheckBox(" backGround ");
    foreGroundBox=new JCheckBox(" foreGround ");
    contentPane.add(field1);
    contentPane.add(backGroundBox);
    contentPane.add(foreGroundBox);
    jp2=new JPanel();                                //定义一个面板
    field2=new JTextField("field2: Watch the foreground and background change");
    backGroundRadio=new JRadioButton(" backGround ");
    foreGroundRadio=new JRadioButton(" foreGround ");
```

```
            contentPane.add(field2);
            contentPane.add(backGroundRadio);
            contentPane.add(foreGroundRadio);
            radioGroup=new ButtonGroup();
            radioGroup.add(backGroundRadio);
            radioGroup.add(foreGroundRadio);          //将两个 radio 按钮构成一个组
                //将面板 jp1 放在内容格的北边,jp2 放在南边
            contentPane.add(jp1,BorderLayout.NORTH);
            contentPane.add(jp2,BorderLayout.SOUTH);
                //生成一个监听者,并将其注册为两个 JCheckBox 对象的监听者
            BoxEventHandler Boxhandler=new BoxEventHandler();
            backGroundBox.addItemListener(Boxhandler);
            foreGroundBox.addItemListener(Boxhandler);
                //生成一个监听者,并注册为 JRadioButton 对象的监听者
            RadioEventHandler Radiohandler=new RadioEventHandler();
            backGroundRadio.addItemListener(Radiohandler);
            foreGroundRadio.addItemListener(Radiohandler);
            frame.setSize(400,200);
            frame.setVisible(true);
        }
        public static void main(String args[])
        {
            new testEventBoxRadio();
        }
    }
```

【程序运行结果】 如图 11-10 所示。注意：这仅仅是运行过程中的一个界面。

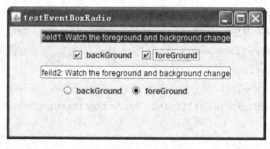

图 11-10　JCheckBox 和 JRadioButton 事件处理

【程序解析】　该程序的整体思路是首先定义 jp1 和 jp2 两个面板,jp1 上面分别放置了一个文本框对象 field1 和两个复选框对象,这两个复选框对象可以用于控制 field1 的前景色和背景色,当勾选这两个复选框时,将触发事件,并调用内隐类 BoxEventHandler 中的 itemStateChanged()方法进行事件处理;jp2 上面分别放置了一个文本框对象 field2 和两个单选按钮对象,并且把这两个单选按钮对象构成一个组,它们可以用于控制 field2 的前景色和背景色,当选中这两个单选按钮时,将触发事件,并调用内隐类 RadioEventHandler 中的 itemStateChanged()方法进行事件处理。

【注意】 不能采用 add() 方法将 ButtonGroup 对象加入到容器中,因为它不是 Component 类(或其子类)的对象,否则会出现语法错误。此外,ButtonGroup 对象也不是一个在屏幕上可显示的组件,它不会产生任何事件,所以不需要对其进行事件处理,它只能用于对 JRadioButton 对象进行管理。

11.4.4 JComboBox 事件处理

JComboBox 生成的下拉列表适用于 GUI 空间很挤的情况,可以将一组互斥的单选按钮换成一个紧凑的下拉列表组件。当在下拉列表中选择或输入可编辑的选项时,将触发 ItemListener 事件,监听者将调用 itemStateChanged() 方法进行事件处理。对 JComboBox 组件进行事件处理的编程方法与 JCheckBox 和 JRadioButton 类似。

【例 11-11】 演示 JComboBox 事件处理。用户从下拉列表中选择问题,标签显示问题的答案。

```java
package chapter11;
import java.awt.*;
import java.awt.event.*;
import javax.swing.*;
public class testEventComboBox
{
    JFrame frame;
    Container contentPane;
    JComboBox imageComboBox;            //下拉列表
    JLabel label,lll;                   //标签
    String questions[]={"姓名","性别","籍贯","学历"};    //问题数组
    String answers[]={"皮德常","男","中国","博士"};      //答案数组

    public testEventComboBox()          //构造函数
    {
        frame=new subJFrame("testEventComboBox");       //定义一个框架
        contentPane=frame.getContentPane();             //获取框架的内容格
        contentPane.setLayout(new FlowLayout());        //设置布局管理器
            //依据 questions 数组生成一个下拉列表,并设置一屏可显示的项数
        imageComboBox=new JComboBox(questions);
        imageComboBox.setMaximumRowCount(3);
        contentPane.add(imageComboBox);                 //将下拉列表加入内容格
        label=new JLabel(answers[0]);                   //定义标签
        contentPane.add(label);                         //将标签加入内容格
            //注意:下面是编写程序时一种很常用的方法
        imageComboBox.addItemListener(
            //生成一个无名内隐类,处理 JComboBox 事件
            new ItemListener()
            {
                //处理 JComboBox 事件
                public void itemStateChanged(ItemEvent e)
```

```
                    if(e.getStateChange()==ItemEvent.SELECTED)
                    {
                        //确定选中的列表项下标,重新设置标签
                        int i=imageComboBox.getSelectedIndex();
                        label.setText(answers[i]);
                    }       //end of if
                }       //end of itemStateChanged
            }       //end of inner class
        );      //end of ItemListener

        frame.setSize(300,150);
        frame.setVisible(true);
    }

    public static void main(String args[])
    {
        new testEventComboBox();
    }
}
```

【程序运行结果】 如图 11-11 所示。注意：这仅仅是运行过程中的一个界面。

图 11-11　JComboBox 事件处理

【程序解析】 程序中定义了一个无名的内隐类对象,它实现了 ItemListener 接口。当通过在 JComboBox 对象中选择一个问题时,监听者将调用 itemStateChanged()方法。GetSelectIndex()方法返回 JComboBox 选项的下标。

【思考】 如何定义和使用匿名类？无名内隐类也称为匿名类,它是事件处理中很常用的一种方法。对于这个局部类,由于别人无法访问这个类,因此类名是多余的。

下面采用一个 java.awt.event 包中的 ActionListener 接口进行分析。在事件处理中经常使用的这个接口定义如下：

```
public interface ActionListener extends EventListener
{
    public void actionPerformed(ActionEvent e);
}
```

此接口中只有一个空方法 actionPerformed(),要实现这个接口,只要定义该方法即可。采用匿名类实现接口的一种方法是：

```
ActionListener listener=new ActionListener()       //下面是匿名类的定义
{
    public void actionPerformed(ActionEvent e)
    {
        //根据需要进行编程
    }
};      //别忘记这个分号
```

程序段首先定义了一个 ActionListener 类型的变量 listener,并在赋值语句后面提供了定义,然后将 listener 作为一个监听者加入监听者列表:

```
container.addActionListener(listener);
```

但是在编写程序时,可以将定义匿名类和加入监听者列表放在一起,从而将局部变量 listener 省略。下列程序段将匿名类的定义和使用放在了一起:

```
container.addActionListener(
    new ActionListener()
    {
        public void actionPerformed(ActionEvent e)
        {
            //根据需要进行编程
        }
    }
);              //别忘记这个分号
```

例 11-11 中的匿名类就属于这种情况的应用。

【注意】 匿名类也是有缺点的,随着类定义的不断扩大,采用匿名类将使得阅读程序和理解程序变得困难。从软件维护的角度讲,应当慎重使用匿名类。

11.4.5　JList 事件处理

JList 是 JComponent 的一个子类,JList 组件在默认方式下支持多选,并且必须放在 JScrollPane 中才具有滚动功能。

【例 11-12】 演示 JList 的事件处理,用户从列表中选择一个颜色用于设置标签的前景色。其中,testEventList 类是整个程序的主类,subJFrame 类在 11.1.1 节已定义。

```
package chapter11;
import java.awt.*;
import javax.swing.event.*;
import javax.swing.*;

public class testEventList
{
    JFrame frame;
    Container contentPane;
    JList list;         //下拉列表
    JLabel label;       //标签
    //下面定义了颜色数组和相应的颜色对象数组
    String colorNames[]={" Black"," Blue "," Red "," White","Yellow"};
    Color colors[]={Color.black, Color.blue, Color.red, Color.white, Color.yellow};

    public testEventList()       //构造函数
    {
        frame=new subJFrame("testEventList");       //定义一个框架
```

```java
            contentPane=frame.getContentPane();        //获取框架的内容格
            contentPane.setLayout(new FlowLayout());    //设置布局管理器
            list=new JList(colorNames);                 //依据数组生成列表
            list.setVisibleRowCount(4);                 //设置列表一次显示的项数
                    //设置选择模式,一次只能选择一条
            list.setSelectionMode(ListSelectionModel.SINGLE_SELECTION);
                    //生成一个滚动面板,并将下拉列表加入滚动面板
            contentPane.add(new JScrollPane(list));
            label=new JLabel(" 颜色 ");                 //定义标签
            contentPane.add(label);                     //将标签加入内容格
            list.addListSelectionListener(
                    //生成一个匿名类对象,处理 JList 事件
                new ListSelectionListener() //下面是匿名类的定义
                {
                        //匿名类中只有一个方法,处理 JList 选择项改变事件
                    public void valueChanged(ListSelectionEvent e)
                    {
                        label.setText(list.getSelectedValue().toString());
                        label.setForeground(colors[list.getSelectedIndex()]);
                    }   //end of valueChanged
                }       //end of inner class
            );          //end of addListSelectionListener
            frame.setSize(200,120);
            frame.setVisible(true) ;
        }
        public static void main(String args[])
        {
            new testEventList();
        }
    }
```

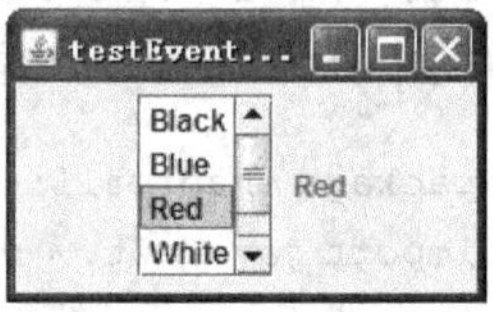

【程序运行结果】 如图 11-12 所示。注意：这仅仅是运行过程中的一个界面。

图 11-12 JList 事件处理

【程序解析】 程序采用 JList 的 addListSelectionListener()方法将一个匿名类对象注册为 list 对象的监听者。匿名类实现的接口是 ListSelectionListener,该接口包含了 valueChanged() 方法。当用户在 list 中选择条目时,将调用 valueChanged()方法进行事件处理。

JList 中的 setVisibleRowCount ( )方法是设置 list 对象一屏可以显示的项数。setSelectionMode()方法设置 list 对象的选择模式,例如只能选择一条、允许选择多条就是不同的选择模式。ListSelectionModel 是一个类,定义在 javax.swing 包中,包含 3 个常量：

(1) SINGLE_SELECTION：仅允许选择列表中的一条。

(2) SINGLE_INTERVAL_SELECTION：允许选择列表中多条,并且这些条目必须是连续的,中间不能断开。

(3) MULTIPLE_INTERVAL_SELECTION：允许选择列表中多条,条目可以不连续。

建议读者修改例 11-12 的 list 选择模式,通过编程理解这 3 个常量的含义。

程序中出现的下列几条语句,值得我们关注:

(1) label.setText(list.getSelectedValue().toString()):首先采用 getSelectedValue()方法获取 list 对象的选择项,然后采用 toString()方法将其转换为一个字符串,并用这个字符串设置标签 label 的显示文本。

(2) label.setForeground(colors[list.getSelectedIndex()]):首先采用 getSelectedIndex()方法获取 list 对象的选择项的标号,然后采用颜色 colors 数组设置标签 label 的前景色。

11.5 鼠标事件处理

所有 Component 类的子类对象都能产生鼠标事件,它有两个与事件处理有关的接口:一个是 MouseListener 接口,专门处理基本鼠标事件;另一个是 MouseMotionListener 接口,专门处理鼠标移动事件。

```
public interface MouseListener extends EventListener
{
    public void mouseClicked(MouseEvent e);      //单击而不移动鼠标
    public void mouseEntered(MouseEvent e);      //进入指定区域
    public void mouseExited(MouseEvent e);       //离开指定区域
    public void mousePressed(MouseEvent e);      //在组件上单击鼠标
    public void mouseReleased(MouseEvent e);     //释放鼠标按键
}
public interface MouseMotionListener extends EventListener
{
    public void mouseDragged(MouseEvent e);      //按下键后拖动鼠标
    public void mouseMoved(MouseEvent e);        //移动鼠标
}
```

Java 分成两个监视器的目的是为了提高性能,因为鼠标移动的事件经常发生。MouseEvent 类提供有鼠标事件处理的一些方法和常量,常用的常量如下:

```
MOUSE_CLICKED    :    鼠标单击事件
MOUSE_DRAGGED    :    鼠标拖动事件
MOUSE_ENTERED    :    鼠标事件
MOUSE_EXITED     :    鼠标离开事件
MOUSE_MOVED      :    鼠标移动事件
MOUSE_PRESSED    :    鼠标按钮按下事件
MOUSE_RELEASED   :    鼠标按钮释放事件
```

常用方法如下:

(1) public int getClickCount():获取鼠标单击的次数。

(2) public Point getPoint():获取事件源的位置。返回一个 Point 对象,包含了鼠标事件发生的坐标。

(3) public int getX():鼠标事件发生的 X 坐标。

(4) public int getY():鼠标事件发生的 Y 坐标。

(5) public String paramString()：返回事件的字符串表示。

(6) public synchronized void translatePoint(int x, int y)：采用参数增加鼠标位置的偏移量。

【注意】 拖动鼠标时，总是要调用 MouseMotionListener 中的 mouseDragged()方法，同样也调用 MouseListener 中的 mouseReleased()方法。

【例 11-13】 编写一个程序，用户可以拖动鼠标写字和画画。

```java
package chapter11;
import java.awt.*;
import java.awt.event.*;

public class testEventMouse extends subJFrame
{
    int xValue,yValue;          //保留鼠标位置(X,Y)
    public testEventMouse()     //构造函数
    {
        super("testEventMouse");        //调用 subJFrame 类中的构造函数
                //请注意下列匿名类的定义
                //定义一个匿名类实现 MouseMotionListener 接口
        addMouseMotionListener(
            new MouseMotionListener()
            {
                public void mouseDragged(MouseEvent e)
                {
                    xValue=e.getX();
                    yValue=e.getY();
                    repaint();      //调用 paint()方法
                }
                public void mouseMoved(MouseEvent e)
                {
                    //必须覆盖该方法,否则 MouseMotionListener 类就是抽象类
                }
            }
        );
        setSize(300,150);
        setVisible(true);
    }

    public void paint(Graphics g)
    {
            //super.paint(g);        //不能调用父类中的 repaint()方法
        g.fillOval(xValue,yValue,4,4);     //画圆
    }

    public static void main(String args[])
```

```
    {
        new testEventMouse();
    }
}
```

【**程序运行结果**】 如图 11-13 所示,上面的文字"LOVE"是作者用鼠标画出来的。

【**程序解析**】 testEventMouse 类是整个程序的主类,其中,subJFrame 类在 11.1.1 节已定义。下面对程序中的一些语句进行必要的解释:

(1) 匿名类中的 repaint()将自动调用 paint()方法。

(2) paint()方法中的语句 g.fillOval(xValue, yValue,4,4)是在坐标(xValue,yValue)处画一个圆。图 11-13 上面的文字实际上是由若干圆拼成的。

图 11-13　鼠标事件处理

(3) 程序仅仅支持鼠标的拖动操作,因为程序仅仅实现了 MouseMotionListener 接口中的 mouseDragged()方法,而对 mouseMoved()方法并没有给出代码。

【**思考**】

(1) 既然程序不需要 mouseMoved()方法的功能,为什么在匿名类中还要写出它?

(2) 如果要处理鼠标的基本操作,该如何定义 MouseListener 匿名类对象?

针对第 1 个问题,这是因为 MouseMotionListener 接口中有两个空方法:mouseDragged()和 mouseMoved()。虽然程序仅仅需要 mouseDragged()方法,但必须完全实现该接口,只有这样才能定义对象。我们在第 5 章讲述过,一个类若没有完全实现接口中的方法,那么该类将是一个抽象类,从而不能定义抽象类的对象。

针对第 2 个问题,可以通过模仿 MouseMotionListener 匿名类对象的定义方法,例如定义如下:

```
addMouseListener (
    new MouseListener()
    {
        public void mouseClicked(MouseEvent e)
        {
            //根据需要写出代码
        }
        public void mouseEntered(MouseEvent e)
        {
            //根据需要写出代码
        }
        public void mouseExited(MouseEvent e)
        {
            //根据需要写出代码
        }
        public void mousePressed(MouseEvent e)
        {
            //根据需要写出代码
        }
```

```
        public void mouseReleased(MouseEvent e)
        {
            //根据需要写出代码
        }
    }
);
```

但要注意的是,必须对上述几个 mouseXXX(MouseEvent e)方法都写出代码,一个也不能少,否则就是抽象类。

11.6 Adapter 类

有些读者可能会对例 11-13 提出一个问题:在定义一个内部类或匿名类时,能不能对接口 MouseListener 或 MouseMotionListener 中的方法,不全部写出代码?例如,在例 11-13 中,匿名类中就有一个无代码的 mouseMoved()方法。回答是可以这样做,可使用 Adapter 类,有些书称为适配器类,本书就称为 Adapter 类。

并非所有的接口都能定义 Adapter 类,在 java.awt.event 和 javax.swing.event 包中,只有几个接口可以定义 Adapter 类。表 11-1 给出了这些接口和相应的 Adapter 类。

表 11-1 接口和相应的 Adapter 类

Adapter 类的名称	实现接口的名称	Adapter 类的名称	实现接口的名称
ComponentAdapter	ComponentListener	MouseAdapter	MouseListener
ContainerAdapter	ContainerListener	MouseMotionAdapter	MouseMotionListener
FocusAdapter	FocusListener	WindowAdapter	WindowListener
KeyAdapter	KeyListener		

【注意】 Adapter 类的名称是固定写法,不可随意创造。例如,MouseListener 接口的 Adapter 类的名称就是 MouseAdapter。

对于例 11-13 中的匿名类的定义,可以改写成下面的 Adapter 类形式:

```
addMouseMotionListener(        //注意下面的类名
    new MouseMotionAdapter()
    {
        public void mouseDragged(MouseEvent e)
        {
            xValue=e.getX();
            yValue=e.getY();
            repaint();
        }
    }
);
```

采用 Adapter 类改写例 11-13,可以发现此时的匿名类代码比原来要清晰多了。从面向对象的角度讲,一个 Adapter 类的对象仍然属于相应的接口。例如,MouseMotionAdapter 类的对象，应属于 MouseMotionListener 接口类型。

11.7 键盘事件处理

所有 Component 类的子类不仅能产生鼠标事件，同样也能产生键盘事件。键盘事件表现为键的按下与弹起。与键盘事件处理有关的接口只有一个 KeyListener，它的定义包含了 3 个抽象的方法：

```
public interface KeyListener extends EventListener
{
    public void keyPressed(KeyEvent e);      //当键被按下
    public void keyReleased(KeyEvent e);     //当键被松开
    public void keyTyped(KeyEvent e) ;       //当键被按下
}
```

【注意】 按下任何一个键都将调用 keyPressed()方法，而 keyTyped()方法对操作键不响应。如箭头键、Home 键、End 键、Page Up 键、Page Down 键、F1～F12 等功能键、Num Lock 键、Print Screen 键、Scroll Lock 键、Caps Lock 键和 Pause 键，都属于操作键。但在发生 keyPressed 或 keyTyped 事件之后，都会调用 KeyReleased()方法。

凡是实现 KeyListener 接口的类，都必须实现上述 3 个方法。这 3 个方法的参数类型都是 KeyEvent。该类包含的常用方法如下：

（1）public char getKeyChar()：取得字符。
（2）public int getKeyCode()：取得键码。
（3）public static String getKeyModifiersText(int modifiers)：将描述修饰符的文本变成字符串。
（4）public static String getKeyText(int keyCode)：将键码变成描述键的文本。
（5）public boolean isActionKey()：检查是否属于操作键。
（6）public String paramString()：返回事件的字符串表示。
（7）public void setKeyChar(char keyChar)：改变键字符。
（8）public void setKeyCode(int keyCode)：改变键码。
（9）public void setModifiers(int modifiers)：改变键修饰符。

【例 11-14】 演示键盘事件处理。请读者注意程序对键盘事件的反应。

```
package chapter11;
import java.awt.event.*;
import javax.swing.*;
public class testEventKey extends subJFrame implements KeyListener
{
    String line1,line2,line3;
    JTextArea textArea;
        //下面要覆盖接口 KeyListener 中的 3 个方法,以处理键盘事件
    public void keyPressed(KeyEvent e)        //覆盖 keyPressed()方法
    {
```

```java
        line1="Key Pressed: "+e.getKeyText(e.getKeyCode());
        setLine2and3(e);            //设置 line2 和 line3
    }

    public void keyReleased(KeyEvent e)        //覆盖 keyReleased()方法
    {
        line1="Key Released: "+e.getKeyText(e.getKeyCode());
        setLine2and3(e);            //设置 line2 和 line3
    }

    public void keyTyped(KeyEvent e)           //覆盖 keyTyped()方法
    {
        line1="Key Typed: "+e.getKeyChar();
        setLine2and3(e);            //设置 line2 和 line3
    }

    private void setLine2and3(KeyEvent e)    //自定义方法
    {
        line2="Key is: "+(e.isActionKey()? " ": "not")+" an action key";
        String str=KeyEvent.getKeyModifiersText(e.getModifiers());
        line3="Modifier keys pressed: "+ (str.equals("")? "none": str);
        textArea.setText(line1+"\n"+line2+"\n"+line3+"\n");
    }

    public testEventKey()           //构造函数
    {
        super("testEventKey");      //调用父类的构造函数
        textArea=new JTextArea(10,15);       //定义一个文本区域
        textArea.setText("Please press any key…\n");
        textArea.setEnabled(false);
        getContentPane().add(textArea);
        addKeyListener(this);       //当前对象自己监听自己
        setSize(200,100);
        setVisible(true);
    }

    public static void main(String args[])
    {
        new testEventKey();
    }
}
```

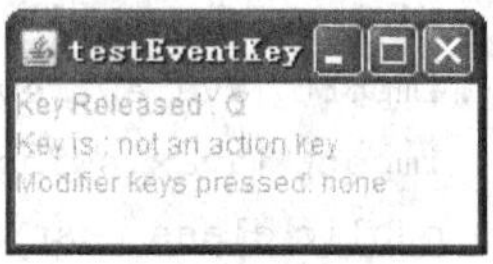

【程序运行结果】 如图 11-14 所示。注意：这仅仅是运行过程中的一个界面。

图 11-14 键盘事件处理

【程序解析】 testEventKey 类是整个程序的主类，其中，subJFrame 类在 11.1.1 节已定义。testEventKey 类不但继承了框架 subJFrame，而且还实现了 KeyListener 接口。这就需要在该类中全部实现接口中定义的 3 个方法：keyPressed()、keyReleased()和

keyTypcd()。setLine2and3()是一个自定义方法,它的功能是获取键修饰符,以及判断所按下的键是否为操作键。

程序中的 getKeyCode()方法是获取键码。在 KeyEvent 类中,有一个键码常量表,包含了 114 个常量(见 java.awt.event 包),它记录了键盘上每个键的常量表示,将这些常量和 getKeyCode()方法获取的键码相比较,就可以知道用户的按键。将 getKeyCode()获取的键码用作 getKeyText()方法的参数,就可以获得相应键的名字。图 11-14 输出结果的第一行中的字母"Q",就是通过这种方法获得的。

【注意】 如果需要测试一些特殊键,如 Alt、Shift 和 Ctrl 等,InputEvent 类中定义有几个 boolean 类型的方法:isAltDown()、isShiftDown()和 isControlDown()。如果这些键被按下,则这几个方法的返回值就为 true,否则为 false。

11.8 事件处理应用举例

为了帮助读者理解事件处理的核心内容,下面给出的几个示例综合应用了组件、容器和事件处理,并从不同的角度对前面介绍的知识进行了综合与补充。

11.8.1 舞动的字符

【例 11-15】 舞动的字符。该程序综合应用了多线程、字符串处理、鼠标事件处理和小程序等多方面的技术,其功能如下:

(1) 小程序刚启动时,字符舞动;若在小程序页面上单击鼠标,字符停止舞动;再次单击鼠标将继续舞动。注意:此时对鼠标的左右键不区分。

(2) 当鼠标进入页面时,在状态栏显示"Welcome",当鼠标离开页面时,显示"Bye…"。

```java
package chapter11;
import java.awt.event.*;
import java.awt.Graphics;
import java.awt.Font;
import java.applet.Applet;

public class brandishString extends Applet implements Runnable, MouseListener
{
    String str;                              //要显示的字符串
    char strChars[];                         //字符串的字符数组表示
    Thread runner=null;                      //线程
    boolean threadSuspended;                 //线程的状态
    int strLength ;                          //字符串的长度
    static final int REGULAR_WD=15;          //字符舞动的宽度
    static final int REGULAR_HT=36;          //字符舞动的高度
    Font regularFont=new Font("Serif", Font.BOLD, REGULAR_HT);    //设置字体

    public void init()
    {
        str=getParameter("text");            //获取 HTML 文件中参数 text 的内容
```

```java
    if (str==null)
        str="Hello Java!";                    //设置默认参数
    strLength=str.length();
    strChars=new char[strLength];
    str.getChars(0, strLength, strChars, 0);   //获取字符数组
    threadSuspended=false;
    addMouseListener(this);                   //当前对象自己监视自己
}

public void destroy()
{
    removeMouseListener(this);                //将当前对象从监听者表中移出
}

public void start()
{
    runner=new Thread(this);                  //创建一个线程
    runner.start();                           //启动线程
}

public synchronized void stop()
{
    runner=null;
    if (threadSuspended)
    {
        threadSuspended=false;
        notify();
    }
}

public void run()
{
    Thread me=Thread.currentThread();
    while (runner==me)                        //通过该循环舞动字符
    {
        try {
            Thread.sleep(100);
            synchronized(this)                //对当前对象加锁
            {
                if(threadSuspended)
                    wait();
            }
        } catch (InterruptedException e){ }   //不需要编写异常代码
        repaint();                            //刷新屏幕
    }
}

public void paint(Graphics g)
```

```
        {
            int length=strChars.length;
            for (int i=0, x=0; i <length; i++)
            {
                g.setFont(regularFont);
                int px=(int) (10 * Math.random()+x);
                int py=(int) (10 * Math.random()+REGULAR_HT);
                g.drawChars(strChars, i, 1, px, py);        //输出一个字符
                x +=REGULAR_WD;
            }
        }
        public synchronized void mousePressed(MouseEvent e)
        {
            threadSuspended=!threadSuspended;
            if (!threadSuspended)
              notify();
        }

        public void mouseEntered(MouseEvent e)          //鼠标进入小程序,显示 Welcome
        {
            showStatus("Welcome");
        }

        public void mouseExited(MouseEvent e)           //鼠标离开小程序,显示 Bye…
        {
            showStatus("Bye…");
        }

        //本程序不需要下面两个方法的功能,因此方法体为空
        public void mouseReleased(MouseEvent e)
        {
        }

        public void mouseClicked(MouseEvent e)
        {
        }
    }
```

【程序运行结果】 如图 11-15 所示。

【程序解析】 这个程序的设计思路是:设计一个字符数组,通过 paint( )方法逐个输出数组中的字符,而字符的坐标位置是随机的(随机数的变

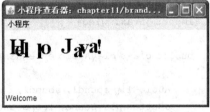

图 11-15 舞动的字符

化范围不太大。这就像人跳舞一样,舞步不能很大,否则就不能称作跳舞,而应称作跳远),通过屏幕不断地刷新,从而实现字符的舞动。对鼠标按键的响应可以通过接口 MouseListener 中的 mousePressed( )方法实现。在 mousePressed( )方法中,通过一个 boolean 类型变量控制线程的运行。状态栏显示的字符可以通过 MouseListener 中的

mouseEntered()和mouseExited()方法进行控制。当鼠标离开页面时,将自动调用mouseExited()方法;而进入页面时,则自动调用mouseEntered()方法,只需要在这两个方法中编写代码即可。

11.8.2 播放声音剪辑

Java在小程序中播放声音剪辑的方法有几个,其中最简单的一个方法是调用AutoClip接口中的play()方法。这个接口位于java.applet包中。如果要在程序中多次播放声音剪辑,只要再次调用play()方法即可。play()方法的形式有两种:

(1) public void play(URL url, String name)。

(2) public void play(URL url)。

第一种形式是播放由url指定位置、文件名为name的声音剪辑。其中第一个参数通常来自于getDocumentBase()或getCodeBase()方法。getDocumentBase()指明HTML文件的位置,而getCodeBase()指明.class文件的位置。

第二种形式是播放由url指定的声音剪辑。url完整地包含了声音剪辑的位置和文件名。例如,下列语句在Applet中读入HTML文件所在目录的welcome.wav文件:

```
play(getDocumentBase(), "welcome.wav");
```

是播放welcome.wav声音剪辑文件。

【注意】 当声音剪辑播放结束,该对象就变成了垃圾,由垃圾回收线程处理。

目前Java支持播放的声音剪辑文件格式有多种,从文件扩展名看,主要包括.au文件、.wav文件、.aif文件、.aiff文件、.mid文件和.rmi文件。

在AutoClip接口中有3个方法用于播放控制:play()、loop()和stop()。play()方法是将声音剪辑播放一次;loop()方法是循环播放声音剪辑;stop()方法是终止播放。

【例11-16】 播放声音剪辑。该程序综合应用了容器、组件、事件处理和播放声音剪辑等多种技术。

```java
package chapter11;
import java.applet.*;
import java.awt.*;
import java.awt.event.*;
import javax.swing.*;

public class playAudio extends JApplet
{
    AudioClip sound1, sound2, currentSound;
    JButton playSound, loopSound, stopSound;
    JComboBox choose;

    public void init()          //初始化各对象
    {
        Container container=getContentPane();            //获取内容格
        container.setLayout(new FlowLayout());           //设置布局
        String choices[]={ "Welcome", "Hi" };            //下拉列表的选项
```

```java
        choose=new JComboBox(choices);          //定义一个下拉列表

    choose.addItemListener(                     //定义一个匿名类,实现选择监听
        new ItemListener()
        {
                //若重新选择声音文件,将停止当前播放,启动新选的声音剪辑
            public void itemStateChanged(ItemEvent e)
            {
                currentSound.stop();            //停止当前播放的声音剪辑
                    //确定新选的声音剪辑
                currentSound=choose.getSelectedIndex()==0?sound1: sound2;
            }
        }
    );

    container.add(choose);                      //将组件 choose 加入到容器中
        //定义按钮对象,并设置事件监听者
    ButtonHandler handler=new ButtonHandler();
    playSound=new JButton("Play");
    playSound.addActionListener(handler);
    container.add(playSound);
    loopSound=new JButton("Loop");
    loopSound.addActionListener(handler);
    container.add(loopSound);
    stopSound=new JButton("Stop");
    stopSound.addActionListener(handler);
    container.add(stopSound);
        //载入声音剪辑,并对 currentSound 初始化
    sound1=getAudioClip(getDocumentBase(), "welcome.wav");
    sound2=getAudioClip(getDocumentBase(), "hi.au");
    currentSound=sound1;
}


    //当用户单击 stop 按钮时,终止播放声音剪辑
public void stop()
{
    currentSound.stop();
}
    //定义一个内部类,处理按钮事件
private class ButtonHandler implements ActionListener
{
        //处理 play,loop 和 stop 按钮事件
    public void actionPerformed(ActionEvent actionEvent)
    {
        if (actionEvent.getSource()==playSound)
            currentSound.play();
```

```
            else if (actionEvent.getSource()==loopSound)
                currentSound.loop();
            else if (actionEvent.getSource()==stopSound)
                currentSound.stop();
        }
    }
}
```

【程序运行结果】 如图 11-16 所示。

【程序解析】 在 NetBeans IDE 6.9.1 环境下运行该程序时,会自动生成一个名为 playAudio.html 的文件,读者必须确保声音文件 welcome.wav 和 hi.au 存在,并且将这两个文件与 playAudio.html 文件存放在同一个目录下,否则无法播放。

图 11-16 播放声音剪辑

11.8.3 网络浏览器

【例 11-17】 程序具有网络浏览器的能力。只要在指定的文本框中输入一个 URL,程序将在下面的编辑框中显示该网页,并且还能启动超链接,从而实现网络漫游。程序应用了前面讲述过的文本域组件和事件处理,并且还应用了 Java 提供的超链接 HyperLinkListener 接口。

该程序由两个类构成,其中 subJFrame 类在 11.1.1 节已定义,browseWeb 类是整个程序的主类。

```
package chapter11;
import java.awt.*;
import java.awt.event.*;
import java.io.*;
import javax.swing.*;
import javax.swing.event.*;

public class browseWeb extends subJFrame
{
    private JTextField enterField;
    private JEditorPane contentsArea;

    public browseWeb()          //构造函数
    {
        super("My web browser!");
        enterField=new JTextField("http://");        //生成一个文本框对象
        enterField.addActionListener(                //设置监听者
            new ActionListener()
            {
                public void actionPerformed(ActionEvent event)
                {
                    getThePage(event.getActionCommand());    //读取网页
                }
```

```java
            }
        );

        Container container=getContentPane();
        container.add(enterField, BorderLayout.NORTH);
        contentsArea=new JEditorPane();        //创建带滚动条的文本域
        contentsArea.setEditable(false);
        contentsArea.addHyperlinkListener(    //设置超链接监听
            new HyperlinkListener()
            {
                //若用户单击了超链接,则转到指定页面
                public void hyperlinkUpdate(HyperlinkEvent event)
                {
                    if (event.getEventType()==
                            HyperlinkEvent.EventType.ACTIVATED)
                        getThePage(event.getURL().toString());
                }
            }
        );

        container.add(new JScrollPane(contentsArea), BorderLayout.CENTER);
        setSize(500, 250);
        setVisible(true);
    }

    private void getThePage(String location)
    {
        //当读取文件时,设置鼠标的光标为运行态
        setCursor(Cursor.getPredefinedCursor(Cursor.WAIT_CURSOR));
        try {    //读取文件,并在文本区显示
            contentsArea.setPage(location);
            enterField.setText(location);
        }catch (IOException ioException)        //显示一个出错对话框
        {
            JOptionPane.showMessageDialog(this,"URL 错误!",
                    "URL 出错",JOptionPane.ERROR_MESSAGE);
        }
        //运行结束,设置鼠标光标为正常态
        setCursor(Cursor.getPredefinedCursor(Cursor.DEFAULT_CURSOR));
    }

    public static void main(String args[])
    {
        new browseWeb();
    }
}
```

【程序运行结果】 如图 11-17 所示。

图 11-17　浏览网页

　　本章首先讲述了 GUI 程序设计中的常用容器：框架和面板。框架是一种独立存在的容器，在 Swing 中采用 JFrame 类定义。JFrame 对象包含有边框，并且必须调用 Component 类的 setVisible()方法显示框架，否则该框架不可见。面板与框架不同，它必须包含在另一个容器中。同时，在它的内部还可以布置其他组件和面板。每种容器都有一个默认的布局管理器。布局管理器是管理 GUI 界面上的容器和组件的有效手段。

　　在 GUI 程序中，实现用户与程序的交互往往是通过事件处理实现的。我们讲述了组件事件处理的方法，然后就鼠标事件处理和键盘事件处理分别进行了讲述，并就 Adapter 类和内隐类的应用进行分析和举例。本章最后给出了 3 个综合示例，它们分别从不同的角度对组件、容器和事件处理进行了综合分析，这对知识的前后贯通和理解大有帮助。

　　(1) 编写一个华氏温度到摄氏温度的转换程序。通过一个文本框输入华氏温度，通过一个标签输出相应的摄氏温度。采用下列公式进行转换：

$$摄氏温度 = 5/9 * (华氏温度 - 32)$$

　　(2) 编写一个 GUI，界面上提供的按钮有"画圆"、"画矩形"、"画椭圆"和"画直线"，另外提供两个文本框，用户可以在其中输入坐标位置。当用户单击不同按钮时，就在屏幕上输出不同的图形。

　　(3) 编写程序，在用户单击鼠标的位置输出一个颜色、大小随机变化的圆。若用户单击多次，那么要输出多个圆。

　　(4) 用户在文本框中输入圆的半径，然后随机产生一个坐标位置，在屏幕上画圆，通过其他组件（如 JTextArea）输出圆的直径、周长和面积。另外提供一个按钮，可以清除屏幕，重新画圆。

　　(5) 编写一个"猜数"游戏：程序在 1～100 之间随机地选择一个数，然后在一个标签中显示一个提示："猜一个 1～100 之间的数"，当在文本框中输入一个数并按 Enter 键后，若猜大了，文本框的背景色变成红色，并在另外一个标签中显示"猜大了，重猜！"，反之，若猜小了，文本框的背景色变成蓝色，并在标签中显示"猜小了，重猜！"。若猜对了，显示"猜对了，真棒！"，文本框的内容这时变成不可编辑。另外提供一个按钮，单击该按钮可以重新玩这个游戏。

　　(6) 编写一个程序，采用 MouseListener 接口，允许用户按鼠标键、拖动鼠标和释放鼠标按键。当释放鼠标键时，就在屏幕上画一个矩形。例如，用户在(100,120)位置按下鼠标键，然后将鼠标拖动到(200,360)的位置，那么就将(100,120)作为矩形左上角，(200,360)作为矩形的右下角。

第 12 章　数据库程序设计

数据库(Database)是按照一定的数据结构来组织、存储和管理数据的仓库。数据库有多种模型，例如关系模型、面向对象模型和网状模型等。本章主要介绍通过 Java 编程操作 Access 关系数据库的方法。

本章的学习目标：
◆ 了解 SQL 常用操作
◆ 掌握通过 JDBC 进行数据库连接的方法
◆ 掌握数据库编程的基本步骤，并且会采用 Java 进行数据库实例编程

12.1　数据库简介

关系数据库是目前各类数据库中最重要、应用最为广泛的数据库。关系数据库是建立在集合代数基础上，应用数学方法来处理数据库中的数据。现实世界中的各种实体以及实体之间的各种联系均用关系模型表示。目前广泛使用的大型关系型数据库产品有 Oracle、Sybase、DB2、Informix 和 Microsoft SQL Server 等。除此之外，小型关系型数据库系统 Access 也使用得较多。关系型数据库中以表为单位来组织数据，表是由行和列组成的一个二维表格。表 12-1 所示为存放学生信息的一个样例表。

表 12-1　student 表的内容

no	name	gender	score
2001	貂蝉	女	85
2002	赵云	男	95
2003	张飞	男	75
2004	周瑜	男	98

表由结构和记录两部分组成，表结构对应表头，其包含列名、数据类型和数据长度等信息。在数据库中，列也称为字段。表 12-2 所示为员工信息表的结构。

表 12-2　student 表结构

字段名	类型	字段宽度	字段名	类型	字段宽度
no	文本	4	gender	文本	2
name	文本	8	score	数字	浮点类型

目前大型数据库多采用基于浏览器和服务器(Browser/Server，简称 B/S 结构)的架构体系，B/S 结构最大的优点就是可以在任何地方进行操作而不用安装任何专门的软件。由于 Java 具有跨平台和可移植性等特点，使得 Java 成为最具吸引力的前端开发工具之一。

12.2 SQL 语句

SQL(Structured Query Language)结构化查询语言,是所有关系数据库支持的一个编程语言。可用于存、取、查询、更新和管理数据库系统。在 Java 中对数据库的操作是通过 SQL 语句实现的。下面介绍编程中常用的 SQL 语句。

12.2.1 定义表

CREATE TABLE 语句用于创建数据库中的表。CREATE TABLE 语法如下:

CREATE TABLE 表名称(列名称 1 数据类型, 列名称 2 数据类型, 列名称 3 数据类型,…)

下面演示一个 CREATE TABLE 实例,本例演示了如何创建名为"students"的表。该表包含 4 个列,列名分别是 no、name、gender 和 score:

```
CREATE TABLE students(
    no char(4) not null,
    name char(8),
    gender char(2),
    score float,
)
```

其中,no 列的数据类型是 char(4),属主键,不可为空。name 和 gender 两列的类型也是字符类型,score 列属浮点类型。

12.2.2 查询

SELECT 语句用于从表中查询数据。查询结果存储在一个临时的表中,也称结果集。SELECT 语法如下:

SELECT 列名 FROM 表名称 [WHERE 条件]

或者

SELECT * FROM 表名称[WHERE 条件]

SQL 语句对大小写不敏感,例如 SELECT 完全等价于 select,但我们一般将 SQL 中的命令都写成大写,而将用户定义的标识符写成小写,这是一个写程序时不成文的约定。

例如,我们要从名为"students"的数据表中,获取那些成绩大于 80 分的学生的姓名和性别,可使用 SELECT 语句:

```
SELECT name, gender
FROM students
WHERE score>80
```

12.2.3 插入

INSERT INTO 语句用于向表格中插入新行,语法如下:

INSERT INTO 表名称 VALUES (值 1, 值 2,…)

也可以同时指定要插入列的数据：

```
INSERT INTO table_name (列1, 列2,…) VALUES (值1, 值2,…)
```

例如，向表中插入一行：

```
INSERT INTO students VALUES ("2008", "Bill", "男", 96)
```

12.2.4 删除

DELETE 语句用于删除表中的行，语法如下：

```
DELETE FROM 表名称 WHERE 条件
```

例如，删除 name 为"Bill"的学生：

```
DELETE FROM students WHERE name="Bill"
```

如果要删除表中所有的记录，可以如下操作，这意味着表的结构没有任何变化：

```
DELETE FROM table_name
```

或者

```
DELETE * FROM table_name
```

12.2.5 修改

UPDATE 语句用于修改表中的数据，语法格式如下：

```
UPDATE 表名 SET 列名1=值1, 列名2=值2, WHERE 条件
```

将满足条件的记录中列名 1 对应列中的值用值 1 替换，列名 2 对应列中的值用值 2 替换，其他依次类推。例如，将 no 为 2001 的学生，其 name 修改为"曹操"，score 修改为 98，性别改为"男"。

```
UPDATE students SET score=99,name="曹操",gender="男" WHERE no="2001"
```

12.3 数据库连接

12.3.1 JDBC 简介

JDBC（Java Data Base Connectivity，Java 数据库连接）是一种用于执行 SQL 语句的 Java API，可以为多种关系数据库提供统一访问，它由一组用 Java 语言编写的类和接口组成。JDBC 将数据库访问封装在几个方法内，为数据库开发人员提供了一个标准的 API，据此可以构建更高级的工具和接口，使数据库开发人员能够用 Java API 编写数据库应用程序。Java 程序设计人员调用 JDBC 的 API 并操作 SQL，实际对数据库的操作由 JDBC 驱动程序负责。如果要更换数据库，基本上只要更换驱动程序，Java 程序中只要加载新的驱动程序，即可完成数据库系统的变更，Java 程序的部分则无须改变。从而达到 Java 程序设计

人员编写一个 Java 程序,能适用所有的数据库系统的目的。

12.3.2 JDBC 驱动程序

目前比较常见的 JDBC 驱动程序可分为以下 4 类。

1. JDBC-ODBC 桥接驱动程序

Java 提供的 JDBC-ODBC 桥接驱动程序可以访问标准的 ODBC 数据源,用户的计算机上必须事先安装好 ODBC 驱动程序,这种方式将 JDBC 的调用转换为对 ODBC 驱动程序的调用。这种方式可以用来存取小型数据库,如 Microsoft Access。这种类型的驱动程序比较适合开发规模较小的应用程序,或原型系统开发。

2. 本地 API

这种类型的驱动程序把客户机 API 上的 JDBC 调用,转换为其他数据库,如 Oracle、Sybase、Informix、DB2 的本地代码的调用,即直接利用数据库开发商提供的本地代码与数据库通信。这种类型的驱动程序,和桥驱动程序一样,要求将某些二进制代码加载到每台客户机上,任何错误都可能使服务器死机。

3. JDBC 中间件

这种驱动程序将 JDBC 转换为与 DBMS 无关的网络协议,之后这种协议又被某个服务器转换为一种 DBMS 协议。这是一种通过中间件(middleware)来存取数据库的方法,用户不必安装特定的驱动程序,而是调用中间件完成所有的数据库存取操作,然后将结果返回给应用程序。这是一种最为灵活的 JDBC 驱动程序。

4. 纯 Java 驱动程序

采用 Java 编写驱动程序,实现与数据库的沟通,而不通过桥接方式或中间件来存取数据库。

程序设计中的数据库操作是个很大的主题,需要有专门的书籍进行介绍,本书并不在此展开,需要者阅读相关书籍。下面提供一个访问 Access 数据库系统的方式,为进一步的学习起到抛砖引玉的作用。

12.3.3 创建数据源

下面采用第一种驱动程序连接数据库,首先需要建立数据源。本节采用应用较为广泛的 Microsoft Access 2003 数据库为例,说明建立数据源的方法。

1. 建立 Microsoft Access 数据库

数据源是一种连接到数据库的接口,首先要建立待操作的数据库。我们采用 Microsoft Office Access 2003 数据库作为实验数据库。在该环境中,我们创建了一个名为 myDB.mdb 数据库,其中的数据表 student 如图 12-1 所示。

no	name	gender	score
2001	貂蝉	女	85
2002	赵云	男	95
2003	张飞	男	75
2004	周瑜	男	98
			0

图 12-1 Access 2003 下的 student 数据表

2. 设置 JDBC 驱动程序

下面给出设置数据源驱动程序操作方法。操作步骤如下：

(1) 单击"开始"按钮，选择"设置"|"控制面板"命令，出现"控制面板"窗口。

(2) 在"控制面板"窗口中，双击"管理工具"图标，出现"管理工具"窗口。

(3) 在"管理工具"窗口中，双击"数据源（ODBC）"图标，出现"ODBC 数据源管理器"窗口，选择"系统 DSN"选项卡，如图 12-2 所示。

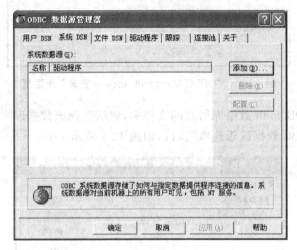

图 12-2 "系统 DSN"选项卡

(4) 单击"添加"按钮，出现"创建新数据源"对话框，如图 12-3 所示，选择数据源的驱动程序。

图 12-3 "创建新数据源"对话框

(5) 选择 Microsoft Access Driver（*.mdb）选项，单击"完成"按钮，出现"ODBC Microsoft Access 安装"对话框，如图 12-4 所示。

(6) 在"数据源名"文本框中输入数据源的名称，在"说明"文本框中输入对数据源的简要说明。本例中，分别输入了"myDB"和"学生成绩数据库"。

(7) 单击"选择"按钮，出现"选择数据库"对话框，选择数据库的存放位置和名称。在本

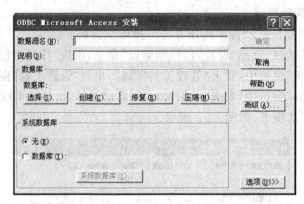

图 12-4 "ODBC Microsoft Access 安装"对话框

例中,首先找到 myDB.mdb 数据库所在的文件夹,然后选择该数据库文件,并单击"确定"按钮,将再次出现"ODBC 数据源管理器"窗口,如图 12-5 所示。

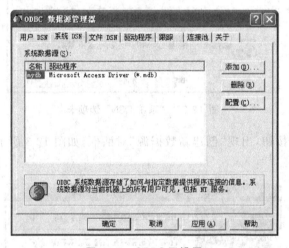

图 12-5 ODBC 已设置

(8) 在图 12-5 的窗口中,单击"确定"按钮,完成数据源驱动程序的设置。

12.4 常用的数据库接口和类

Java 中提供了丰富的接口和类用于数据库编程,借助这些接口和类,用户可以方便地进行数据库的相关操作,本节将介绍常用的相关接口和类。

12.4.1 Connection

Connection 代表与数据库的连接,通过 DriverManager.getConnection 方法实现,该方法通过含有 URL 的字符串找到数据库并进行连接。建立连接的过程如下:

```
Class.forName("com.mysql.jdbc.Driver");        //加载驱动
String url="jdbc:mysql://localhost/testdb";
Connection con=DriverManager.getConnection(url,"useID","passwd");
```

连接成功建立后，就可以向所连接的数据库发送 SQL 语句了。具体的发送过程需要借助 Statement。

12.4.2 Statement

Statement 用于在建立连接后向数据库发送 SQL 语句。JDBC 中有 3 种不同的 Statement，分别是用于执行不带参数的简单 SQL 语句的 Statement；继承了 Statement，用于执行动态 SQL 语句的 PreparedStatement；继承了 PreparedStatement，用于执行对数据库的存储过程调用的 CallableStatement。

创建 Statement 的过程是借助 Connection 对象完成的，过程如下：

```
Connection con=DriverManager.getConnection(url,"useID","passwd");
Statement stmt=con.createStatement();
```

针对不同 SQL 语句产生的各种结果，Statement 提供了 3 种不同的执行方法，分别是 executeQuery、executeUpdate 和 execute。executeQuery 用于执行产生单个结果集的语句，如 SELECT 语句。executeUpdate 则用于执行 INSER、UPDATE 和 DELETE 等语句，并且还可以用于执行数据定义语言的 DDL 语句，即 CREATE TABLE 和 DROP TABLE 等语句。execute 方法用于执行返回多个结果集的 SQL 语句。

关于 Statement 的另一个值得注意的问题是资源的释放。虽然 Statement 对象可以由 Java 垃圾收集程序自动关闭，但是用户应该在不需要该对象时显式地关闭它，释放所占用的数据库和 JDBC 资源关闭。Statement 对象可以通过 close() 方法完成。

12.4.3 ResultSet

ResultSet 用于临时存储数据库查询操作所获得的结果集。ResultSet 中具有指向数据行的指针，指针初始位置位于结果集中第一条记录的前面。同时，next() 方法可以移动指针到下一条记录，每次执行 next() 方法时，指针都将向下移动一行，使得下一条记录成为当前行。反复调用 next() 方法，就可以依次获取 ResultSet 中的数据。下面给出如何从 ResultSet 中获取数据。

```
java.sql.Statement  stmt=conn.createStatement();
ResultSet  re=stmt.executeQuery("SELECT name, age, salary FROM Employee");
while(re.next())
{
    int   a=re.getInt("age");
    String  n=re.getString("name");
    int   s=re.getFloat("salary");
}
```

12.5 数据库编程中的基本操作

12.5.1 数据库编程的基本过程

Java 数据库编程的基本过程可分为如下 4 步：
（1）取得数据库连接。用 DriverManager 类提供的方法取得数据库连接，该类提供了一套管理 JDBC 驱动程序的方法。一般常用 getConnection()方法对给定数据库 URL 创建一个连接。DriverManager 类将从已注册的 JDBC 驱动程序集中选择一个合适的驱动程序,从而取得数据库连接,也可以用 jndi(java 的命名和目录服务)方式取得数据库连接。

(2) 执行 sql 语句。一般用 Statement 类对象执行 sql 语句,也可以采用 PreparedStatement 对象提供方法执行 SQL 语句。

(3) 处理执行结果。

(4) 释放数据库连接。

下面将通过实例给出数据库编程的方法。

12.5.2 数据库查询

前面已经建立了数据源 myDB,数据库 myDB.mdb 中有一个表 student。我们采用 JDBC-ODBC 桥驱动方式访问 Access 数据库 myDB.mdb,显示表中所有学生的 no(编号)、name(姓名)、gender(性别)和 score(成绩)。

【例 12-1】 显示 myDB 数据库中,student 表中的所有学生成绩。

```java
package chapter12;
import java.sql.*;
public class query
{
    public static void main(String args[])
    {
    try{
            //加载 JDBC-ODBC 桥接驱动程序
        Class.forName("sun.jdbc.odbc.JdbcOdbcDriver");
    }catch (ClassNotFoundException ce)        //当无法载入 JDBC 驱动程序时捕捉异常
    {
        System.out.println("SQLException1: "+ce.getMessage());
    }

    try{   //连接数据源 myDB,汉字编码采用 GBK,否则显示汉字时可能会出现乱码
        Connection con=DriverManager.getConnection("jdbc:odbc:myDB;
                useUnicode=false; characterEncoding=gbk");
        //stmt 是 SQL 语句变量,以执行静态 SQL 语句
        Statement stmt=con.createStatement();
        ResultSet rs=stmt.executeQuery("SELECT * FROM student");
        //查询 student 表,查询结果存放于 ResultSet 对象 rs 中,通过循环显示记录
        while (rs.next())
        {
            //使用列名称 no 获取列的数据
            System.out.print("编号: "+rs.getString("no")+"\t");
            //姓名列是汉字,不同于前列处理。获得第 2 列,进行转换
            System.out.print("姓名: "+new String(rs.getBytes(2),"gbk")+"\t");
            //使用列的序号 3,获得第 3 列性别
```

```
        System.out.print("性别："+new String(rs.getBytes(3),"gbk")+"\t");
            //使用score列对应的序号4获取该列的数据
        System.out.println("成绩："+rs.getFloat("score"));
    }
            //下面三条语句是关闭查询语句及与数据库的连接
    rs.close();
    stmt.close();
    con.close();
}catch (Exception e)        //捕捉JDBC在执行过程中出现的异常
{
    System.out.println("SQLException2: "+e.getMessage());
}
  }
}
```

【程序运行结果】

编号：2001　姓名：貂蝉　性别：女　成绩：85.0
编号：2002　姓名：赵云　性别：男　成绩：95.0
编号：2003　姓名：张飞　性别：男　成绩：75.0
编号：2004　姓名：周瑜　性别：男　成绩：98.0

【程序解析】　程序首先加载JDBC-ODBC桥接驱动程序，此时可能会出现异常，所以要捕捉异常。在连接数据源myDB时，如果数据库中有汉字编码的属性值，调用DriverManager.getConnection()方法时，要注意GBK选项，否则显示汉字时会出现乱码现象。SQL语句比较简单，属于静态的SQL语句，我们将其作为executeQuery()方法的参数。当获取查询结果集后，要通过循环的方式依次显示每条记录。如果字段属text类型，我们可以采用getString("字段名")的方式获取字段值，也可以采用getString(字段序号)的方式获取字段值。如果字段值是汉字，那么必须转换，如该例中的"姓名"列，我们就进行了转换。由于"成绩"属性为浮点型，所以采用了getFloat()方法获取该字段的值。最后是关闭查询语句及与数据库的连接。

【注意】　为了处理汉字乱码问题，我们在数据库连接时引入了特定的参数选项，下面的插入记录也是一样。如果读者采用Eclipse开发工具，可以不要这个选项，也许这是目前NetBeans 6.9.1中的一个瑕疵。

12.5.3　插入记录

【例12-2】　向数据库myDB.mdb中的student表插入两条记录，其数据分别为"2005"、"曹操"、"男"、97和"2006"、"孔明"、"男"、99。

```
package chapter12;
import java.sql.*;
import java.util.*;
public class insert2tuples
{
    public static void main(String args[])
```

```java
        {
            try{
                    //加载JDBC-ODBC桥接驱动程序
                Class.forName("sun.jdbc.odbc.JdbcOdbcDriver");
            }catch (ClassNotFoundException ce)      //当无法载入JDBC驱动程序时捕捉异常
            {
                System.out.println("SQLException: "+ce.getMessage());
            }

            try{  //在NetBeans 6.9.1下处理汉字要注意,否则会出现无法写入数据库的异常
                Properties prop=new Properties();
                prop.put("charSet", "gb2312");           //处理汉字问题
                    //设置数据库的访问路径
                String accessFilePath="E:/myjava/chapter12/mydb.mdb";
                Connection con=DriverManager.getConnection(
                        "jdbc:odbc:Driver={Microsoft Access Driver (*.mdb)};DBQ="
                        +accessFilePath, prop);
                Statement stmt=con.createStatement();
                String str1="INSERT INTO student VALUES('2005','曹操','男', 97)";
                String str2="INSERT INTO student VALUES('2006','孔明','男',99)";
                    //执行insert语句时不产生结果集对象
                stmt.executeUpdate(str1);
                stmt.executeUpdate(str2);
                stmt.close();             //关闭连接和数据库
                con.close();
            }catch (Exception e)        //捕捉JDBC在执行过程中出现的异常
            {
                System.out.println("SQLException: "+e.getMessage());
            }
        }
    }
```

【程序运行结果】 该程序运行后,打开access数据库中的student表,可见在表的尾部新增了两条记录。

【程序解析】 该程序首先加载JDBC-ODBC桥接驱动程序,然后设置了设置数据库的访问路径以及汉字处理问题。该插入操作不返回结果集,SQL语句的执行方法与例12-1有所不同,注意阅读程序中的注释。

12.5.4 修改记录

【例12-3】 采用JDBC-ODBC桥接驱动程序,修改student表中no为2001记录,将其score改为90。

```java
package chapter12;
import java.sql.*;
public class updateTuple
```

```java
{
    public static void main(String args[])
    {
        try{
            Class.forName("sun.jdbc.odbc.JdbcOdbcDriver");
        }catch (ClassNotFoundException ce)
        {
            System.out.println("SQLException: "+ce.getMessage());
        }

        try
        {
            Connection con=DriverManager.getConnection("jdbc: odbc: myDB");
            Statement stmt=con.createStatement();
            //将 no 为 2001 记录中的 score 改为 98
            String sqlstr="UPDATE student SET score=90 WHERE [no]='2001'";
            stmt.executeUpdate(sqlstr);
            stmt.close();
            con.close();
        }catch (SQLException e)
        {
            System.out.println("SQLException: "+e.getMessage());
        }
    }
}
```

【程序运行结果】 该程序运行后,打开 access 数据库中的 student 表,可见 no 为 2001 记录,其 score 已经改为 90。

【程序解析】 该程序首先加载 JDBC-ODBC 桥接驱动程序,然后设置了设置数据库的连接。其中,SQL 语句通过方法 executeUpdate()调用达到了修改数据库的目的。

12.5.5 删除记录

【例 12-4】 采用 JDBC-ODBC 桥接驱动程序,删除 student 表中 no 值为 2001 的记录。

```java
package chapter12;
import java.sql.*;
public class deleteTuple
{
    public static void main(String args[])
    {
        try{
            Class.forName("sun.jdbc.odbc.JdbcOdbcDriver");
        }catch (ClassNotFoundException ce)
        {
            System.out.println("SQLException: "+ce.getMessage());
```

```
            }
            try
            {
                Connection con=DriverManager.getConnection("jdbc: odbc: myDB");
                Statement stmt=con.createStatement();
                    //删除 no 为 2001 的记录
                String sqlstr="DELETE FROM student WHERE [no]='2001'";
                stmt.executeUpdate(sqlstr);
                stmt.close();
                con.close();
            }catch (SQLException e)
            {
                System.out.println("SQLException: "+e.getMessage());
            }
        }
    }
```

【程序运行结果】 该程序运行后，打开 student 表，可见 no 为 2001 记录已经删除。

【程序解析】 通过 String sqlstr="DELETE FROM student WHERE [no]='2001'" 将删除记录的 SQL 语句存放在 sqlstr 变量中，然后通过 stmt.executeUpdate(sqlstr)达到了删除记录的目的。

【注意】 通过直接打开 access 数据库观察删除、修改、插入等 SQL 操作结果时，如果通过 Windows 已经打开了 student 表，建议先关闭该表和数据库 myDB.mdb，然后重新打开，因为操作系统需要刷新，否则你看到的不是更新后的结果。

12.5.6 建立表

【例 12-5】 在数据库 myDB.mdb 的基础上，建立一个 homeAddress（家庭地址）数据表，包含 no（学号）、name（姓名）和 address（家庭地址）三个属性。给表输入一条记录，其数据为'2007','关羽','山西运城常平乡常平村'。

```
package chapter12;
import java.sql.*;
import java.util.*;

public class createTable
{
    public static void main(String args[])
    {
        try{
                //加载 JDBC-ODBC 桥接驱动程序
            Class.forName("sun.jdbc.odbc.JdbcOdbcDriver");
        }catch (ClassNotFoundException ce)        //当无法载入 JDBC 驱动程序时捕捉异常
        {
            System.out.println("SQLException: "+ce.getMessage());
```

```java
        }
        try{        //在 NetBeans 6.9.1下处理汉字要注意,否则无法写入数据库
            Properties prop=new Properties();
            prop.put("charSet", "gb2312");          //处理汉字问题
                //设置数据库的访问路径.要根据具体操作来设置文件夹
            String accessFilePath="E: /myjava/chapter12/mydb.mdb";
            Connection con=DriverManager.getConnection(
                "jdbc: odbc: Driver={Microsoft Access Driver (*.mdb)}; DBQ="
                    +accessFilePath, prop);
            Statement stmt=con.createStatement();
                //下面给出了一行无法写完一个SQL语句的处理方式:采用加号连接
            String sqlstr="create table homeAddress(no char(4)," +
                    "name char(8) null,address char(40) null)";
            stmt.executeUpdate(sqlstr);
            sqlstr="INSERT INTO homeAddress(no,name,address)"+
                "VALUES('2007','关羽','山西运城常平乡常平村')";
            stmt.executeUpdate(sqlstr);
            stmt.close();           //关闭连接和数据库
            con.close();
        }catch (Exception e)        //捕捉JDBC在执行过程中出现的异常
        {
            System.out.println("SQLException: "+e.getMessage());
        }
    }
}
```

【程序运行结果】 该程序运行后,打开数据库 mydb.mdb,可以看到增加了一个新表 homeAddress,其内容是('2007','关羽','山西运城常平乡常平村')。

【程序解析】 首先将要建立表 homeAddress 的 SQL 语句放入一个 String 变量 sqlstr,执行 stmt.executeUpdate(sqlstr)建立表 homeAddress;再将要插入记录的语句放入变量 sqlstr,执行 stmt.executeUpdate(sqlstr)插入记录。

【注意】 该程序不可运行两次,否则会出现异常"SQLException:[Microsoft][ODBC Microsoft Access Driver]表 homeAddress 已存在",因为在一个数据库中不能有同名的两个表存在。

如果要删除数据库中的某个表,例如删除 mydb.mdb 数据库中的 homeAddress 表,只要执行 DROP 语句即可,改写上例如下:

```java
String sqlstr="DROP TABLE homeAddress";
stmt.executeUpdate(sqlstr);         //注意,一旦删除将无法恢复
```

12.5.7 获取表中指定属性的名称和类型

【例 12-6】 对数据库 myDB.mdb 中的 students 表,编程显示各个属性的名称及其类型。

```java
package chapter12;
```

```java
import java.sql.*;
public class getAttributeName
{
    public static void main(String args[])
    {
        try
        {
            Class.forName("sun.jdbc.odbc.JdbcOdbcDriver");
        }
        catch (ClassNotFoundException ce)
        {
            System.out.println("SQLException: "+ce.getMessage());
        }

        try
        {
            Connection con=DriverManager.getConnection("jdbc: odbc: myDB");
            Statement stmt=con.createStatement();
                //将查询结果放入Result对象rs中,其中包含各列的名称以及数据
            ResultSet rs=stmt.executeQuery("SELECT * FROM student");
                //下面从ResultSet对象rs中获得一个ResultSetMetaData对象
                //该对象包含了ResultSet对象中各列的名称和类型等属性
            ResultSetMetaData rsmd=rs.getMetaData();
                //getColumnCount()方法获得ResultSet对象中列的个数
            for(int i=1; i<=rsmd.getColumnCount(); i++)
            {
                //getColumnName(i)获得ResultSet对象中第i列的名称和类型
                System.out.println(rsmd.getColumnName(i)+", " +
                                    rsmd.getColumnTypeName(i));
            }
            rs.close();
            stmt.close();
            con.close();
        }catch(SQLException e)
        {
            System.out.println("SQLException: "+e.getMessage());
        }
    }
}
```

【程序运行结果】

no, VARCHAR
name, VARCHAR
gender, VARCHAR
score, REAL

【程序解析】 在 for 循环中,通过 rsmd.getColumnName(i) 获得 student 表中各列的名称,通过 getColumnTypeName(i) 获得其类型名。

12.6 数据库编程综合举例

基于前面的基础,我们编写一个数据库综合应用的程序,帮助读者掌握数据库编程的核心知识。

【例 12-7】 学生信息管理系统。采用 JDBC-ODBC 数据库接口,完成对后台数据库的插入、删除、修改、查询等 SQL 操作,程序界面美观,易于操作。

我们回顾一下数据库编程中的主要知识点:
(1) 加载驱动程序的方法。

```
Class.forName("sun.jdbc.odbc.JdbcOdbcDriver");
```

(2) 连接数据库。

```
String url="jdbc: odbc: student";           //student 是定义的 ODBC 数据源
connect=DriverManager.getConnection(url);   //连接数据库
```

(3) 执行 SQL 语句,对连接的数据库进行操作,例如从文本框中获得要查询的学号:

```
String sql="SELECT * FROM studentbase WHERE 学号=noField.getText()";
rSet=stat.executeQuery(sql);                //执行 SQL 语句,将执行结果放入结果集中
```

(4) 关闭连接。在完成对数据库的操作后,要将连接关闭。

```
stat.close();                               //关闭 statement 类对象
connection.close();                         //关闭连接
```

【程序如下】

```java
package chapter12;
import java.awt.*;
import java.awt.event.*;
import java.lang.Object.*;
import java.sql.*;
import java.util.*;
import javax.swing.*;
import javax.swing.table.*;

public class MISforStudents         //主类名是 MISforStudents
{
    boolean packOk=false;
    public MISforStudents()
    {
        MISforStudentsFrame frame=new MISforStudentsFrame();
        if(packOk)
```

```java
        frame.pack();
    else
        frame.validate();
        //设置窗口大小
        Dimension screenSize=Toolkit.getDefaultToolkit().getScreenSize();
        Dimension frameSize=frame.getSize();
        if(frameSize.height>screenSize.height)
            frameSize.height=screenSize.height-100;
        if(frameSize.width>screenSize.width)
            frameSize.width=screenSize.width;
        frame.setLocation((screenSize.width-frameSize.width)/2,
                    (screenSize.height-frameSize.height)/2);
        frame.setVisible(true);
    }

    public static void main(String[] args)
    {
        try{
            UIManager.setLookAndFeel(
                UIManager.getSystemLookAndFeelClassName());
        }catch(Exception e)
        {
            e.printStackTrace();
        }
        new MISforStudents();
    }
}

class MISforStudentsFrame extends JFrame
{
    private JPanel contentPane;
    private FlowLayout xYLayout1=new FlowLayout();        //构造布局管理器
        //创建显示信息使用的组件
    private JLabel label1=new JLabel("学号");
    private JTextField noField=new JTextField(8);
    private JLabel label2=new JLabel("姓名");
    private JTextField nameField=new JTextField(16);
    private JLabel label3=new JLabel("性别");
    private JTextField genderField=new JTextField(8);
    private JLabel label4=new JLabel("成绩");
    private JTextField scoreField=new JTextField(8);
    private JButton addrecordButton=new JButton("添加");
    private JButton deleteButton=new JButton("删除");
    private JButton updateButton=new JButton("修改");
    private JButton queryByNoButton=new JButton("学号查询");
```

```java
    private JButton allRecordButton=new JButton("全部记录");

    Vector vector;
    String title[]={"学号","姓名","性别","成绩"};          //二维列表名
    Connection connect=null;                //声明 Connection 接口对象 connection
    ResultSet rSet=null;                    //定义数据库查询的结果集
    Statement stat=null;                    //定义查询数据库的 Statement 对象
    AbstractTableModel tm;                  //声明一个 AbstractTableModel 类对象 tm

    public MISforStudentsFrame()
    {
        enableEvents(AWTEvent.WINDOW_EVENT_MASK);
        try{
            jbInit();
        }catch(Exception e)
        {
            e.printStackTrace();
        }
    }

    private void jbInit() throws Exception
    {
        contentPane=(JPanel) this.getContentPane();
            //初始化组件
        contentPane.setLayout(xYLayout1);       //设置容器的布局管理对象
        setSize(new Dimension(420,300));        //设置容器窗口的大小
        setTitle("学生信息管理系统");
        addrecordButton.addActionListener(
                new java.awt.event.ActionListener()
        {
            //注册按钮事件监听对象,实现 ActionListener 接口的 actionPerformed 方法
            public void actionPerformed(ActionEvent e)
            {
                addRecordButton_actionPerformed(e);
            }
        });

        deleteButton.addActionListener(new java.awt.event.ActionListener()
        {
            public void actionPerformed(ActionEvent e)
            {
                deleteButton_actionPerformed(e);
            }
        });
```

```java
        updateButton.addActionListener(new java.awt.event.ActionListener()
        {
            public void actionPerformed(ActionEvent e)
            {
                updateButton_actionPerformed(e);
            }
        });

        queryByNoButton.addActionListener(new java.awt.event.ActionListener()
        {
            public void actionPerformed(ActionEvent e)
            {
                queryByNoButton_actionPerformed(e);
            }
        });

        allRecordButton.addActionListener(new java.awt.event.ActionListener()
        {
            public void actionPerformed(ActionEvent e)
            {
                //触发显示所有记录的按钮,显示更新后的结果
                allRecordButton_actionPerformed(e);
            }
        });

        createTable();          //在初始化函数中调用createTable()函数显示表格
        contentPane.add(label1);
        contentPane.add(noField);
        contentPane.add(label2);
        contentPane.add(nameField);
        contentPane.add(label3);
        contentPane.add(genderField);
        contentPane.add(label4);
        contentPane.add(scoreField);
        contentPane.add(addrecordButton);
        contentPane.add(deleteButton);
        contentPane.add(updateButton);
        contentPane.add(queryByNoButton);
        contentPane.add(allRecordButton);
    }

    void createTable()
    {
        JTable table;
        JScrollPane scroll;
```

```java
vector=new Vector();
tm=new AbstractTableModel()
{
    public int getColumnCount()
    {
        return title.length;
    }

    public int getRowCount()
    {
        return vector.size();
    }

    public Object getValueAt(int row,int column)
    {
        if(!vector.isEmpty())
            return ((Vector)vector.elementAt(row)).elementAt(column);
        else
            return null;
    }

    public void setValueAt(Object value,int row,int column)
    {
        //数据模型不可编辑,该方法设置为空
    }

    public String getColumnName(int column)
    {
        return title[column];
    }

    public Class getColumnClass(int c)
    {
        return getValueAt(0,c).getClass();
    }

    public boolean isCellEditable(int row,int column)
    {
        //设置显示的单元格不可编辑
        return false;
    }
};

table=new JTable(tm);                              //生成数据表
table.setToolTipText("Display Query Result");      //设置帮助提示
```

```java
            //设置表格调整尺寸模式
        table.setAutoResizeMode(table.AUTO_RESIZE_ALL_COLUMNS);
        table.setCellSelectionEnabled(false);      //设置单元格选择方式
        table.setShowHorizontalLines(true);        //设置是否显示单元格之间的分割线
        table.setShowVerticalLines(true);
        scroll=new JScrollPane(table);             //给表格加上滚动杠
        scroll.setPreferredSize(new Dimension(400,200));
        contentPane.add(scroll);
    }

    protected void processWindowEvent(WindowEvent e)
    {
        super.processWindowEvent(e);
        if(e.getID()==WindowEvent.WINDOW_CLOSING)
        {
            System.exit(0);
        }
    }

        //向表 student 插入记录
    void addRecordButton_actionPerformed(ActionEvent e)
    {
            //处理 addrecord-JButton(添加按钮)的 ActionEvent
        try{
            Class.forName("sun.jdbc.odbc.JdbcOdbcDriver");
            String url="jdbc: odbc: myDB";                    //设置连接字符串
            connect=DriverManager.getConnection(url);         //连接数据库
            stat=connect.createStatement();
            String sql="SELECT * FROM student WHERE [no]='" +
                    noField.getText()+"'";
            rSet=stat.executeQuery(sql);
            if(rSet.next()==true)
            {
                    JOptionPane.showMessageDialog(MISforStudentsFrame.this,
                                    "该学号已经存在","添加记录",1);
            }else
            {
                String sqlStr="INSERT INTO student(no,name,gender,score)"+
                        "VALUES('"+noField.getText()+"','" +
                                nameField.getText()+"','" +
                                genderField.getText()+"',"+
                        Float.parseFloat(scoreField.getText())+")";
                stat.executeUpdate(sqlStr);             //向表中添加记录
                JOptionPane.showMessageDialog(MISforStudentsFrame.this,
                                "添加成功!","添加记录",1);
```

```java
            //触发显示所有记录的按钮,显示更新后的结果
            allRecordButton_actionPerformed(e);
        }
        noField.setText("");         //清空信息框
        nameField.setText("");
        genderField.setText("");
        scoreField.setText("");
    }catch(SQLException ex)
    {
        System.out.println("/nSQL 操作异常/n");
        while(ex!=null)
        {
            System.out.println("异常信息: "+ex.getMessage());
            System.out.println("SQL 状态: "+ex.getSQLState());
            ex=ex.getNextException();
        }
    }catch(Exception ex)
    {
         ex.printStackTrace();
    }finally
    {
        try{
            if(stat!=null)
                stat.close();
            if(connect !=null)
                connect.close();
        }catch(SQLException ex)
        {
            System.out.println("/nSQL 操作异常/n");
            System.out.println("异常信息: "+ex.getMessage());
            System.out.println("SQL 状态: "+ex.getSQLState());
        }
    }
}

//对表 student 中的记录根据输入的学号进行删除
void deleteButton_actionPerformed(ActionEvent e)
{
    try{
        Class.forName("sun.jdbc.odbc.JdbcOdbcDriver");
        String url="jdbc: odbc: myDB";                    //设置连接字符串
        connect=DriverManager.getConnection(url);         //连接数据库
        stat=connect.createStatement(
            ResultSet.TYPE_SCROLL_SENSITIVE,ResultSet.CONCUR_UPDATABLE);
```

```java
                    String sql="SELECT * FROM student WHERE [no]='"+
                            noField.getText()+"'";
                    rSet=stat.executeQuery(sql);
                    if(rSet.next()==false)
                    {
                        JOptionPane.showMessageDialog(MISforStudentsFrame.this,
                                "数据库中没有您删除的学号","删除记录",1);
                     }else
                     {
                        String sqlStr="DELETE FROM student WHERE [no]='"+
                                noField.getText()+"'";
                            //删除 student 表中对应 no 的数据记录
                        stat.executeUpdate(sqlStr);
                            //清空信息框
                        noField.setText("");
                        nameField.setText("");
                        genderField.setText("");
                        scoreField.setText("");
                        JOptionPane.showMessageDialog(MISforStudentsFrame.this,
                                "删除成功!","删除记录",1);
                            //触发显示所有记录的按钮,显示更新后的结果
                        allRecordButton_actionPerformed(e);
                    }
            }catch(SQLException ex)
            {
                    System.out.println("/nSQL 操作异常/n");
                    while(ex!=null)
                    {
                        System.out.println("异常信息: "+ex.getMessage());
                        System.out.println("SQL 状态: "+ex.getSQLState());
                        ex=ex.getNextException();
                    }
            }catch(Exception ex)
            {
                ex.printStackTrace();
            }finally
            {
                try{
                    if(stat!=null)
                        stat.close();
                    if(connect!=null)
                        connect.close();
                }catch(SQLException ex)
                {
                    System.out.println("/nSQL 操作异常/n");
```

```java
            System.out.println("异常信息："+ex.getMessage());
            System.out.println("SQL 状态："+ex.getSQLState());
        }
    }
}

//对表 student 和 studentaddress 中的记录根据在各文本框中的输入值进行修改
void updateButton_actionPerformed(ActionEvent e)
{
try{
    Class.forName("sun.jdbc.odbc.JdbcOdbcDriver");
    String url="jdbc: odbc: myDB";              //设置连接字符串
    connect=DriverManager.getConnection(url); //连接数据库
    stat=connect.createStatement();
    String sql="SELECT * FROM student WHERE [no]='"+noField.getText()+"'";
    rSet=stat.executeQuery(sql);
    if(rSet.next()==false)
     {
        JOptionPane.showMessageDialog(MISforStudentsFrame.this,
                    "修改的记录不存在!","修改记录",1);
     }else
     {
        String sqlStr="UPDATE student SET name='"+nameField.getText()+
                    "',gender='"+genderField.getText()+
                    "',score="+Float.parseFloat(scoreField.getText())+
                    " WHERE [no]='"+noField.getText()+"'";
        stat.executeUpdate(sqlStr);
        JOptionPane.showMessageDialog(MISforStudentsFrame.this,
                "修改完成!","修改信息",1);
            //触发显示所有记录的按钮,显示更新后的结果
        allRecordButton_actionPerformed(e);
     }
    noField.setText("");         //清空信息框
    nameField.setText("");
    genderField.setText("");
    scoreField.setText("");
 }catch(SQLException ex)
 {
         System.out.println("/nSQL 操作异常/n");
         while(ex!=null)
          {
            System.out.println("异常信息："+ex.getMessage());
            System.out.println("SQL 状态："+ex.getSQLState());

            ex=ex.getNextException();
```

```java
            }
    }catch(Exception ex)
    {
            ex.printStackTrace();
    }finally
    {
        try{
            if(stat!=null)
                stat.close();
            if(connect!=null)
                connect.close();
        }catch(SQLException ex)
        {
            System.out.println("/nSQL 操作异常/n");
            System.out.println("异常信息："+ex.getMessage());
            System.out.println("SQL 状态："+ex.getSQLState());
        }
    }
}

    //对表 student 按学号查询
void queryByNoButton_actionPerformed(ActionEvent e)
{
        try{
            Class.forName("sun.jdbc.odbc.JdbcOdbcDriver");
            String url="jdbc: odbc: myDB";              //设置连接字符串
            connect=DriverManager.getConnection(url);    //连接数据库
            stat=connect.createStatement(
                ResultSet.TYPE_SCROLL_SENSITIVE,ResultSet.CONCUR_UPDATABLE);
            String sql="SELECT * FROM student WHERE [no]='"+
                    noField.getText()+"'";
            rSet=stat.executeQuery(sql);
            if(rSet.next()==false)
            {
                JOptionPane.showMessageDialog(MISforStudentsFrame.this,
                    "数据库中没有您查询的学号！","按学号查询",1);
            }
            else
            {
                vector.removeAllElements();
                tm.fireTableStructureChanged();
                rSet.previous();
                while(rSet.next())
                {
                    Vector rec_vector=new Vector();
```

```java
                    rec_vector.addElement(rSet.getString(1));
                    rec_vector.addElement(rSet.getString(2));
                    rec_vector.addElement(rSet.getString(3));
                    rec_vector.addElement(rSet.getFloat(4)+"");
                        //向量 rec_vector 加入向量 vector 中
                    vector.addElement(rec_vector);
                }
            }
        }catch(SQLException ex)
        {
            System.out.println("/nSQL 操作异常/n");
            while(ex!=null)
            {
                System.out.println("异常信息: "+ex.getMessage());
                System.out.println("SQL 状态: "+ex.getSQLState());
                ex=ex.getNextException();
            }
        }catch(Exception ex)
        {
          ex.printStackTrace();
        }finally
        {
            try{
                if(stat!=null)
                    stat.close();
                if(connect!=null)
                    connect.close();
            }catch(SQLException ex)
            {
                System.out.println("/nSQL 操作异常/n");
                System.out.println("异常信息: "+ex.getMessage());
                System.out.println("SQL 状态: "+ex.getSQLState());
            }
        }
    }

    //执行 student 表的所有记录
    void allRecordButton_actionPerformed(ActionEvent e)
    {
        try{
            Class.forName("sun.jdbc.odbc.JdbcOdbcDriver");
            String url="jdbc: odbc: myDB";                    //设置连接字符串
            connect=DriverManager.getConnection(url);         //连接数据库
            stat=connect.createStatement(
                ResultSet.TYPE_SCROLL_SENSITIVE,ResultSet.CONCUR_UPDATABLE);
```

```java
            String sql="SELECT * FROM student ";
            rSet=stat.executeQuery(sql);
            vector.removeAllElements();
            tm.fireTableStructureChanged();
            while(rSet.next())
            {
                Vector rec_vector=new Vector();
                rec_vector.addElement(rSet.getString(1));
                rec_vector.addElement(rSet.getString(2));
                rec_vector.addElement(rSet.getString(3));
                rec_vector.addElement(rSet.getFloat(4)+"");
                vector.addElement(rec_vector);    //将 rec_vector 加入向量 vector 中
            }
            tm.fireTableStructureChanged();
        }catch(SQLException ex)
        {
            System.out.println("/nSQL 操作异常/n");
            while(ex!=null)
            {
                System.out.println("异常信息: "+ex.getMessage());
                System.out.println("SQL 状态: "+ex.getSQLState());
                ex=ex.getNextException();
            }
        }catch(Exception ex)
        {
            ex.printStackTrace();
        }finally
        {
            try{
                if(stat!=null)
                    stat.close();
                if(connect!=null)
                    connect.close();
            }catch(SQLException ex)
            {
                System.out.println("/nSQL 操作异常/n");
                System.out.println("异常信息: "+ex.getMessage());
                System.out.println("SQL 状态: "+ex.getSQLState());
            }
        }
    }
}
```

【程序运行结果】

(1) 添加记录。在图 12-6 的基础上,添加一条记录,其数据是: '2007','关羽','山西运城常平乡常平村',96。操作结果如图 12-7 所示。

(2) 修改记录。将刚才添加的学号为 2007 的记录,其成绩修改为 97,如图 12-7 所示。

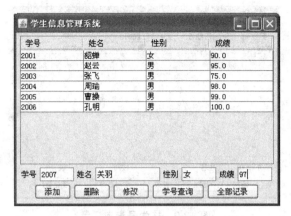

图 12-6　添加记录

图 12-7　修改记录

（3）删除记录。将刚才添加的学号为 2007 的记录删除，如图 12-8 所示。读者要在学号文本框中输入"2007"，然后单击"删除"按钮。

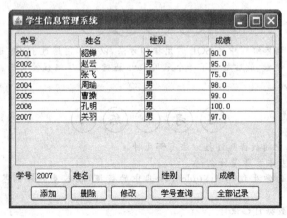

图 12-8　删除记录

（4）按学号查询记录。如图 12-9 所示，在学号文本框中输入"2006"，然后单击"学号查询"按钮。

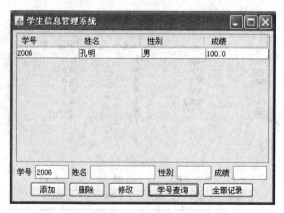

图 12-9　按学号查询记录

（5）显示全部记录。如图 12-10 所示，直接单击"全部记录"按钮。

图 12-10　显示全部记录

本章主要讨论了数据库编程中的 SQL 常用操作方法，以及如何通过 JDBC 进行数据库连接，并分析了数据库编程的基本步骤，最后给出了一个采用 Java 进行数据库编程的实例。

（1）简述 Java 编程中的数据库连接方法有哪几种。
（2）数据库操作的基本步骤是什么？
（3）根据本章提供的学生信息表 student 和其中的数据，在本章程序的基础上，编程完成如下操作：
① 增加 5 条记录，数据自己设计。
② 显示成绩大于 80 分的学生信息。
③ 将数据表中的所有记录，按照成绩从大到小的顺序排序并显示。

参 考 文 献

[1] Java Platform Standard Edition 6 的 API 规范
[2] Bruce Eckel. Java 编程思想. 侯捷译. 北京：机械工业出版社，2002
[3] John Zukowski. Java2 从入门到精通. 邱仲潘等译. 北京：电子工业出版社，2002
[4] Harvey M. Deitel，Paul J. Deitel. Java How to Program(Fourth Edition). 北京：电子工业出版社，2002
[5] Laurence Uanhelsuwe. Java 从入门到精通. 邱仲潘等译. 北京：电子工业出版社，1997
[6] Patrick Naughton. Java 使用手册. 谢下兵，于春燕译. 北京：电子工业出版社，1996
[7] Kris jamsa. Java 教程. 杨武杰译. 北京：电子工业出版社，1996
[8] Peter Coffee. Java 编程指南. 孙守迁，祝建中等译. 杭州：浙江科学技术出版社，西蒙与舒斯特国际出版公司，1997
[9] Gary Cornell. Java 核心. 杨秀军等译. 北京：科学出版社，西蒙与舒斯特国际出版公司，1997
[10] 王世忠. Java 入门与提高. 北京：人民邮电出版社，1997
[11] 邱玥，李鹏，程进兴. Visual J++ 6 使用详解. 北京：机械工业出版社，1999
[12] Ravi sethi. 程序设计语言概念和结构. 裘宗燕译. 北京：机械工业出版社，2002
[13] 钱树人. 程序设计语言原理. 北京：高等教育出版社，2001
[14] Y. Daniel Lang 著. Java 语言程序设计. 王镁，李娜译. 北京：机械工业出版社，2004
[15] 刘甫迎，谢春，徐虹. Java 语言设计实用教程. 北京：科学出版社，2005
[16] 李尊朝，苏军. Java 语言程序设计(第二版). 北京：中国铁道出版社，2007
[17] 李尊朝，苏军等. Java 语言程序设计例题解析与实验指导(第二版). 北京：中国铁道出版社，2008
[18] 叶核亚. Java 程序设计实用教程(第 3 版). 北京：电子工业出版社，2010
[19] 耿祥义. Java 面向对象程序设计. 北京：清华大学出版社，2010
[20] POO Danny. *Java Programming*. 北京：清华大学出版社，2009
[21] 皮德常. Java 简明教程(第 3 版). 北京：清华大学出版社，2011
[22] 明日科技. Java 从入门到精通(第 3 版). 北京：清华大学出版社，2014
[23] Poornachandra Sarang 著. Java 7 编程高级进阶. 曹如进，张方勇译. 北京：清华大学出版社，2013